高等职业教育建筑装饰工程技术专业系列教材

AutoCAD 建筑装饰装修工程制图

（含配套图集）

娄开伦　主编

王宇平　黄武亮　钟继敏　王唯佳　副主编

科学出版社

北　京

内 容 简 介

本书为 AutoCAD 软件应用教材,用于室内设计、环境艺术设计和建筑装饰工程技术等专业的主干课程教学,是一本融制图软件、制图规范和制图方法于一体的实践应用性教材。

本书共有 9 个单元:单元 1 为制图基础知识部分;单元 2～9 为制图实操教学部分,其中单元 2 为绘图初级训练内容,单元 3～9 是以一套典型、规范的室内居室装饰装修施工图为教学载体,按照图纸的基本编排顺序内容进行编写的。本书配有大量的绘制过程解析图,对图纸的绘制程序、步骤和方法进行了详细的讲解,图文并茂,通俗易懂,具有良好的操作指导性,便于学生课后自学。

本书既可作为大专院校建筑、室内设计及其他相关专业的学生用书,也可作为从事室内设计工作、初学施工图绘制和深化设计阶段的人员参考用书。

图书在版编目(CIP)数据

AutoCAD 建筑装饰装修工程制图:含配套图集/娄开伦主编. —北京:科学出版社,2020.9

高等职业教育建筑装饰工程技术专业系列教材

ISBN 978-7-03-065566-0

Ⅰ.①A… Ⅱ.①娄… Ⅲ.①室内装饰设计-计算机辅助设计-AutoCAD软件-高等职业教育-教材 Ⅳ.①TU238.2-39

中国版本图书馆 CIP 数据核字(2020)第 106362 号

责任编辑:万瑞达 / 责任校对:马英菊
责任印制:吕春珉 / 封面设计:曹 来

科 学 出 版 社 出版
北京东黄城根北街 16 号
邮政编码:100717
http://www.sciencep.com

天津市新科印刷有限公司 印刷
科学出版社发行 各地新华书店经销
*
2020 年 9 月第 一 版 开本:787×1092 1/16
2022 年 12 月第三次印刷 印张:24 1/4
字数:560 000

定价:59.00 元(共两册)

(如有印装质量问题,我社负责调换〈新科〉)
销售部电话 010-62136230 编辑部电话 010-62130874(VA03)

前　　言

本书是用于室内设计、环境艺术设计和建筑装饰工程技术专业主干课程的 AutoCAD 软件应用教材，基于 AutoCAD 2014 以上版本的设计软件，针对建筑室内装饰装修工程制图的应用操作进行实践性指导。

绘制施工图是工程设计中工作量大且至关重要的一项工作。在计算机普及之前，施工图的绘制都是靠手工完成，工作繁重、效率低下、精准度差且不便修改和保存。计算机绘图软件的问世，使工程设计人员的制图工作变得轻松和高效。学会使用 AutoCAD 绘制施工图，是室内设计和建筑装饰类专业学生必备的职业技能和训练项目。AutoCAD 的教学内容不仅为学生的后续专业课程奠定基础，同时也使学生就业具备最为通用和必需的职业技能。为了规范学生的制图职业行为，本书的编写，尤其注重对国家制图标准和施工图设计规范的熟悉、掌握和应用，强调教学过程的实操性。

本书的编写内容涵盖了 AutoCAD 软件用于建筑装饰施工图绘制的基本操作技能及操作方法，遵循国家制图标准及施工图设计规范，以一套初步设计方案阶段的标准化居室室内装饰施工图为载体，贯穿教学的全过程。

本书的教学内容是以施工图的绘制为主线，使学生在绘制工程图的过程中逐步掌握 AutoCAD 软件知识和技能。本书的教学内容组织和编排，是从简单到复杂的工程图样及施工图的深入绘制过程，并且教学单元 3～9 都是针对范例图样文件进行实训教学的，这样就能学以致用，教学的结果会让学生获得成就感。在课程结束时，学生既学会了软件的操作，同时也掌握了施工图的绘制方法。

党的二十大报告强调"统筹职业教育、高等教育、继续教育协同创新，推进职普融通、产教融合、科教融汇，优化职业教育类型定位"。本书以此为课程教学的指导思想，编写特点体现于如下几个方面。

1）职普融通，产教融合。本书的教学内容经编写者在多年的职普教学实践中予以应用并验证，其通用性良好。既可用于高职高专的专业课程教学，同时也适用于普通高等院校的相同专业课程教学；本书的教学内容基于实际工作过程进行编写，不仅作为学校教学用书，还可以作为企业专职人员的培训和自修教材，为社会从业者提供了实用易学的技术指导。

2）注重对学生专业技能的培养，做到理论知识浅显易懂，实践操作性强。在文字描述上力求条理清晰、深入浅出、图文并茂、通俗易懂，具有良好的可读性，既有利于教学的开展，也便于学生课后自学。

3）编写方式新颖，突出实战应用。编者在编写本书之前，通览了大量国内已出版的同类教材，发现其中几个突出的问题：一是在教材前面的大量篇幅撇开施工图内容单讲软件命令，使学生迟迟得不到施工图绘制的训练机会，缺乏对施工图的必要认识；二是大部分教材没有配送一套标准、完备的施工图，即使附有图样，也没有将图样融入各章节的教学内容中，以致课程结束之后，学生仍然不懂什么是施工图；三是不注重对国家制图标准的应用，书中的图例、标注多有不规范和错误的做法，必然会误导学生对标准的漠视。鉴于上述问题，本书在内容的编排上不再沿袭传统软件教材的体例，所有软件命令均是在各单元阶段性的实训任务中得到认识、掌握和提高的，突出了软件学习的应用性，并始终针对一套典型、标准的施工图开展教学活动、实施教学任务，使学生在学习软件操作技能的同时掌握施工图设计技能，体现了"学中做"和"做中学"的职业教育特色。

4）操作步骤讲解详尽、细致，指导性强。从单元 2 开始，便进入到实操阶段。案例的每一步骤，都有详细的讲解，几乎是手把手地指导。只要按照书中讲解的步骤操作，便能完成制图任务。这对于学生课后复习，具有较好的指导作用。

5）编写目标明确，内容充实。全书共 9 个教学单元，除单元 1 为基础知识的讲解外，单元 2～9 的各章节内容，均以施工图绘制为教学目标，使软件应用教学和工程图样绘制并驾齐驱，并按照施工图绘制工作的实际操作程序编排教学内容，从简单到复杂，循序渐进地开展绘制工程图样的实训教学。

6）附录及图集内容丰富、详尽、实用。其中，一套典型、标准的施工图样，不仅支撑着教学实训全过程，也规范了学生的图样观念和制图行为。附录中内容，可以解决教学中的大部分疑难问题，具有良好的操作指南作用，方便教学查询和学生课余时的自我训练。

7）参与教材编写的人员，都是具有长期实践工作经验的专业人员，曾主持、参与过大量的建筑室内装饰装修工程项目的施工图设计工作，并有长期的施工图教学经验，为本书的编写奠定了坚实的基础。

首先需要说明的是，本书在各单元施工图教学中的步骤和方法，仅为编者的经验之谈，虽正确但并非唯一。绘制同样的图形，千个师傅万个法，只有最好没有唯一，不排除学习者尝试采用其他方法。应用软件制图的终极目标就是快速、准确、美观、清晰、规范，只要是满足这些要求，便是好的。

其次，AutoCAD 软件中的功能命令有上千个，真正用到的不过数百个，而常用的命令也不过上百个。可以说，掌握了常用的命令，基本上就能够承担施工图的绘制工作。软件的学习重在应用，应立足于"必需、够用"的原则，遵循"二八定律"，树立信心，持之以恒，循序渐进，在操作过程中逐步提高认识。

本书由南宁职业技术学院娄开伦担任主编，南宁职业技术学院王宇平、广西南宁金壹蝉装饰设计工程有限公司黄武亮和南宁职业技术学院钟继敏、王唯佳担任副主编。其中，单元 2、单元 3、单元 6、单元 8 由娄开伦编写，单元 1 和单元 9 由王宇平编写，单元 4 由王唯佳编写，单元 5 由钟继敏编写，单元 7 由黄武亮编写，书中插图均为负责编写该章节人员一并绘制和编辑。娄开伦负责对全书的统稿和审核。王宇平负责本书所有课程资源的录制与整理。

由于编者水平有限，书中难免存在疏漏和不妥之处，恳请各位专家和同行发现问题后不吝指正并赐教。

2020 年 1 月

目　　录

施工图基础知识

- 建筑装饰施工图基本知识
- AutoCAD 基本知识

1.1 建筑装饰施工图基本知识

建筑装饰施工图的绘制是建立在熟悉国家制图标准、掌握制图设计软件的操作技能、明确施工图的图示内容和绘制方法等基础上的，只有知识完备、技能精湛，方能得心应手。

1.1.1 国家制图标准

国家制图标准涉及建筑及建筑室内装饰装修类的标准有很多，常用的主要标准如下。

1)《房屋建筑制图统一标准》(GB/T 50001—2017)。

2)《建筑制图标准》(GB/T 50104—2010)。

3)《房屋建筑室内装饰装修制图标准》(JGJ/T 244—2011)

上述标准中，《房屋建筑制图统一标准》是基础标准，2015 年修订，并于 2018 年 5 月正式实施。同时废止原《房屋建筑制图统一标准》(GB/T 50001—2010)。

《房屋建筑室内装饰装修制图标准》颁布于 2011 年，2012 年 3 月 1 日正式实施。该标准是我国建筑装饰行业的第一个制图标准，从而结束了我国建筑装饰行业长期缺乏专业制图标准的历史。在实施该标准的过程中，人们也发现了一些它与《房屋建筑制图统一标准》相矛盾的问题，有待于再版时修订完善。

1.1.2 室内装饰装修设计标准

2011 年以前，室内装饰设计制图一直是采用建筑行业的制图标准，这一状况严重地影响了装饰装修制图的规范化和专业化，不能适应和满足建筑装饰行业工程建设的需要。

新制定的装饰装修制图标准基于《房屋建筑制图统一标准》而编制，其目的是统一房屋建筑室内装饰装修制图规则，保证制图质量，提高制图效率，做到图面清晰、简明，图示准确，符合设计、施工、审查、存档的要求，适应工程建设的需要。该标准对图线、字体、比例、各种符号、图名编号、尺寸标注、图例画法及平面、立面、剖面和断面等各类图样的绘制均有较详细的规定。本书针对施工图的制图要求，结合《房屋建筑室内装饰装修制图标准》中的有关规定，对施工图制图中常用的标准分述如下。

工程制图中线型的规定

1. 图线

图线包括两方面内容：一是线型，二是线宽。

房屋建筑室内装饰装修制图所采用的图线有实线、虚线、单点长画线、折断线、波浪线、点线、样条曲线、云线等线型。

图线的宽度在图样中应有粗、中、细 3 种以上不同宽度的区别，图样的线宽组可参照表 1-1 设定。

表 1-1   线宽组

线宽比	b	$0.7b$	$0.5b$	$0.25b$	$0.2b$
线宽组	0.5	0.35	0.25	0.13	0.1

制图规范：图纸比例

2. 比例

图样的比例应为图形与实物相对应的线性尺寸之比。

同一图纸中会有多个图样，不同的图样可选用不同的比例。

图样的比例应根据绘制图样的内容和复杂程度选取，常用的比例参照表 1-2 选取。

表 1-2   图样比例

图纸内容	总平图	平面图	立面图	剖（立）面图	详图、节点图
图样比例	1：200～1：100	1：100～1：50	1：100～1：30	1：30～1：10	1：10～1：1

3. 符号

（1）剖切索引符号

剖切索引符号用于对图样需要剖视的位置做出标识并进行编号，使被剖切的位置与剖切图样能够彼此参照对应，达到查找和识读剖面图或剖切详图的目的。

识读剖切索引符号

剖切索引符号应由剖切位置线、投射方向线和索引符号组成。索引符号由圆圈和水平直径线，以及与填充黑色的等腰三角形相切所组成，圆圈直径可选择 8～10mm。圆和直径应以细实线绘制。圆圈内的水平直径线上方为剖切面编号，下方为剖视图所在图纸编号。

剖切位置线位于图样被剖切的部位，以粗实线绘制，长度宜为 8～10mm。投射方向线平行于剖切位置线，由细实线绘制，一段与索引符号连接，另一段长度与剖切位置线平行且长度相等，如图 1-1 所示。

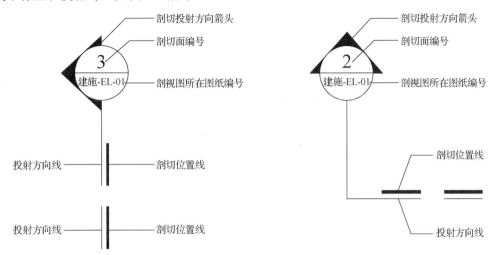

剖切投射方向箭头

剖切面编号

剖视图所在图纸编号

投射方向线

剖切位置线

投射方向线

剖切位置线

剖切投射方向箭头

剖切面编号

剖视图所在图纸编号

剖切位置线

投射方向线

图 1-1　剖切索引符号

（2）立面索引符号

立面索引符号用于对室内平面图中各空间立面方向做出标识并进行编号，使被指向的位置与立面图便于参照对应，达到查找和识读立面图的目的。

立面索引符号应由直径为 8～10mm 的圆圈和水平直径线，以及与填充黑色的等腰三角形相切所组成。圆和直径应以细实线绘制。水平直径线的上方应为立面索引编号，下方应为立面图所在图纸编号，线段与圆之间应填充黑色并形成箭头，表示立面投射方向。

立面索引符号的箭头方向应随立面投射方向转动，圆圈中的水平直径线和编号的方向应保持不变。

立面索引符号的立面索引编号应采用阿拉伯数字或大写的拉丁字母标注，并按顺时针方向排序（参见现行《房屋建筑室内装饰装修制图标准》）。其绘制图形如图 1-2 所示。

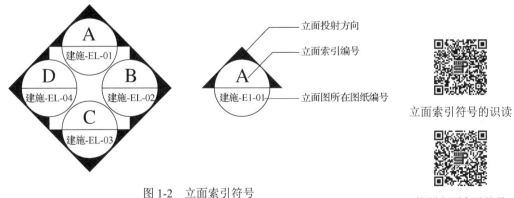

立面投射方向

立面索引编号

立面图所在图纸编号

立面索引符号的识读

绘制立面索引符号

图 1-2　立面索引符号

（3）图名编号

图名编号是图样的名称和编号，绘制在图样的下方。

图名编号应由圆、水平直径线、图名和比例组成。圆采用中粗线绘制；水平直径线应由细实线绘制；圆的直径根据图面比例，可选择 8～12mm。

图名编号用于表示被索引的图样时，应在图号圆圈内画一水平直径线，上半圆中应用阿拉伯数字或字母注明该图样编号，下半圆中应用阿拉伯数字或字母注明该索引符号所在图纸编号，如图 1-3（a）所示。

当索引出的详图图样与被索引的图样同在一张图纸内时，圆内可用阿拉伯数字或字母注明详图编号，也可在圆内画一水平直径线，且在上半圆中应用阿拉伯数字或字母注明详图编号，下半圆中间画一段水平细实线，如图 1-3（b）所示。

图名编号引出的水平直径线上方宜用中文注明该图的图名，其下方注写比例，且比图名文字高度小 1 号。图名文字与比例宜与水平直径线的尾端对齐或居中。

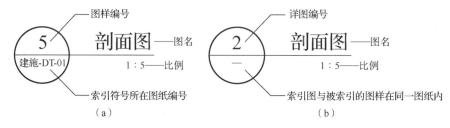

图 1-3　图名编号

（4）设备索引符号

设备索引符号用于表示各类设备（含设备、设施、家具、灯具等）的品种及对应编号，设备索引符号应由正六边形、水平内径线组成，正六边形、水平内径线采用细实线绘制，正六边形的长轴可选择 8～12mm。在正六边形内水平内径线的上方注写设备编号，水平线的下方注写设备品种代号，如图 1-4 所示。

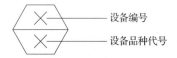

图 1-4　设备索引符号

（5）定位轴线编号

定位轴线编号是建筑施工图中用于确定墙柱位置的编号，在装饰施工图中根据需要决定取舍。

轴线编号注写在轴线端部的圆内。圆应用细实线绘制，直径为 8～10mm。定位轴线圆的圆心应在定位轴线的延长线上或延长线的折线上。

平面图上的定位轴线编号宜标注在图样的下方或左侧。横向编号应采用阿拉伯数字，从左至右顺序编写；竖向编号应采用大写拉丁字母，从下至上顺序编写。

附加定位轴线编号，应以分数的形式表示，并应符合下列规定。

① 两根轴线之间的附加轴线，应以分母表示前一轴线编号，分子表示附加轴线的编号。编号宜用阿拉伯数字顺序编写。

② 1 号轴线或 A 号轴线之前的附加轴线，其分母应以 01 或 0A 表示。

轴线编号的绘制如图 1-5 所示。

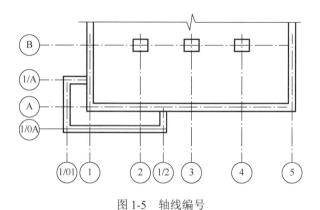

图1-5　轴线编号

（6）连接符号

连接符号用于绘制较长的构件，且该构件在延长方向形状相同或按一定规律变化，而在图样幅面有限的情况下，可将构件的中间部分断开，断开处以折断线省略绘制。连接符号以折断线表示，采用细实线绘制，如图1-6所示。

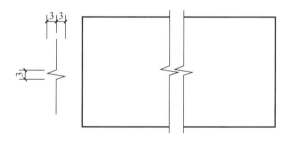

图1-6　连接符号

（7）图样索引范围的表示

索引图样时，应以引出圈将被放大的图样范围完整圈出，并应由引出线连接引出圈和详图索引符号。较小的图样范围，引出圈应以中粗虚线绘制圆形，如图 1-7（a）所示；较大的图样范围，引出圈应以中粗虚线绘制有弧角的矩形，或以云线绘制，如图1-7（b）所示。

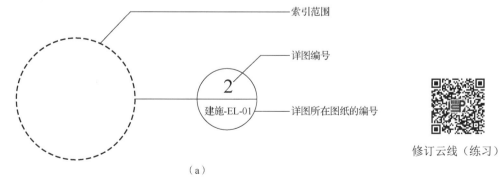

修订云线（练习）

（a）

图1-7　索引范围的表示

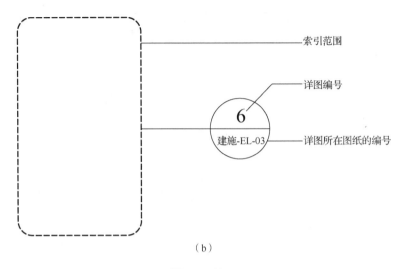

（b）

图 1-7（续）

4. 尺寸标注

（1）尺寸标注的四要素

尺寸的组成包括 4 个要素：尺寸界线、尺寸线、尺寸起止符号和尺寸数字。

尺寸界线和尺寸线均应用细实线绘制，其中尺寸界线的一端应离开被标注的图样轮廓线不小于 2mm，另一端宜超出尺寸线 2～3mm。

尺寸起止符号（又称尺寸箭头）采用中粗斜短线绘制，长度为 1～2mm。也可用直径为 1mm 的黑色圆点绘制。

尺寸数字的字高宜为 2～3mm，并注写在尺寸线的上方中部。

尺寸标注的样式如图 1-8 所示。

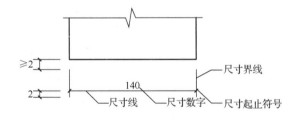

图 1-8　尺寸标注的四要素

（2）尺寸的排列与布置

互相平行的尺寸线，应从被注写的图样轮廓线由近向远整齐排列，较小尺寸应离轮廓线较近，较大尺寸应离轮廓线较远。

图样轮廓线以外的尺寸线距图样最外轮廓之间的距离不小于 10mm；平行排列的尺寸线的间距宜为 7～10mm，并应保持一致，如图 1-9 所示。

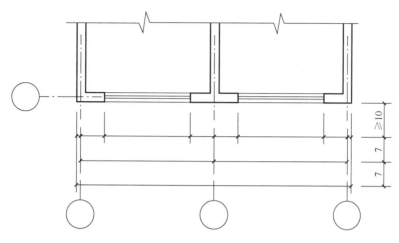

图 1-9　尺寸的排列

（3）连续排列的等长尺寸标注

连续排列的等长尺寸，可用"等长尺寸×个数=总数"或"等分×个数=总长"的形式标注，如图 1-10 所示。

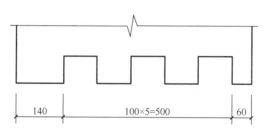

图 1-10　连续排列的等长尺寸标注

（4）标高

标高符号由直角等腰三角形和标高数字组成，直角等腰三角形的高度约等于 3mm，引出的水平线为 14mm，均用细实线绘制，如图 1-11（a）所示。

标高数字以米（m）为单位，注写到小数点以后第三位。零点标高数字前加"±"，正数标高不注"+"，负数标高应注"-"，如图 1-11（b）所示。

标高符号的尖端应指至被标注高度的位置。当尖端向下时，标高数字注写在标高符号引线的上方；当尖端向上时，标高数字注写在标高符号引线的下方，如图 1-11（b）所示。

（a）　　　　　　　　　　　　（b）

图 1-11　标高符号

标高符号的国家制图规定和画法

1.1.3 工程图纸的编制

室内设计项目的工程图纸，应根据设计项目的规模大小、繁简程度，按照统一的规定进行编制。

图纸幅面的规定

1. 图纸的编制顺序和内容

一般情况下，成套的施工图应按照下列顺序和内容进行编制。

1）封面：包括项目名称、业主名称、设计单位、出图时间等。

2）目录：通常是制作成表格，分设序号、图样名称、图幅、图号、备注等列。

3）设计说明：包括项目名称、项目概况、设计规范、设计依据、设计范围、常规施工做法和材料应用的说明、特殊工艺施工要求、防火和环保的专项说明等。

4）图表：包括材料表、设备表、家具表、门窗表、灯具表、洁具表等。

5）平面图：一般包括建筑平面图、平面布置图（包括家具、设备布置）、隔墙尺寸平面图、地面铺装图、顶棚平面图、灯具安装平面图、插座及开关连线平面图等。

6）立面图：各空间立面装修图、家具立面图、机电立面图等。

7）节点大样详图：关键部位的装饰构造详图和剖切大样图等。

8）配套专业图样：包括水、电、空调、音响等专业施工图。

2. 图纸编号

图纸编号即图纸的页码，按照上述图纸顺序和内容规定进行图号的编制。

同一工程项目中，应使用统一的工程图纸编号格式，并自始至终保持不变。

编制工程图纸编号的格式如图 1-12 所示。

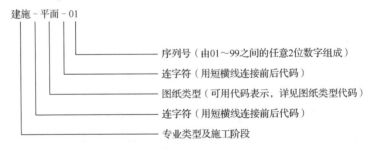

图 1-12　工程图纸的编号格式

图纸类型及代码可参照表 1-3 选取。

表 1-3　图纸类型及代码参照表

图纸类型	目录	设计说明	平面图	立面图	详图、节点图
代码	CL	NT	FP	EL	DT

1.2　AutoCAD 基本知识

建筑装饰施工图是借助 AutoCAD 设计软件进行绘制的，在学习软件之前，首先必须了解软件的基本知识，掌握软件的基本操作技能，然后逐步深入学习并达到精通。

1.2.1　AutoCAD 概述

1. 基本概念及应用范围

AutoCAD 是由美国 Autodesk 公司于 20 世纪 80 年代研制开发的一款大众化图形设计软件。Auto 是英语单词"Automation"的词头，意为"自动化"；CAD 是英语"computer-aided-design"的缩写，意思是"计算机辅助设计"。AutoCAD 的早期版本是以升级顺序进行命名的，如第一个版本为 AutoCAD R1.0。自 2000 年以后，则以年代为软件的版本号，并在每年升级更新，升级后的版本便以当年的年号作为新的版本名称，如 2019 年的版本为 AutoCAD 2019。

AutoCAD 是一款高精度的图形设计软件。它集二维制图、三维建模、数据管理与共享等诸多功能于一体，广泛应用于机械制图设计、建筑制图设计、建筑装修设计、服装设计等多个设计领域，其制图的精确、快速等强度功能，至今尚无其他可替代的设计软件。

2. 系统配置要求

随着软件版本的不断更新，AutoCAD 的功能越加强大，同时对计算机系统的硬件和软件要求也越来越高。其配置应满足如下需求。

1）操作系统（建议使用 64 位 Windows 7 操作系统）。Windows XP: Microsoft Windows XP Professional（Service Pack 3 或更高版本），Microsoft Windows XP Home（Service Pack 3 或更高版本）。

Windows 7: Microsoft Windows 7 Enterprise，Microsoft Windows 7 Ultimate，Microsoft Windows 7 Professional，Microsoft Windows 7 Home Premium。

2）浏览器：Internet 7.0 或更高版本。

3）处理器。

Windows XP：Intel Pentium 4 或 AMD Athlon 双核，1.6GHz 或更高，采用 SSE2 技术。

Windows 7：Intel Pentium 4 或 AMD Athlon 双核，3.0GHz 或更高，采用 SSE2 技术。

4）内存：2GB（建议使用 4GB）。

5）硬盘：6.0GB。

6）显示器分辨率：1024×768（建议使用 1600×1059 或更高）真彩色。

7）图形卡。1028×1024VGA，32 位彩色视频显示适配器（真彩色），具有 128MB

或更大显存。Pixel Shader 3.0 或更高版本，支持 Direct 3D 功能的图形卡。

8）定点设备。鼠标、轨迹球或其他设备；DVD/CD-ROM；任意速度（仅用于安装）。

1.2.2 AutoCAD 的工作空间及操作界面

1. AutoCAD 的工作空间

AutoCAD 自 2009 年之后的版本，都提供了 4 种工作空间，分别是"草图与注释"、"AutoCAD 经典"、"三维基础"和"三维建模"。

当用户安装了 AutoCAD 软件之后，双击桌面上的 图标，即可启动该软件。初始用户在启动软件后，系统进入的是如图 1-13 所示的"草图与注释"工作空间。此工作空间是自 AutoCAD 2009 版本之后新增的一个工作空间，在绘制二维图形与注释二维图形方面比较方便、快捷。

图 1-13 "草图与注释"工作空间

用户可单击状态栏中的"切换工作空间"下拉按钮 草图与注释 ，在弹出的下拉列表中选择一种工作空间模式，即可进入相应的工作空间。"AutoCAD 经典"工作空间是人们惯用的空间，如图 1-14 所示。

2. AutoCAD 的操作界面

AutoCAD 的操作界面主要包括标题栏、菜单栏、工具栏、绘图区、状态栏等。下面以"AutoCAD 经典"工作空间介绍软件界面各组成部分的功能及其相关的常用操作。

（1）标题栏和快速访问工具栏

标题栏位于 AutoCAD 操作界面的最顶部，主要包括快速访问工具栏、程序名称显示区、信息中心和窗口控制按钮等，如图 1-15 所示。

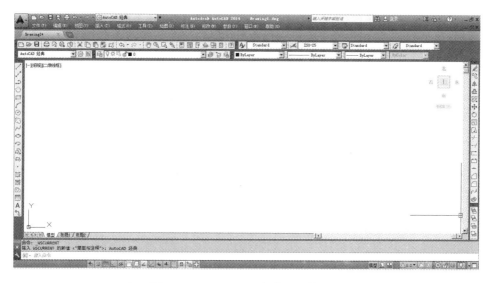

图 1-14　"AutoCAD 经典"工作空间

图 1-15　标题栏

在标题栏的最左端有 7 个按钮,从左到右依次为"新建""打开""保存""另存为""打印""放弃""重做",如图 1-16(a)所示。在标题栏的最右端,是 AutoCAD 窗口控制按钮,从左到右依次为"最小化""恢复窗口大小"(单击该按钮后窗口即刻改变,该按钮也随之变为"最大化",再单击该按钮即可使窗口最大化)和"关闭",如图 1-16(b)所示。

CAD 经典工作界面的介绍和设置(练习)

(a)　　　　　　　　(b)

图 1-16　标题栏上的快速访问工具栏按钮和窗口控制按钮

通过标题栏上的快速访问工具栏,不但可以快速访问某些命令,还可以添加常用命令按钮到工具栏中,控制菜单栏的显示及各工具栏的开关状态等。单击"快速访问工具栏"下拉按钮,即可展开快速访问工具栏,如图 1-17 所示。在快速访问工具栏上右击,在弹出的快捷菜单中可以选择相应选项以快速实现上述操作。

(2)菜单栏

菜单栏位于标题栏的下方,如图 1-18 所示。AutoCAD 的管理、编辑和所有的制图、修改等工具,都分门别类地被排列在菜单栏中。单击菜单项,即可展开该项中的所有命令,然后将

图 1-17　快速访问工具栏

鼠标指针移至需要执行的命令上，单击即可。

菜单栏可以通过快速访问工具栏进行隐藏和显示。

| 文件(F) | 编辑(E) | 视图(V) | 插入(I) | 格式(O) | 工具(T) | 绘图(D) | 标注(N) | 修改(M) | 参数(P) | 窗口(W) | 帮助(H) |

图 1-18 菜单栏

（3）工具栏

工具栏位于绘图窗口的两侧和上方，常用的工具以按钮的形式显示，包括绘制图形和编辑图形两大类，分布在绘图窗口的两侧。用户只需将鼠标指针移至工具按钮上略微停留，鼠标指针下方就会显示该按钮所代表的命令的名称，单击命令按钮，即可快速激活该命令。

在默认设置下，AutoCAD 为用户提供了 50 多种工具栏，在任何一个工具栏上右击，即可弹出一个快捷菜单，如图 1-19 所示。在该菜单中，自上而下排列出所有工具栏的名称。

在快捷菜单中的命令名称前面，带有"√"标记的表示已经打开，并已显示在用户界面上；不带"√"标记的表示没有打开，如需要打开，将鼠标指针放在名称选项上单击使其被选中，即可打开该选项并显示在用户界面上。

为了增大绘图空间，通常只将常用的工具栏放在用户界面上，而将其他工具栏隐藏起来。

如果在工具栏快捷菜单中选择"锁定位置"→"固定的工具栏/面板"选项，如图 1-20 所示，可以将绘图区四周的工具栏固定。工具栏一旦被固定，是不可以拖动的。另外，用户也可以单击屏幕底边右侧状态栏中的 🔒 按钮，在弹出的按钮菜单中选择其中某一选项以控制工具栏和窗口的状态，如图 1-21 所示。

图 1-19 快捷菜单

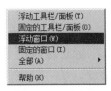

CAD 的基本操作——鼠标光标的设置（练习）　　图 1-20 菜单选项　　图 1-21 按钮菜单

（4）绘图区和十字光标

绘图区位于用户界面的正中央，是用户的工作区域，图形设计与修改等工作都是在此区域中进行的。AutoCAD 的绘图区是一个无限大的电子屏幕，无论多大尺寸的图形，都可以在绘图区任意显示和灵活操作。

当移动鼠标指针时，绘图区会出现一个随鼠标指针移动的十字符号，即"十字光标"，它是由拾取光标和选择光标叠加而成的。在没有任何命令的情况下，鼠标指针显示为"十字光标";当执行绘图命令时,鼠标指针显示为"拾取光标";当选择对象时,鼠标指针显示为"选择光标",即为对象拾取器。光标的 3 种状态如图 1-22 所示。

十字光标　　　　　　　　拾取光标　　　　　　　　选择光标

图 1-22　光标的 3 种状态

CAD 的基本操作——鼠标的操作(练习)

AutoCAD 默认的设置,绘图区的背景色的 RGB 颜色值为"254,252,240"(即白色),用户可以执行"工具"→"选项"命令,打开"选项"对话框,选择"绘图"选项卡,然后单击"颜色"按钮,打开"图形窗口颜色"对话框,如图 1-23 所示,在"颜色"选项组中更改背景色即可。

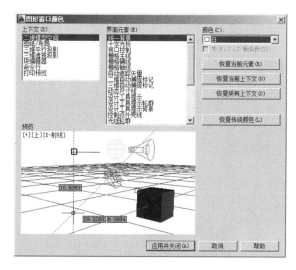

图 1-23　"图形窗口颜色"对话框

(5)模型和布局选项卡

在"AutoCAD 经典"工作空间中,绘图区左下方有 3 个标签,如图 1-24 所示,即"模型""布局 1""布局 2",分别代表两种操作空间,即模型空间和布局空间。在 AutoCAD 中,所有图样的绘制,都是在模型空间中进行的,布局空间主要用于图形比例的控制、各种标注和打印输出。AutoCAD 的默认设置有两个布局空间,用户可以根据需要删除或增加。单击标签可以切换进入任何一个空间。

图 1-24　"模型""布局 1""布局 2"标签

在"模型""布局 1""布局 2"任何一个标签上右击都可以弹出一个快捷菜单,如图 1-25 所示。隐藏的标签,可以通过在"选项"对话框的"显示"选项卡中选中"显示布局和模型卡"复选框来恢复显示状态。

图 1-25　模型、布局右键快捷菜单

（6）命令行和文本窗口

命令行位于绘图区的下方，它是用户与 AutoCAD 软件进行数据交流的平台，主要用于提示和显示用户当前的操作步骤，对于初学者来说尤为重要。命令行如图 1-26 所示。

图 1-26　命令行

在图 1-26 中，可以看到命令行分为上下两个部分，上面一行为命令历史窗格，用于记录执行过的操作信息；下面一行为命令输入窗格，用于提示用户输入命令或命令选项。按 F2 键，系统会以文本窗口的形式显示更多的历史信息，如图 1-27 所示。若要关闭文本窗口，则只要再次按 F2 键即可。

CAD 的基本操作——
操作状态栏设置（练习）

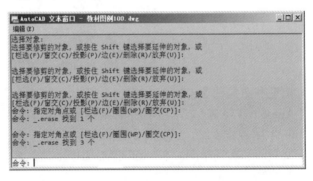

图 1-27　文本窗口

（7）状态栏

状态栏位于 AutoCAD 操作界面的最底部，如图 1-28 所示。

图 1-28　状态栏

状态栏的左侧为坐标读数器，用于显示十字光标所处位置的坐标值。

坐标读数器的右侧，是一组用于精确绘图的控制按钮，依次为"推断约束""捕捉""栅格""正交""极轴""对象捕捉""三维对象追踪""对象追踪""允许/禁止状态""动态输入""线宽""显示/隐藏透明度""快捷特性""选择循环""注释监视器"等，如图 1-29 所示（为了使学生了解控制按钮的功能，图中的几个按钮名称用中文来描述）。在这一组按钮上右击，在弹出的快捷菜单中选择"使用图标"选项，即可切换为以图标的形式显示，如图 1-30 所示。

图 1-29　状态栏上的绘图控制按钮（中文）

图 1-30　状态栏上的绘图控制按钮（图标）

状态栏最右侧是一些辅助绘图的功能按钮，如图 1-31 所示，依次为"模型或图纸空间""快速查看布局""快速查看图形""切换工作空间""工具栏/窗口位置锁定（未锁定）""硬件加速器""应用程序状态菜单""全屏显示（Ctrl+0）"，用于查看布局、图形，以及对工具栏、窗口等进行固定、对工作空间进行切换等。

图 1-31　辅助绘图功能按钮

1.2.3　AutoCAD 的图形文件管理

AutoCAD 图形文件的管理主要包括新建图形文件、打开图形文件、保存图形文件和清理图形文件等。

1. 新建图形文件

在启动 AutoCAD 软件后，系统会自动弹出一个命名为"Drawing1.dwg"的图形文件。如果用户需要重新创建一个图形文件，可以执行"新建"命令。执行"新建"命令的方式有以下几种。

1）执行"文件"→"新建"命令。

2）单击"标准"工具栏中的 按钮。

3）在命令行中输入"new"或"N"后按 Enter 键（快捷方式）。

4）按 Ctrl+N 组合键。

AutoCAD 软件中内建了众多样板文件可供使用，也可以自定义这些样板文件，同时还可以创建自己的样板。执行"新建"命令后，即可打开如图 1-32 所示的选择样板对话框。选择任何一个样板，就可以对其进行预览，双击它就可以基于该样板来创建新的图形文件。

执行"新建"命令后，在打开的选择样板对话框中，选择名称为"acadiso.dwt"的样板文件，单击"打开"按钮，即可打开一个程序默认的"acadiso.dwt"样板且新建名为"Drawing2.dwg"的文件。

图 1-32　选择样板对话框

2. 打开图形文件

当用户需要查看、使用或编辑原有已经储存的图形文件时，可以执行"打开"命令。执行"打开"命令的方式有以下几种。

1）执行"文件"→"打开"命令。

2）单击"标准"工具栏中的 按钮。

3）在命令行中输入"open"后按 Enter 键。

4）按 Ctrl+O 组合键。

执行"打开"命令后，在打开的"选择文件"对话框中，选择需要打开的图形文件，单击"打开"按钮即可打开文件。

3. 保存图形文件

对绘制的图形需要以文件的形式进行储存，便于以后查看、使用、修改和编辑等。执行"保存"命令的方式有以下几种。

1）执行"文件"→"保存"命令。

2）单击"标准"工具栏中的 按钮。

3）在命令行中输入"save"后按 Enter 键。

4）按 Ctrl+S 组合键。

执行"保存"命令，在打开的"图形另存为"对话框中，选择需要存储的路径、文件名和文件类型后，单击"保存"按钮即可将当前文件进行存储。

4. 清理图形文件

为了减少文件的存储空间，需要将文件内部的一些无用的垃圾资源（如图层、样式、图块等）进行及时的清理。执行"清理"命令的方式有以下几种。

1）执行"文件"→"图形实用程序"→"清理"命令。

2）在命令行中输入"purge"或"PU"后按Enter键。

执行"清理"命令后，在打开的如图 1-33 所示的"清理"对话框中，选择需要清理的文件，单击"清理"按钮或"全部清理"按钮即可进行清理。对话框中带有"+"号的选项，含有未使用的垃圾项目，需要单击该选项将其展开，然后选择需要清理的项目进行清理。

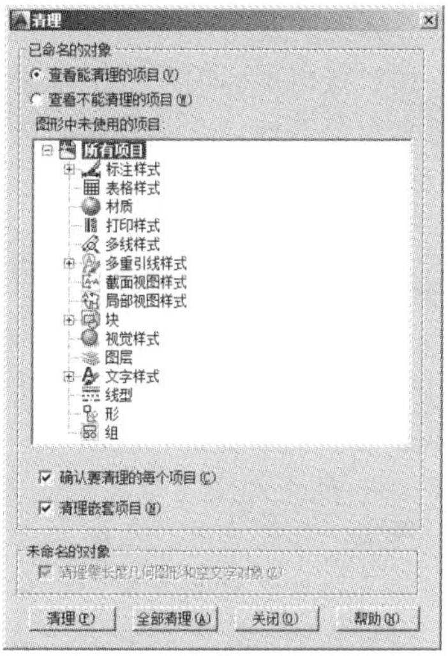

1.2.4　AutoCAD 的基本操作

图 1-33　"清理"对话框

1. 输入坐标点

AutoCAD 坐标点的输入有绝对坐标和相对坐标两种。绝对坐标的输入是指以坐标系原点（0,0）为参考点来定位其他点。绝对坐标输入又分为绝对直角坐标输入和绝对极坐标输入两种。但在实际绘图过程中，并不是所有的点都与原点有明确的参数关系，为了弥补绝对坐标输入的缺陷，AutoCAD 为用户又提供了相对于坐标点的输入功能。相对坐标输入是指以任意点为参考点以定位其他点。在实际绘图过程中，经常使用上一点作为参考点。相对坐标输入又分为相对直角坐标输入和相对极坐标输入两种。

（1）绝对直角坐标输入

绝对坐标输入是指以坐标系原点（0,0）为参考点来定位其他点，其表达式为（x,y,z）。操作时可直接输入 x、y、z 的绝对坐标值以确定坐标点。如图 1-34 所示的 A 点、B 点和 C 点。在 A 点（3,7）中，"3"表示从 A 点向 x 轴引垂线，垂足与坐标系原点的距离为 3 个绘图单位；"7"表示从 A 点向 y 轴引垂线，垂足与坐标系原点的距离为 7 个绘图单位。

（2）绝对极坐标输入

绝对极坐标输入是指以坐标系原点（0,0）为参考点，通过某点相对于原点的极长和角度以定位该点，其表达式为（L<α）。其中，"L"表示某点和原点之间的极长，即长度；"α"表示某点连接原点的边线与 x 轴夹角的度数。如图 1-34 所示的 C 点（6<30），"6"表示 C 点与原点连线的长度，"30"表示 C 点和原点的连线与 x 轴夹角的度数。

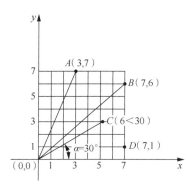

图 1-34　坐标点

（3）相对直角坐标输入

相对直角坐标输入是指以某一点相对于参照点的 x 轴、y 轴、z 轴等 3 个方向上的坐标差来定位其他点，其表达式为（@ x,y,z）。在输入坐标值时，要先输入@符号，表示"相对于"。

（4）相对极坐标输入

相对极坐标输入是指以某点相对于参照点的极长和偏移角度来定位该点，其表达式为（@ $L<\alpha$）。其中，"L"表示极长，即目标点与参照点之间的距离；"α"表示角度，即目标点和参照点的连线与坐标系 x 轴正向夹角的度数。如图 1-34 所示的坐标系中，如果以 D 点作为参照点，使用相对极坐标来表示 B 点，那么 B 点的坐标为（@ 5<90），其中 B 点与 D 点之间的距离为 5 个单位，线段 BD 和 x 轴正向夹角的度数为 90°。

提示：如果启用状态栏中的"动态输入"功能，对于第二点和后续输入的点，系统都自动以相对坐标来表示，即在坐标值前自动加入一个@。如果用户想用绝对坐标来定位，则需要关闭状态栏中的"动态输入"功能（此功能的快捷键为 F12）。

直线工具（L）
（上）（练习）

直线工具（L）
（下）（练习）

2. 快捷键和功能键的操作

AutoCAD 软件中大部分命令和功能的启动，都可以通过输入快捷键和功能键来完成。

例如，"直线"命令的快捷键是"L"，它是英文"Line"的首写字母，用户只需要按键盘上的 L 键，然后按 Enter 键，即可启动"直线"命令。这些命令的启动，都要在输入快捷键之后，配合 Enter 键完成。

提示：AutoCAD 软件的"回车"，有两个键的选择，一个是 Enter 键，一个是 Space 键。通常情况下，按 Space 键最为快捷，在输入命令快捷键之后，随即用左手拇指顺势在 Space 键上一按，即可启动命令。

此外，有些命令的输入，只需要直接按功能键，不需要按 Enter 键，即可启动功能。例如，按 F3 键，即可启动"对象捕捉"功能。还有一些是功能组合键，如按 Ctrl+C 组合键，即可启动"复制"功能；按 Ctrl+V 组合键，即可启动"粘贴"功能。

复制（CO）（练习）

提示：AutoCAD 的命令快捷键和功能键，参见本书"附录 1 AutoCAD 快捷键"。

若能记住键盘中的一些常用键，并经常运用，会大大提高作图效率。例如，Esc 键，按此键可终止待执行的命令，使光标处于原始待命状态；Delete 键常用于删除对象，在选择对象之后，按 Delete 键，系统会自动删除对象，此键的功能等同于"删除"命令；Enter 键，在激活命令和结束命令时，通常需要按此键，而 Space 键往往能替代 Enter 键，更加便捷。此外，当结束命令之后，只需再次按 Enter 键或 Space 键，即可再次启动该命令。

删除（E）（练习）

3. 选择对象

选择对象是 AutoCAD 重要的操作技能之一。在对图形进行修改或编辑之后，一般需要选择对象。选择对象的常用方式有点选、窗口选择和窗交选择等 3 种。

（1）点选

点选是最基本、最简单的一种选择方式，此方式一次只能选择一个对象。例如，执行"移动"命令后，命令行会提示"选择对象"，系统自动进入点选状态，鼠标指针切换为矩形选择框形状，将鼠标指针放在对象上单击即可选择该对象。如图 1-35（a）所示，被选择的对象以虚线显示，如图 1-35（b）所示。

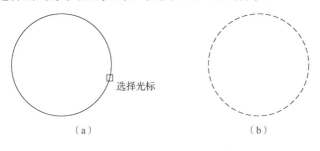

选择对象（练习）

图 1-35　点选

移动（M）（练习）

（2）窗口选择

窗口选择是常用的一种选择方式，此方式一次能选择多个对象。操作方法是将鼠标指针从对象左侧向右拉出一个选择窗口，当对象全部在窗口之内时，即可被选择，否则不被选择。例如，执行"移动"命令后，命令行会提示"选择对象"，系统自动将鼠标指针切换为矩形选择框形状，按住鼠标左键从左向右拉出矩形选择框，如图 1-36（a）所示。此时可见：三角形和矩形完全在选择窗口内，而圆形和圆弧只是被选择窗口框住一部分，其结果是三角形和矩形被选择，呈虚线显示状态，圆形和圆弧不被选择，如图 1-36（b）所示。

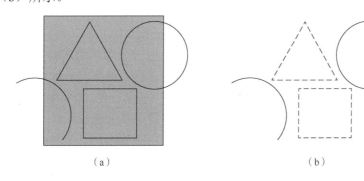

图 1-36　窗口选择

（3）窗交选择

窗交选择是常用且使用频率非常高的一种选择方式，此方式一次可选择多个对象。操作方法是将鼠标指针从对象的右侧向左拉出一个选择窗口，对象只要被窗口框住，哪怕是极小部分被框住，即可被选择。例如，执行"移动"命令后，系统自动将鼠标指针切换为矩形选择框形状，按住鼠标左键从右向左拉出矩形选择框，如图 1-37（a）所示。

所有的对象均被选择，呈虚线显示状态，如图 1-37（b）所示。

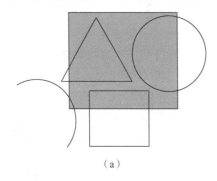 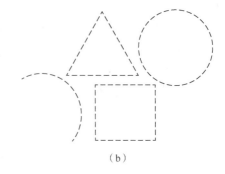

（a）   （b）

图 1-37　窗交选择

提示：AutoCAD 的操作以简捷、快速为本，3 种选择对象的方式各有特点，如何利用这些方式的不同特点，达到有效、快速地选择对象的目的，是软件应用必须掌握的操作技能。

4. 平移视图和缩放视图

平移视图和缩放视图是 AutoCAD 的常用操作。通过平移视图和实时缩放视图，可以使绘图过程变得更为轻松、有效。

（1）平移视图

由于屏幕视图有限，绘图过程中，很多在屏幕以外的对象不能在视图中显示，只能

图 1-38　"平移"子菜单

通过平移视图的方式将需要修改、编辑的对象移到视图中。在"视图"→"平移"子菜单中有一组选项，用户可以根据需要指定平移的方向而不会改变图形的显示比例。"平移"子菜单如图 1-38 所示。

但是，在实际操作过程中，"平移"的功能更多的是通过鼠标中键来实现的，只要按住鼠标中键移动鼠标，就可以将图形在视图中做任何方向的平移，非常方便。"平移"的功能经常和视图缩放配合使用，一方面将屏幕外的图样移至视图中央，另一方面将需要修改和编辑的图样放大到最清晰，或是缩小视图通览全局，这就是下面介绍的视图缩放功能。

缩放方法 1（练习）

缩放方法 2（练习）

（2）缩放视图

通过视图的缩放，用户可以随意调整图形在当前窗口中的显示，以便观察、编辑图形的细节和全貌。在"视图"→"缩放"子菜单中有一组选项，如图 1-39 所示。用户也可以将鼠标指针移动到主工具栏的空白位置右击，在弹出的快捷菜单中选择"缩放"选项，调出"缩放"工具栏，如图 1-40 所示。

图 1-39 "缩放"子菜单

图 1-40 "缩放"工具栏

通过比较可以看出，图 1-39 与图 1-40 所示的内容几乎一样。以"缩放"工具栏的一组图标为例，其功能从左至右依次如下。

1）"窗口缩放"：使用鼠标指针在需要缩放显示的区域拉出一个矩形框，使矩形框中的对象最大化显示在窗口。

2）"动态缩放"：可动态地浏览和缩放视图。激活后，窗口临时切换至虚拟显示屏状态，当前窗口中将显示 3 个视图框。

3）"比例缩放"：可按照输入的数字（即图形界限倍数）放大。在输入的数字后加"X"，表示相当于当前视图的缩放倍数；在输入的数字后加"XP"，表示系统将根据图样空间来确定缩放比例。

4）"中心缩放"：可根据所确定的中心点来调整视图，并应输入缩放数值。

5）"缩放对象"：可最大限度地显示当前视图中选择的对象。

6）"放大"：每单击一次，视图将放大 1 倍显示。

7）"缩小"：每单击一次，视图将缩小 1/2 显示。

8）"全部缩放"：绘图区中全部图形均在屏幕上显示。图形显示的尺寸取决于图形界限和图形范围的大小。

9）"范围缩放"：将所有图形全部显示在窗口中，并最大限度地充满窗口。其与图形界限无关。

提示：视图的快速平移和快速缩放。在 AutoCAD 的实际操作过程中，"平移"功能可以通过按住鼠标中键来快速实现。当按住鼠标中键时，鼠标指针即变为手形，快速移动画面。同时，"缩放"功能也是可以通过滚动鼠标中键来实现的，即向前滚动鼠标中键可将图形在视图中放大，向后滚动鼠标中键可将图形在视图中缩小，非常快捷和方便。按住或滚动鼠标中键的交替使用，是 AutoCAD 对视图的平移和缩放最为有效的操作方法。

5. 辅助定位

为了精准地绘制图形，AutoCAD 为用户提供了多种辅助定位的功能，以保证图形绘制的准确性。

（1）捕捉

"捕捉"是指强制性地控制十字光标，使其根据定义的 x、y 轴方向的固定距离（即步长）进行跳动，从而精确定位点。在启用"捕捉"功能前，若需要对步长单位进行设置，可在状态栏的"捕捉"按钮上右击，在弹出的快捷菜单中选择"设置"选项，打开"草图设置"对话框，如图 1-41 所示。

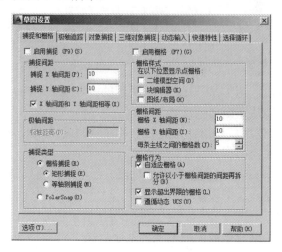

图 1-41　"草图设置"对话框

在对话框中的"捕捉和栅格"选项卡中选中"启用捕捉"复选框，在"捕捉间距"选项组中设置"捕捉 X 轴间距"和"捕捉 Y 轴间距"的数值，然后进行屏幕上的定点捕捉。

"捕捉"功能的启用，可单击状态栏中的"捕捉"按钮，或按 F9 键。

提示：在装饰施工图的绘制中，"捕捉"功能并不常用，应使其一直处于关闭状态，否则会使光标不停地跳动，影响绘图的正常操作。同时关闭"栅格"功能。

（2）栅格

"栅格"的功能是以栅格点的形式显示绘图区域，为用户提供直观的距离和位置参照。栅格点是一些虚拟的参照点，仅显示在图形界限中，不会被打印输出。栅格点之间的距离可以随意调整，可在状态栏的"栅格"按钮上右击，在弹出的快捷菜单中选择"设置"选项，打开"草图设置"对话框，在对话框中的"捕捉和栅格"选项卡中选中"启用栅格"复选框，并对其中的相关参数进行设置。

"栅格"功能的启用，可单击状态栏中的"栅格"按钮，或按 F7 键。

（3）正交

"正交"功能在 AutoCAD 绘图操作中常用且不可或缺，用于将鼠标指针强行地控制在水平或垂直方向上，以绘制水平和垂直的图线。"正交"功能的启动，可单击状态栏中的"正交"按钮，或按 F8 键。

（4）对象捕捉

"对象捕捉"功能在 AutoCAD 绘图操作中也是常用且不可或缺的，AutoCAD 为用户提供了 13 种"对象捕捉"模式，绘图过程中，绝大部分操作需要依靠这些模式，对图形上的特征点进行精确定位。

"对象捕捉"功能的启动，可单击状态栏中的"对象捕捉"按钮，或按 F3 键。

"对象捕捉"的模式选择，需要在"对象捕捉"选项卡中进行。打开"对象捕捉"选项卡的方式如下。

① 执行"工具"→"绘图设置"命令，在打开的"草图设置"对话框中选择"对象捕捉"选项卡，然后选中"启用对象捕捉"复选框，如图 1-42 所示。在该选项卡中选择需要捕捉的选项。

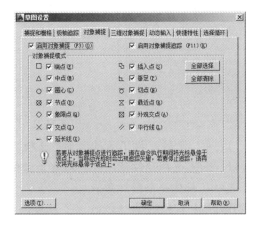

图 1-42 "对象捕捉"选项卡

② 在状态栏的"对象捕捉"按钮上右击，在弹出的快捷菜单中选择"设置"选项，打开"草图设置"对话框，在对话框中选择"对象捕捉"选项卡，并在该选项卡中选择需要捕捉的选项。

提示：在实际制图过程中，通常情况下可选择全部的对象捕捉模式，不需要每次更换捕捉模式。但必须注意的是，为了精确捕捉，一定要将图形放大到清晰状态，避免错误地选择捕捉点。

（5）极轴追踪

"极轴追踪"功能用于根据当前设置的追踪角度，引出相应的极轴追踪虚线，以追踪定位目标点。

"极轴追踪"功能的启用，可单击状态栏中的"极轴追踪"按钮，或按 F10 键。

在操作"极轴追踪"之前需要在"极轴追踪"选项卡中对"增量角"参数进行选择设置。打开"极轴追踪"选项卡的方式有如下两种操作。

① 执行"工具"→"绘图设置"命令，在打开的"草图绘置"对话框中选择"极轴追踪"选项卡，如图 1-43 所示。

② 在状态栏的"极轴追踪"按钮上右击，在弹出的快捷菜单中选择"设置"选项，打开"草图设置"对话框，在对话框中选择"极轴追踪"选项卡。

对"增量角"参数的快捷设置方法，是在状态栏的"极轴追踪"按钮上右击，在弹出的快捷菜单中对展示的"增量角"进行选择，如图 1-44 所示。

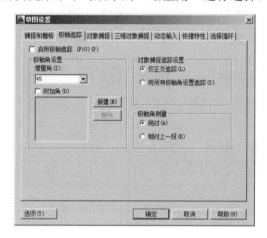

图 1-43 "极轴追踪"选项卡   图 1-44 "极轴追踪"快捷菜单

提示：在"增量角"列表中，系统提供了多种增量角选项，用户可从中选择一个适当的数值作为增量角的度数。如果选择预设值以外的增量角数值，可在"极轴追踪"选项卡中选中"附加角"复选框，新建一个附加角。

"极轴追踪"功能的操作应用：首先启用"极轴追踪"功能，并设置"增量角"为 45°。

执行"直线"命令，在绘图区任意位置拾取一点作为起点。向右上方移动鼠标指针，极轴追踪引线会在与 x 轴夹角成 45° 位置被吸附并出现延长虚线，即可输入线段长度：240（如果对长度没有要求，可在极轴追踪虚线上任意一点单击），然后按 Enter 键结束直线的绘制。

（6）对象捕捉追踪

"对象捕捉追踪"功能是指以对象上的某些特征点作为追踪点，引出向两端无限延伸的对象捕捉追踪虚线，如图 1-45 所示。在此追踪虚线上拾取点或输入距离值，即可精确定位目标点。

"对象捕捉追踪"功能的启用，可单击状态栏中的"对象捕捉追踪"按钮，或按 F11 键。

"对象捕捉追踪"功能只有在"对象捕捉"功能和"极轴追踪"功能同时被启用的情况下才能使用，而且只能追踪"对象捕捉"模式中设置的捕捉点。

在默认的设置下，系统仅以水平或垂直方向来追踪点。如果用户需要按照某一角度追踪点，可以在如图 1-43 所示的"极轴追踪"选项卡中设置追踪的样式。

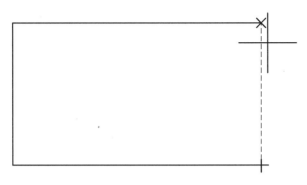

图1-45　对象捕捉追踪虚线

（7）临时追踪点

"临时追踪点"功能与"临时捕捉"功能相同，激活一次功能后，系统仅能使用一次。

"临时追踪点"功能包括"自"、"两点之间的中点"和"临时追踪点"等，其使用方法大致相同。

下面以"自"功能为例讲解"临时追踪点"功能的使用方法。

"自"功能是指捕捉相对坐标定义窗口中的相对某一捕捉点的另外一点。使用"自"功能时，需要先捕捉图形的特征点作为目标点的偏移基点，然后输入目标点的坐标值。

启用"自"功能主要有以下几种方式。

① 打开"对象捕捉"工具栏，如图1-46所示，单击"对象捕捉"工具栏中的"捕捉自"按钮。

图1-46　"对象捕捉"工具栏

② 在命令行中输入"from"后按Enter键。

③ 按住Ctrl键的同时右击，在弹出的快捷菜单中选择"自"选项。

思考与练习

一、思考题

1．AutoCAD软件的最低系统需要是什么（根据搜集查询的资料整理出答案）？

2．如何切换AutoCAD的浮动工具栏和固定工具栏？

3．如何打开、保存和另存AutoCAD文件？

二、选择题

1. 绘图命令包含在 AutoCAD 的（　　　）菜单中。

　　A．文件　　　　　　　B．工具　　　　　　　C．格式　　　　　　　D．绘图

2. 菜单后面有省略号意味着（　　　）。

　　A．将有下一级菜单　　　　　　　　　　B．菜单不可用

　　C．选择菜单会打开对话框　　　　　　　D．以命令的形式执行菜单相对应的命令

3. 多个文档的设计环境允许（　　　）。

　　A．同时打开多个文档，但只能在一个文档中工作

　　B．同时打开多个文档，在多个文档中同时工作

　　C．只能打开一个文档，但可以在多个文档中同时工作

　　D．不能在多个文档之间复制、粘贴

三、实训操作

1. 启动 AutoCAD 软件，布置"AutoCAD 经典"工作空间。

2. 修改背景颜色及十字光标：工具→选项→显示→改变背景颜色/十字光标大小。

3. 常用键盘操作键练习：Enter、Esc、Delete。

4. 选择对象操作练习：点选、窗口选择、窗交选择。

5. 视图的平移与缩放操作练习。

绘制简单装饰图形

- 绘制简单的家具平面图
- 绘制简单的装饰立面图

2.1 绘制简单的家具平面图

在建筑装饰装修施工图中，家具的设计与绘制是一项重要的工作内容，各种样式和各种风格的家具图形，除了可以通过图库插入外，也有大量需要设计师根据整个装修风格临时进行设计绘制的。此外，家具的绘制也是有效的图形绘制的基本功训练项目之一。

在这个训练项目中，我们要学习、掌握 AutoCAD 软件中的"直线""矩形""样条曲线""圆""圆角""复制""移动""镜像""旋转""阵列""填充"等常用命令的基本操作方法。

2.1.1 绘制西餐桌椅平面图

1. 图形元素分析

西餐桌椅是餐厅的主要家具，它包括矩形台面的餐桌和一组围绕桌边的靠背餐椅。餐桌的尺寸通常是根据房间的大小和座位的多少来确定的，以 6 人座位的餐桌为例，常见的平面图形尺寸为（800～900mm）×（1500～1800mm），餐桌的高度尺寸相对固定，一般为 760～780mm。餐椅的座面尺寸约为 450mm×450mm，座面高度约为 450mm。在平面图中，只有长度和宽度的尺寸。西餐桌椅的平面图如图 2-1 所示。

在绘制任何图形之前，首先要分析图形的基本元素，然后根据构成的元素选择恰当的绘图工具和操作方法。因此，正确地选择绘图工具和绘图方法，是高效精准绘图的关键。

从图 2-1 中可以看出，西餐桌和椅子的基本图形是矩形，只是在边角上有圆弧的变化，这些可以在基本图形的基础上编辑修改而成。围绕在西餐桌的四周，共有 6 把同样大小形状的椅子，因此，只要画出一把椅子，其他椅子都可以通过"复制""移动""镜像""旋转"等方法快速完成。

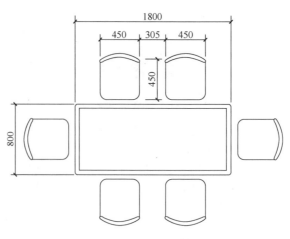

图 2-1　西餐桌椅的平面图

2. 绘制步骤和方法

步骤一：绘制西餐桌平面图形

（1）绘制餐桌平面矩形

偏移（O）（练习）

矩形工具（REC）（练习）

西餐桌的平面图形比较简单，根据图 2-1 所示的西餐桌平面图形尺寸，执行"直线"命令（或在命令行中输入"L"，按 Enter 键）或"矩形"命令（或在命令行中输入"REC"，按 Enter 键），在屏幕中央位置绘制出 800mm×1800mm 的矩形，如图 2-2 所示。

（2）绘制矩形边缘轮廓

执行"偏移"命令（或在命令行中输入"O"，按 Enter 键），设定偏移尺寸为 50。将鼠标指针放在矩形上单击，然后向矩形内侧移动鼠标到合适位置释放鼠标左键，即可得到向内偏移距离为 50 的一个缩小的矩形，如图 2-3 所示。

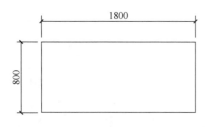

图 2-2　绘制餐桌平面矩形

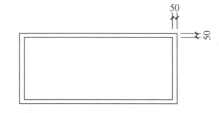

图 2-3　绘制矩形边缘轮廓

（3）矩形边角倒圆角

执行"圆角"命令（或在命令行中输入"F"，按 Enter 键），根据命令行提示，输入"R"，按 Enter 键，然后输入 50（设定圆角尺寸为 50）。在外侧的矩形每个角的两邻边单击，即可完成对该矩形 4 个角的圆角绘制。此时，矩形西餐桌平面图形绘制完成，如图 2-4 所示。

图 2-4 矩形倒圆角

步骤二：绘制餐椅平面图形

（1）绘制餐椅平面矩形

执行"矩形"命令，在西餐桌上方一侧位置绘制出 450mm×450mm 的矩形，如图 2-5 所示。

（2）绘制餐椅靠背圆弧线

1）执行"分解"命令（或在命令行中输入"X"，按 Enter 键，然后单击矩形，按 Enter 键），然后将矩形上边一条线段删除（使用"十字光标"选择该线段，按 Delete 键）。

分解（X）（练习）

2）绘制圆弧。执行"圆弧"命令（或在命令行中输入"A"，按 Enter 键），启用"对象捕捉"功能（按 F3 键），捕捉矩形两侧竖向直线上部的端点，绘制一条圆弧，如图 2-6 所示。

圆弧工具（A）（练习）

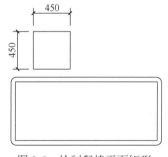

图 2-5 绘制餐椅平面矩形

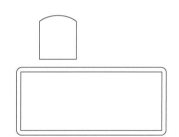

图 2-6 绘制餐椅靠背圆弧线

（3）绘制圆弧靠背

1）执行"偏移"命令，设定偏移尺寸为 40。使用"选择光标"在弧形上单击，然后向下移动鼠标到合适位置释放鼠标左键，即可得到向下偏移距离为 40 的一段弧形，如图 2-7（a）所示。

2）执行"圆"命令（或在命令行中输入"C"，按 Enter 键），根据命令行提示，选择两点画圆（2P），在命令行中输入"2P"，按 Enter 键，光标捕捉两条弧线临近的端点，绘制圆形，如图 2-7（b）所示。

修剪工具（TR）（练习）

3）执行"修剪"命令（或在命令行中输入"TR"，按 Enter 键），将圆形与圆弧交叉处的多余线段修剪掉，如图 2-7（c）所示。

镜像（MI）（练习）

4）执行"镜像"命令（或在命令行中输入"MI"，按 Enter 键），捕捉大圆弧的中点，在"正交"模式（按 F8 键）下将左端小圆弧镜像到右端，如图 2-7（d）所示。

5）执行"修剪"命令，修剪多余线段，完成餐椅圆弧靠背的绘制。同时执行"圆角"命令，对餐椅桌垫的两个角做倒半径为 50 的圆角，完成餐椅的全部绘制，如图 2-7（e）所示。

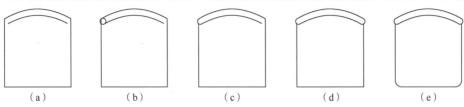

（a）　　　　（b）　　　　（c）　　　　（d）　　　　（e）

图 2-7　绘制餐椅圆弧靠背

步骤三：将餐椅平面图形复制、移动到西餐桌周边

（1）镜像餐椅平面图形

1）执行"移动"命令（或在命令行中输入"M"，按 Enter 键），关闭"正交"模式，将绘制完成的餐椅平面图形移动到餐桌一侧的适当位置。

2）启动"正交"模式，执行"镜像"命令，捕捉西餐桌横向线段上的中点，将餐椅镜像到西餐桌的右端对称位置。需要注意的是，餐椅与餐椅的间距应控制在 750 左右，以符合人体工程学的要求，如图 2-8 所示。

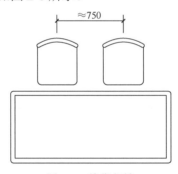

图 2-8　镜像餐椅

（2）复制、旋转餐椅平面图形

1）执行"复制"命令（或在命令行中输入"CO"，按 Enter 键），以"窗口选择"方式选择餐椅图形，将餐椅复制到右侧的空白位置，如图 2-9 所示。

2）执行"旋转"命令（或在命令行中输入"RO"，按 Enter 键），将餐椅顺时针方向旋转 90°，如图 2-10 所示。

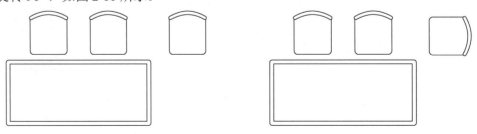

图 2-9　复制餐椅　　　　　　　　　　　图 2-10　旋转餐椅

（3）移动餐椅至餐桌右侧

1）执行"移动"命令，选择图 2-10 中右侧旋转的餐椅，启用"对象捕捉"功能，移动餐椅到餐桌右侧边线轮廓的中点位置，如图 2-11 所示。

2）启动"正交"模式向右移动餐椅，与餐桌离开适当的距离，如图 2-12 所示。

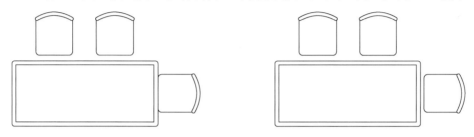

图 2-11　移动餐椅至餐桌右侧中点位置　　　　图 2-12　向右移动餐椅适当距离

（4）镜像餐椅至餐桌周边

执行"镜像"命令，"正交"模式下，分别捕捉西餐桌纵横线段上的中点，将餐椅镜像到西餐桌的对称位置，完成西餐桌椅的全部绘制，如图 2-13 所示。

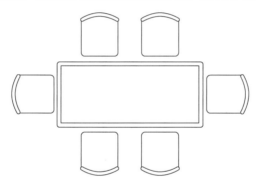

图 2-13　绘制完成的西餐桌椅平面图

2.1.2　绘制中餐桌椅平面图

1. 图形元素分析

中餐桌通常有圆形和方形，圆形桌面的直径有 1000mm、1200mm、1500mm 等，较大的宴会桌，直径可为 2000～3000mm。中餐椅的平面图形同前，此处不再赘述。下面以圆形中餐桌为例，学习如何在圆形周围等距分布图形，以及如何在图形中进行图案填充。

如图 2-14 所示的圆形餐桌，直径为 1200mm，餐桌周边等距布置了 8 把餐椅（餐椅的绘制同前，也可进行复制）。在这一组图形中，主要是学习如何绘制圆，以及如何将餐椅等距分布在餐桌的周边，最后在餐桌的中央绘制一个圆形玻璃转盘。

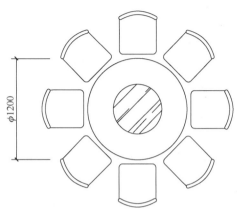

图 2-14　中餐桌椅平面图

2. 绘制中餐桌椅的步骤、方法

步骤一：绘制圆形餐桌

执行"圆"命令（或键盘敲击"C"，回车），鼠标左键在屏幕上任何空白处单击，随即可以拉出一个以该点为圆心的圆形。此时暂时不要单击，在命令行中输入圆的半径"600"，按 Enter 键（默认状态下直接输入圆的半径，若要输入直径，则应在输入数据之前先输入"D"，按 Enter 键，然后输入直径），如图 2-15 所示。

圆形工具（C）（练习）

步骤二：复制并移动餐椅

1）复制西餐桌椅图形中的餐椅至圆形餐桌边上。启用"对象捕捉"功能，执行"移动"命令，选择餐椅，按 Enter 键，捕捉餐椅座面底部的中点，移动到圆形顶端的象限点位置，如图 2-16 所示。

2）启动"正交"模式，执行"移动"命令，以"窗口选择"方式选择餐椅，向上移动离开餐桌适当距离，如图 2-17 所示。

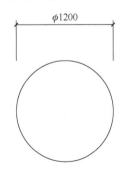

图 2-15　绘制圆形餐桌平面图

图 2-16　复制餐椅至圆形餐桌的顶部

图 2-17　移动餐椅离开圆形餐桌

步骤三：阵列餐椅

1）执行"阵列"命令（或在命令行中输入"AR"，按 Enter 键），打开"阵列"对话框，选中"环形阵列"单选按钮，如图 2-18 所示。

阵列（AR）环形阵列（练习）

阵列（AR）矩形阵列（练习）

图 2-18 "阵列"对话框

2）在对话框中单击右上角的"选择对象"按钮，回到屏幕的图形中，选择餐椅，按 Enter 键。返回"阵列"对话框中，单击"拾取中心点"按钮，再次回到屏幕的图形中，将"拾取光标"放在圆形上，在显示的圆心上单击，再次返回"阵列"对话框，将"项目总数"文本框中的数字改为"8"，并选中对话框中的"复制时旋转项目"复选框，否则餐椅在阵列后不会围绕圆形餐桌旋转，如图 2-19 所示。

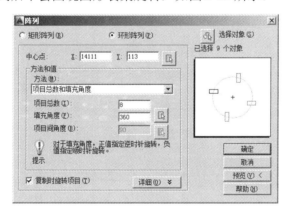

图 2-19 环形"阵列"对话框

3）在如图 2-19 所示的"阵列"对话框中，单击"预览"按钮，再次回到屏幕图形中观察阵列结果，若结果符合设计要求，按 Enter 键返回"阵列"对话框，单击"确定"按钮关闭"阵列"对话框，完成餐椅在圆形餐桌周边的环形阵列，如图 2-20 所示。

步骤四：绘制桌面玻璃转盘

1）执行"偏移"命令，将餐桌图形向内偏移 300mm，如图 2-21 所示。

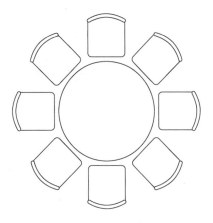

图 2-20　环形阵列餐桌　　　　　　　图 2-21　绘制桌面玻璃转盘

2）对玻璃转盘圆形填充图案。在装饰装修施工图中，通常以图案填充显示材质。

执行"填充"命令（或在命令行中输入"H"，按 Enter 键），打开"图案填充和渐变色"对话框。在对话框中的"类型和图案"选项组中，选择"类型"下拉列表中的"预定义"选项；单击"图案"下拉按钮，在弹出的下拉列表中选择"AR-RROOF"图案样式。在"角度和比例"选项组中的"角度"下拉列表中选择"45"选项；在"比例"下拉列表中选择"11"选项（注：比例的选择需要多次查看图案填充效果后经过反复修改而确定），如图 2-22 所示。

图案填充（H）（练习）

自定义图案填充（练习）

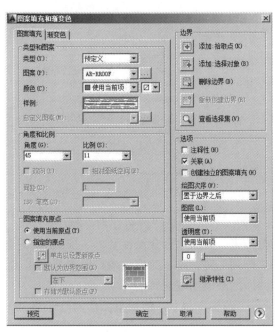

图 2-22　"图案填充和渐变色"对话框

在"图案填充和渐变色"对话框中的"边界"选项组中，单击"添加：拾取点"按钮，此时"图案填充和渐变色"对话框暂时消失，回到屏幕图形中，在小圆的中央单击，使圆形呈虚线被选中状态，按 Enter 键返回"图案填充和渐变色"对话框中。单击"预览"按钮，再次回到屏幕图形中观察填充结果，如结果符合设计要求，按 Enter 键返回"图案填充和渐变色"对话框，单击"确定"按钮关闭"图案填充和渐变色"对话框，完成玻璃转盘的图案填充。至此，中餐桌椅的绘制全部完成，如图 2-23 所示。

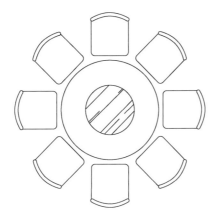

绘制八人餐桌椅（练习）

图 2-23　绘制完成的中餐桌椅

2.2　绘制简单的装饰立面图

立面图的绘制，在建筑装饰装修施工图中占有较大的比例，造型复杂的装饰做法，很多也是在立面图中体现的。本阶段的训练，分别以木质平开门立面图和装饰栏杆立面图为例，通过简单且又典型的造型设计制图，进一步学习和掌握 AutoCAD 软件中的"构造线""多段线""椭圆""样条曲线""延伸""倒角""拉伸""镜像"等命令及其基本操作方法。

2.2.1　绘制木质装饰平开门立面图

1. 图形元素分析

木质平开门是室内常见的装饰项目，其样式都是通过立面图来表现的。门的立面图，通常包括三大组成部分：门套饰线、门扇和门执手锁。门套饰线与门套板连接，安装在墙体门洞的外表和内侧，起着保护门洞边角和安装门扇的作用，同时具有很好的装饰效果，其造型相对简单。门扇安装在门套板上，是门的主体部分。在门扇的表面，通常会加工成各种具有凹凸变化的图案，尤其是欧式风格的门扇，在凹凸造型的边缘镶嵌着各种装饰线条，变化十分丰富。

图 2-24 所示是一种传统欧式木门的样式，门扇表面的装饰造型富有较多的曲线变化，这是我们学习的重点。此外，门的执手锁，体积虽小，但造型也富有变化，与欧式风格配套的执手锁，造型更加讲究，需要认真对待，准确绘制。

木质平开门立面图的外形为矩形，门套饰线及门扇外轮廓都是以直线为主，相对简单。门扇上的造型及执手锁，除了纵向的轮廓为直线外，其他部分均为曲线和椭圆，需要用到相应的工具来绘制和编辑。

木质平开门的立面图如图 2-24 所示。

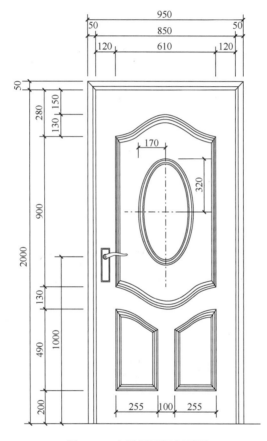

图 2-24　木质平开门立面图

构造线（XL）（练习）

2. 绘制步骤和方法

步骤一：绘制门套

（1）绘制门框轮廓辅助线

1）执行"构造线"命令（或在命令行中输入"XL"，按 Enter 键），启动"正交"模式，在屏幕空白处单击拉出水平和垂直的两条射线。

2）执行"偏移"或"复制"命令，将纵向射线向右侧复制 850 个单位，将横向射线向上侧复制 2000 个单位，如图 2-25 所示。

提示：构造线是一条无限延长的射线，在 CAD 中通常作为辅助线来绘制图样的轮廓。

（2）绘制门框轮廓线

执行"多段线"命令（或在命令行中输入"PL"，按 Enter 键），启动"正交"和"对象捕捉"模式，在图形左下方的辅助线交点处单击，开始画多段线，依次单击左上方的辅助线交点、右上方的辅助线交点、右下方的辅助线交点，按 Enter 键结束。完成的图形如图 2-26 所示。

多段线（PL）（练习）

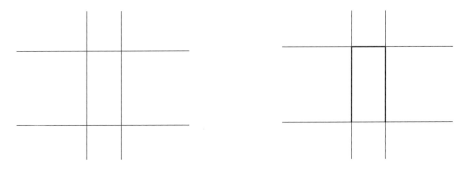

图 2-25　绘制门框轮廓辅助线　　　　　　图 2-26　绘制门框轮廓线

（3）绘制门套饰线

执行"偏移"命令，设置偏移量为 50，使用"选择光标"单击选择门框轮廓线，按住鼠标左键向外偏移 50，释放鼠标左键，按 Enter 键结束。再次执行"偏移"命令，设置偏移量为 20，使用"选择光标"单击选择内侧的门框轮廓线，按住鼠标左键向外偏移 20，释放鼠标左键，按 Enter 键结束。然后执行"直线"命令，画上门套转角处的斜向拼缝线和门的底线，如图 2-27 所示。门套饰线大样如图 2-28 所示。

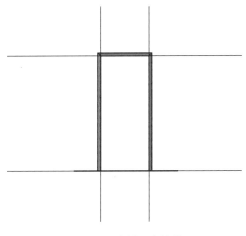

图 2-27　绘制门套饰线

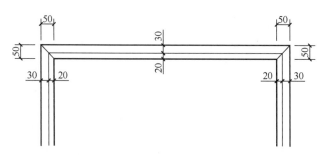

图 2-28　门套饰线大样

步骤二：绘制门扇图案

（1）绘制门扇上部图案轮廓辅助线

执行"偏移"命令，将门套内侧纵横辅助线向内偏移，用以确定门扇上部图案造型的轮廓位置，如图 2-29 所示。偏移尺寸详见图 2-30。

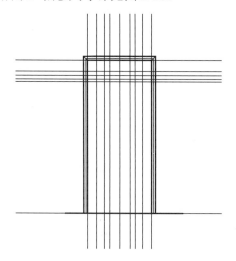

图 2-29　绘制门扇上部图案轮廓辅助线

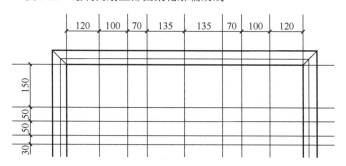

图 2-30　门扇上部图案轮廓辅助线偏移尺寸

（2）绘制门扇上部图案轮廓线

样条曲线（练习）

执行"样条曲线"命令（或在命令行中输入"SPL"，按 Enter 键），从左下角的第一排辅助线交点开始，依次向右单击右上方第二排辅助线交点、右上方第三排辅助线交点、右上方第四排正中辅助线交点、右下方第三排辅助线交点、右下方第二排辅助线交点、右下方第一排辅助线交点，按 Enter 键结束，完成的图形如图 2-31 所示。曲线大样详图如图 2-32 所示。

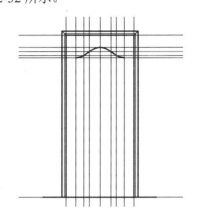

图 2-31　绘制门扇上部图案曲线

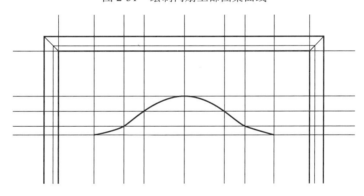

图 2-32　门扇上部图案曲线详图

（3）绘制门扇中部图案轮廓线

执行"偏移"命令，将门扇上部第一条辅助线向下依次偏移 900、130、490。

执行"镜像"命令，使用"选择光标"选择样条曲线，垂直方向镜像到门扇中部位置。

执行"移动"命令，使用"选择光标"选择新镜像的样条曲线，捕捉样条曲线左侧的端点，移动到向下偏移的第一条辅助线左侧的交点上，如图 2-33 所示。

（4）绘制门扇下部图案轮廓线

执行"复制"命令，使用"选择光标"选择新镜像的样条曲线，捕捉该样条曲线左侧的端点，复制到向下偏移的第二条辅助线左侧的交点。

执行"直线"命令（或在命令行中输入"L"，按 Enter 键），捕捉最下一排辅助线左侧的交点单击，按住鼠标左键向右拖动鼠标到该辅助线右侧的交点，释放鼠标左键绘制一条水平线，按 Enter 键结束，如图 2-34 所示。

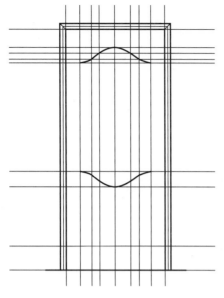

图 2-33 镜像门扇上部图案曲线　　　　图 2-34 绘制门扇下部图案轮廓线

（5）完成门扇图案外围轮廓线的绘制

1）执行"直线"命令，捕捉辅助线与曲线和水平直线的交点，绘制垂直方向直线，形成封闭的图形。同时，除保留中间的垂直辅助线，删除全部辅助线，如图 2-35 所示。

2）执行"偏移"命令，将中间的垂直辅助线分别向左右偏移 50。

3）执行"修剪"命令，将门扇下部图案轮廓线的多余线段修剪掉，完成结果如图 2-36 所示。

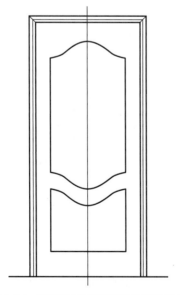
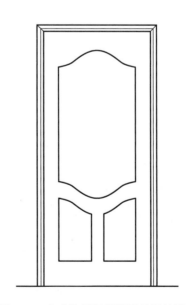

图 2-35 直线连接门扇图案外围轮廓线　　　图 2-36 完成全部门扇图案外围轮廓线

（6）继续完善门扇图案外围轮廓

1）执行"偏移"命令，将各外围轮廓线分别向内偏移 40，偏移结果如图 2-37 所示。

2）执行"修剪"命令，将偏移后的交叉出头的多余线段修剪掉，结果如图 2-38 所示。

3）执行"偏移"命令，将门扇上每一组图案的双线框各自向内偏移 10。执行"圆角"命令，设置圆角为"0"，将偏移后的各组线段倒"0"角进行封闭（注：也可执行"修剪"命令，但"圆角"命令更为快捷），结果如图 2-39 所示。

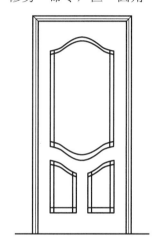 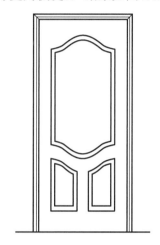 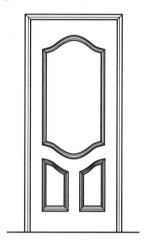

图 2-37　偏移门扇图案轮廓线　　图 2-38　修剪门扇图案轮廓线　　图 2-39　完成门扇图案
轮廓线的绘制

（7）绘制门扇中间椭圆饰线

1）启动"正交"和"对象捕捉"模式，执行"直线"命令，在门扇上部的图案中，捕捉两侧纵向图案轮廓线的中点和上下曲线的中点，绘制两条垂直和水平方向的十字中心辅助线。

2）执行"椭圆"命令（或在命令行中输入"EL"，按 Enter 键），启动"正交"和"对象捕捉"模式，根据命令行的提示，输入"C"，按 Enter 键（选择以中心画椭圆的方式），使用"拾取光标"捕捉到十字中心线的交点并向水平方向拉出短轴线，根据命令行提示，指定轴的端点，输入 170；再根据命令行提示，指定另一条半轴的长度，输入 320，按 Enter 键，结果如图 2-40 所示。

椭圆工具（EL）
（练习）

3）执行"偏移"命令，将椭圆向内分别偏移 10、20、10，完成椭圆饰线的绘制，如图 2-41 所示。然后删除十字辅助线，并绘制图案饰线转角处的拼接线。至此，门扇图案的绘制全部完成，如图 2-42 所示。

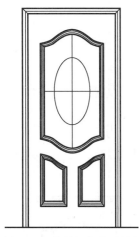

图 2-40 绘制门扇椭圆图案 轮廓线

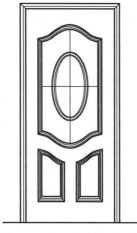

图 2-41 完成门扇椭圆图案 饰线绘制

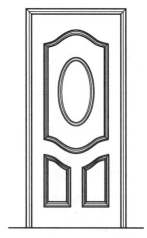

图 2-42 完成门扇所有图案 饰线绘制

步骤三：绘制执手锁

（1）绘制辅助线

1）执行"偏移"命令，将门的底部水平线向上偏移 1000，如图 2-43 所示。

2）执行"直线"命令，在水平偏移线段位于门扇左侧框边处，捕捉门扇左侧框线与水平偏移线段的交点绘制一条水平线，然后删除水平偏移线段，并以新画的水平线中点绘制一条垂直线，如图 2-44 所示。

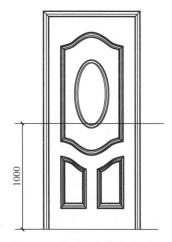

图 2-43 偏移门扇底部水平线

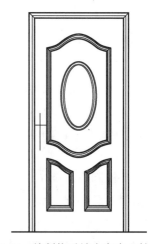

图 2-44 绘制执手锁十字中心辅助线

（2）绘制执手锁装饰板框边线

1）执行"偏移"命令，将垂直辅助线分别向左右偏移 27，将水平辅助线向上偏移 50，向下偏移 150，如图 2-45 所示。

2）执行"矩形"命令，捕捉偏移线段最外围左上角的交叉点和最外围右下角的交叉点，绘制矩形，再将矩形向内偏移 5，并倒圆角，如图 2-46 所示。

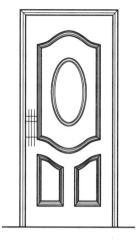

图 2-45　偏移绘制执手锁装饰板辅助线

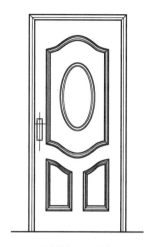

图 2-46　绘制执手锁装饰板轮廓线

（3）绘制执手

1）执行"圆"命令，捕捉十字交叉点，分别绘制半径为 5、12、15 的 3 个同心圆，如图 2-47 所示。

2）执行"样条曲线"命令，以半径为 12 的圆为轴心圆，画执手锁手柄，如图 2-48 所示。

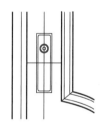
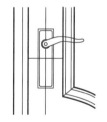

图 2-47　绘制执手锁锁芯圆圈　　　图 2-48　绘制执手锁手柄

3）执行"修剪"命令，修剪执手锁手柄轮廓线内的多余线段。至此，木质平开门立面图全部绘制完毕，如图 2-49 所示。

提示：在 CAD 中绘制图形，没有唯一的方法，只有相对较好的方法。例如，绘制矩形，当然是执行"矩形"命令最为快捷，但执行"直线"命令也是可以绘制的。又如，对图形进行同心缩小或放大的复制，执行"偏移"命令最为快捷；复制中心对称的图形，执行"镜像"命令最为快捷。总之，以快捷高效为目的，绘制之前先思考一下，然后选择、确定最好的方法，可事半功倍。

对于绘制大量相同的图形，利用 CAD 的"复制"

图 2-49　完成门扇所有的图案饰线绘制

功能，是最为快捷和有效的方法。很多图形大致相同，不需要重新绘制，通过复制，再简单地编辑一下，就能迅速地完成。

尝试一下用上述命令或其他命令绘制西餐桌平面图形，比较一下优越性。

2.2.2 绘制装饰栏杆立面图

1. 图形元素分析

栏杆是室内外安装在平台、楼梯边缘处常见的安全设施，具有围护、分隔、防护和装饰等作用。

一般栏杆的构件是由寻杖、望柱、华板或棂条、地栿组成的。

1）寻杖：栏杆上部水平放置的构件，即扶手。

2）望柱：栏杆中栏板与栏板之间的立柱，一般由柱头和柱身两部分组成，起着主要支撑作用。

3）华板：栏杆中的栏板，置于望柱与望柱之间，是栏杆的主体部分，也是栏杆各构件中最为精彩、美丽的部分。由于华板多为雕花刻纹，非常漂亮华丽，故称为华板。

4）棂条：安装在寻杖和地栿之间的多条护栏构件，当栏杆不设华板时，华板处被替换为棂条，形成镂空的杆状。

5）地栿：放置在地面，是栏杆最下层的水平构件。

本案例是一组由装饰石材和金属方管等构件组成的装饰栏杆立面图，如图2-50所示。

案例中的立柱（望柱）部分以天然石材装饰，柱身有雕刻的水卷纹。扶手（寻杖）和棂条均为金属方管焊接，其中棂条的主体部分为45°斜向造型。

整个造型比较简单，除立柱柱身中间部分的水卷纹为曲线，其他均为直线。本案例的绘制重点在于图形编辑。

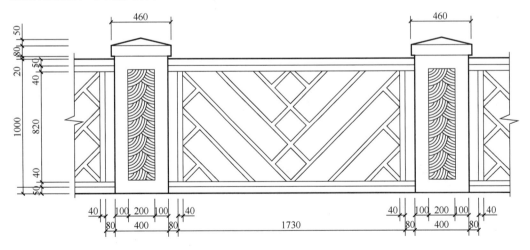

图 2-50　装饰栏杆立面图

2. 绘制步骤和方法

步骤一：绘制立柱

（1）起草立柱轮廓辅助线

1）执行"直线"命令，在屏幕中央位置分别绘制出垂直和水平两条直线。

2）执行"偏移"命令，按照图 2-50 所示的尺寸，偏移、复制数条轮廓线；同时执行"矩形"命令，以柱身轮廓线的交点绘制矩形，并以 100 偏移距离绘制柱身中央矩形，然后绘制中心定位垂直辅助线，绘制结果如图 2-51 所示。

（2）绘制立柱轮廓线

执行"多段线"命令，沿着起草轮廓线交点，顺序绘制立柱轮廓线，如图 2-52 所示。

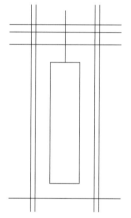

图 2-51　起草立柱轮廓辅助线

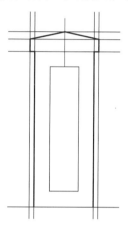

图 2-52　绘制立柱轮廓

（3）绘制立柱柱身雕刻纹理

1）执行"删除"命令（或在命令行中输入"E"，按 Enter 键），选择辅助线，按 Enter 键删除。执行"圆弧"命令（或在命令行中输入"A"，按 Enter 键），在柱身矩形的左上角绘制一条曲线，然后执行"偏移"命令，以 20 偏移距离复制若干曲线。执行"修剪"命令，选择矩形以之为界，将矩形之外的曲线剪掉，结果如图 2-53（a）所示。

2）执行"镜像"命令，捕捉矩形水平线中点，镜像复制左右对称的两组曲线，如图 2-53（b）所示。

3）执行"修剪"命令，对曲线进行修剪，修剪后的效果如图 2-53（c）所示。

4）执行"复制"命令，选择全部曲线向下复制。然后执行"修剪"命令，结果如图 2-53（d）所示。

5）执行"复制"命令，选择下面一组曲线，捕捉上面一组曲线的中心交点，向下复制到下面一组曲线的中心交点。依次向下复制，然后执行"修剪"命令，结果如图 2-53（e）所示。

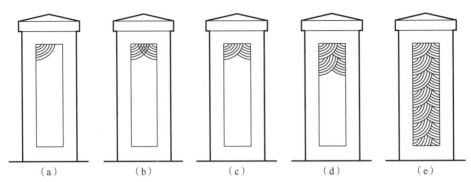

图 2-53　绘制立柱柱身雕刻纹理

步骤二：绘制扶手、栏杆

（1）绘制水平扶手和垂直栏杆轮廓线

1）执行"直线"命令，捕捉立柱右下角的端点，按照图 2-50 所示的尺寸，向右绘制长度为 1890 的水平直线。

2）执行"偏移"命令，选择该水平直线，分别以 50、40、820、40、50 的距离向上偏移复制 5 条水平直线。

3）执行"直线"命令，捕捉距离为 820 的两条水平直线的中点，绘制一条垂直方向的中心直线。

4）执行"偏移"命令，选择垂直方向的中心直线，分别向左右偏移 825。再次执行"偏移"命令，选择刚刚偏移的两条直线，分别向左右偏移 30。

5）执行"直线"命令，捕捉内侧的两条垂直线中点，在两条垂直线之间绘制一条水平方向的中心直线，结果如图 2-54 所示。

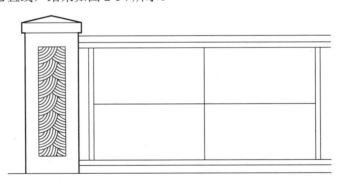

图 2-54　绘制水平扶手和垂直栏杆轮廓线

（2）绘制斜向栏杆轮廓线

1）执行"偏移"命令，分别将水平中心直线和垂直中心直线向上下和左右偏移 120，如图 2-55 所示。

2）执行"直线"命令，捕捉中心十字与水平线和垂直线的交点，绘制一个 45°斜向矩形。然后执行"偏移"命令，将 45°斜向矩形轮廓线向外偏移 30，如图 2-56 所示。

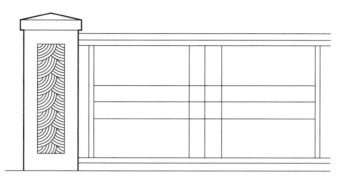

图 2-55 偏移栏杆十字对中线

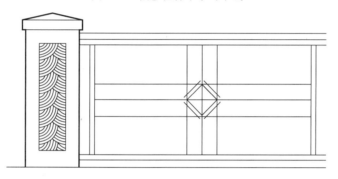

图 2-56 绘制栏杆 45°斜向矩形

3）执行"延伸"命令（或在命令行中输入"EX"，按 Enter 键），选择上排第三条水平直线为延伸边界，单击 45°斜向矩形双线的上部端点，将斜线的上端延伸至上部水平线上。

延伸（EX）（练习）

4）执行"复制"命令，选择下排两条双斜线，捕捉上排两条双斜线的上部交点，向下复制该双斜线，捕捉到下排两条双斜线的上部交点处。同时，选择上排两条较短的双斜线，捕捉下排两条双斜线的上部交点，复制该双斜线到上排位置，结果如图 2-57 所示。

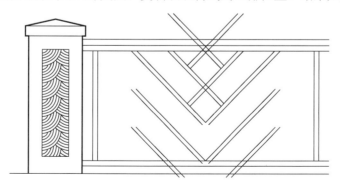

图 2-57 复制 45°斜向轮廓线

5）执行"延伸"命令，将斜线延伸至相关位置，同时等距复制左侧双斜线，并执行"修剪"命令，将多余线段剪断，结果如图 2-58 所示。

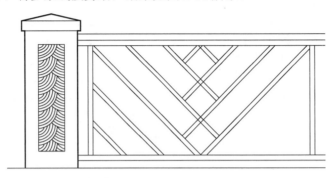

图 2-58　延伸、复制、修剪 45°斜向轮廓线

6）执行"复制"命令，选择左侧斜线中最短的一条斜线，复制到左侧垂直栏杆与水平地栿线交接点位，如图 2-59（a）所示。

7）执行"偏移"命令，将该斜线向两侧各偏移 15，如图 2-59（b）所示。

8）选择中间一条斜线，按 Delete 键，将中间斜线删除。然后执行"修剪"命令，将冒头的线段剪断，完成结果如图 2-59（c）所示。

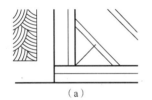 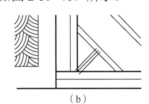 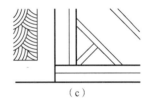

（a）　　　　　　　　　　（b）　　　　　　　　　　（c）

图 2-59　复制斜向短栏杆线

9）执行"直线"命令，捕捉该双斜线中上面一条斜线与另一条斜线相接的交点，启动"正交"模式，垂直向上绘制一条辅助线，如图 2-60 所示。

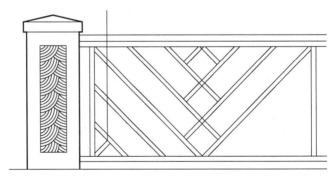

图 2-60　绘制垂直辅助线

10）执行"复制"命令，选择该双斜线，捕捉斜线与直线的交点，向上依次复制到对应的位置，并将未到位的斜线延伸到位，如图 2-61 所示。

提示：在 CAD 中，利用"对象捕捉"功能准确绘制图形，通常需要绘制一条辅助线来获取捕捉点位，这是非常有效的做法。

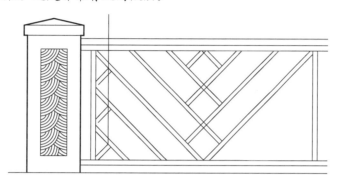

图 2-61　捕捉垂直线与斜线的交点

11）选择垂直辅助线，按 Delete 键删除。然后执行"修剪"命令，对所有斜向栏杆交叉部位的多余线段进行修剪。

提示：在图形镜像之前，应该将需要镜像的图形全部绘制完善，如该修剪的修剪，该删除的删除。否则，当执行"镜像"命令之后，又要对所有的图形进行修改，增加了不必要的工作量。

12）执行"镜像"命令，选择栏杆左侧所有的双斜线，捕捉栏杆任意一条水平直线的中点，镜像复制到右侧，如图 2-62 所示。

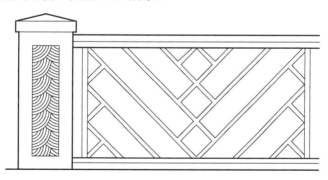

图 2-62　修剪、镜像斜向栏杆线

步骤三：镜像复制立柱、栏杆

（1）镜像立柱

执行"镜像"命令，选择左侧立柱，捕捉任何一条水平直线上的中点，将左侧立柱镜像到栏杆的右侧，如图 2-63 所示。

图 2-63　镜像立柱

（2）镜像两侧栏杆

1）执行"镜像"命令，选择左侧立柱右侧的栏杆，捕捉左侧立柱上任何一处的水平线段中点，将栏杆镜像到左侧立柱的左侧，然后在临近立柱的左侧绘制一条垂直辅助线，将栏杆左侧多余的线段修剪掉，结果如图 2-64 所示。

图 2-64　镜像立柱两侧栏杆

2）执行"镜像"命令，选择左侧立柱左侧的栏杆，捕捉两立柱之间任何一条水平线段的中点，将左侧栏杆镜像到右侧立柱的右侧，并在左右两侧栏杆的截断边界处绘制折断线，结果如图 2-65 所示。

至此，装饰栏杆立面图的图形全部完成。

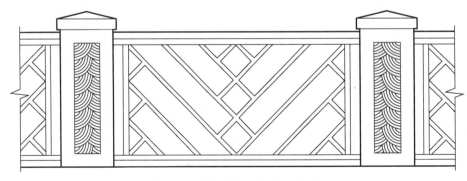

图 2-65　装饰栏杆立面图完成结果

步骤四：标注尺寸

（1）新建标注样式

标注样式包括尺寸线、尺寸界线、尺寸起止符号（尺寸箭头）、尺寸数字等要素所设定的参数，其做法是参照制图国家标准，对新建标注样式中的各项内容参数进行合理的修改和设定。其操作步骤如下。

1）执行"格式"→"标注样式"命令（或在命令行中输入"D"，按 Enter 键），打开"标注样式管理器"对话框，如图 2-66 所示。

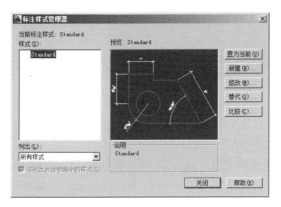

图 2-66　"标注样式管理器"对话框

2）在打开的"标注样式管理器"对话框中，单击"新建"按钮，在打开的"创建新标注样式"对话框中的"新样式名"文本框中修改新样式名为 20，如图 2-67 所示。

图 2-67　"创建新标注样式"对话框

3）在"创建新标注样式"对话框中，单击"继续"按钮，打开"新建标注样式:20"对话框。参照制图国家标准，对"线""符号和箭头""文字""调整""主单位"等选项卡进行设置。

4）对"线"选项卡进行设置。其主要修改的内容是"尺寸界线"，其中"超出尺寸线"和"起点偏移量"的参数均设置为 2，如图 2-68 所示。

提示：《房屋建筑制图统一标准》中规定，尺寸界线一端应离开图样轮廓线不应小于 2mm，另一端宜超出尺寸线 2~3mm。

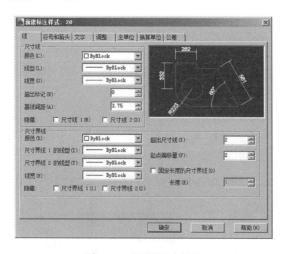

图 2-68　设置尺寸界线

5）对"符号和箭头"选项卡进行设置。将"箭头"样式设为"建筑标记"，"箭头大小"设为 1，如图 2-69 所示。

提示： 国家制图标准对尺寸箭头（即尺寸起止符号）有明确的规定，《房屋建筑制图统一标准》中规定，尺寸起止符号用中粗斜短线绘制，其倾斜方向应与尺寸界线成顺时针 45°，长度宜为 2～3mm。《房屋建筑室内装饰装修制图标准》中规定，尺寸起止符号可用中粗斜短线绘制，也可用黑色圆点绘制，其直径宜为 1mm。

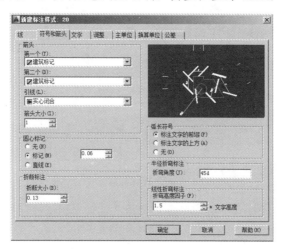

图 2-69　设置箭头样式和大小

6）对"文字"选项卡进行设置。将"文字高度"设为 2.5，如图 2-70 所示。

提示： 国家制图标准对尺寸数字（文字）没有明确的规定，在《房屋建筑制图统一标准》中，针对"字体"做了明确规定，拉丁字母、阿拉伯数字与罗马数字的字高，不应小于 2.5mm。

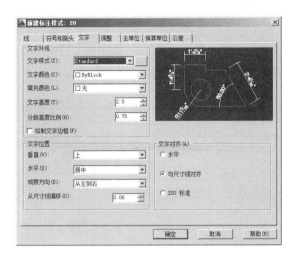

图 2-70　设置文字高度

拓展学习提示：在 CAD 中设置尺寸标注样式，是基于国家制图标准的规定。尺寸四要素中的尺寸界线、尺寸箭头和尺寸数字对应"新建标注样式"对话框中的"直线""符号和箭头""文字"等选项卡，在其中可进行相应修改。

7）对"调整"选项卡进行设置。选中"文字始终保持在尺寸界线之间"和"使用全局比例"单选按钮，并将参数设为 20，如图 2-71 所示。

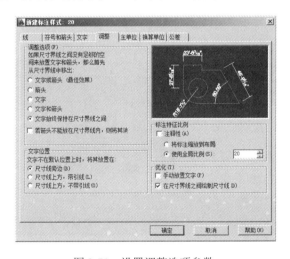

图 2-71　设置调整选项参数

提示：AutoCAD 中的"调整"选项与图形比例有关。通常有两种情况：一种是在模型空间出图，图形的打印比例需要根据图框的缩放而定，故尺寸标注样式的比例应随图框缩放的比例来设置；另一种是在布局空间出图，图形的打印比例即视口中的图形缩放比例，而尺寸标注样式的比例则设为 1。

本案例是在模型空间出图，故使用全局比例 20。

8）对"主单位"选项卡进行设置。在"单位格式"下拉列表中选择"小数"选项；在"精度"下拉列表中选择"0"选项，如图 2-72 所示。

图 2-72　设置主单位

9）"换算单位"和"公差"选项卡不进行设置，单击"确定"按钮，返回"标注样式管理器"对话框，如图 2-73 所示。

提示：由于工程图的最小单位为 mm，在 AutoCAD 中每一个单位为 1mm，故"精度"不设小数点以后的数字。

图 2-73　新建的标注样式

10）在"标注样式管理器"对话框中可以看到，新建的"20"标注样式已经出现在左侧的列表中，如图 2-73 所示。依次单击"置为当前"按钮和"关闭"按钮，结束标注样式的新建和设定。

提示：在 AutoCAD 中无论建立多少个标注样式，除了"调整"选项是根据全局比例进行相对的设置外，其他选项的参数设置均参照制图国家标准统一设置。而新建的标注样式名称，以"调整"选项中的全局比例参数命名。

（2）标注尺寸

1）选择标注样式并设为当前。执行"格式"→"标注样式"命令，打开"标注样式管理器"对话框，在"样式"列表框中选择所要运用的样式，单击"置为当前"按钮，然后单击"关闭"按钮（若在上述操作中已经将新建的标注样式置为当前，此步骤可免）。

2）标注水平方向的第一组尺寸。

① 启用"对象捕捉"功能，执行"工具"→"绘图设置"命令（或在命令行中输入"DS"，按 Enter 键），打开"草图设置"对话框。选择"对象捕捉"选项卡，选中"端点""交点""中点""象限点"复选框，然后选中"启用对象捕捉"复选框，如图 2-74 所示，单击"确定"按钮。

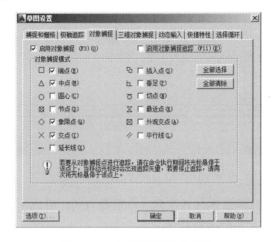

图 2-74　"对象捕捉"选项卡

② 执行"标注"→"线性"命令（或在命令行中输入"DLI"，按 Enter 键），从立面图水平方向最左侧开始，捕捉第一段完整图形的边界交点，标注第一段尺寸，如图 2-75 所示。

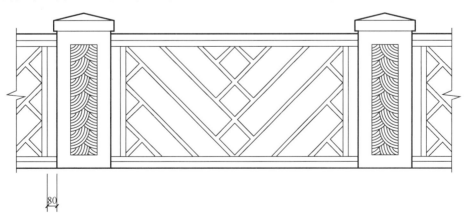

图 2-75　标注横向第一段线性尺寸

提示：在 AutoCAD 中标注尺寸，往往会遇到尺寸数字大于尺寸线之间的距离而使尺寸数字跑到尺寸线以外的地方，此时可选择所标注的尺寸，将尺寸数字夹点移到尺寸线的中点位置。如果尺寸界线的端点不在同一平行线上，也可以再选择该标注编辑夹点，将端点移到对象最外围的边界上，使标注的端点处于同一平行线位置。

③ 执行"标注"→"连续"命令（或在命令行中输入"DCO"，按 Enter 键），光标即刻随鼠标指针的移动显现下一个标注，依次向右侧捕捉图形的各个形边交接点，连续标注出同一水平位置的一组尺寸，如图 2-76 所示。

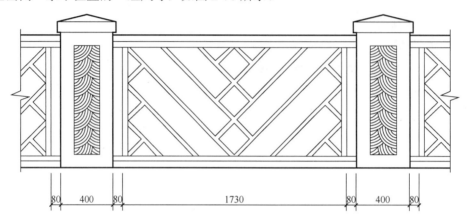

图 2-76　连续横向标注尺寸

提示：连续尺寸标注是在线性尺寸标注之后进行的，因此，必须先对第一个尺寸进行线性尺寸的标注，然后启动连续标注，方能生效。

3）标注同一方位的另一组尺寸。

① 执行"标注"→"线性"命令，捕捉左侧立向栏杆与横向地栿的交接点，标注立向栏杆构件的第一段细部尺寸，并将该尺寸线放置在前一组尺寸线上方的合适位置（所谓合适位置，是参照制图国家标准，使每一组尺寸之间的距离大于尺寸数字的高度，并约等于 7mm），如图 2-77 所示。

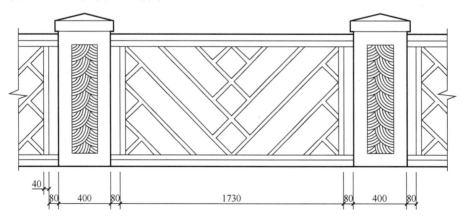

图 2-77　标注横向另一组尺寸的第一段尺寸

② 执行"标注"→"线性"命令，捕捉左侧立柱的细部节点，标注左侧立柱的第一段细部尺寸，并将该尺寸线与左侧尺寸线对齐，如图 2-78 所示。

提示： 同一组尺寸线必须对齐，如果不是连续标注，在标注下一尺寸时，单击前一尺寸线，即可与前一尺寸线对齐。

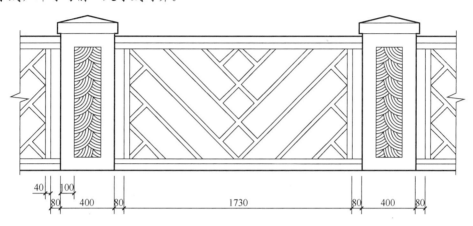

图 2-78　标注横向另一组尺寸的第二段尺寸

③ 执行"标注"→"连续"命令，依次捕捉立柱和栏杆的细部节点，标注各细部尺寸。将超出尺寸线之外的数字和不在同一水平位置的尺寸线端点，通过编辑夹点的方法移到合适的位置。同时将下面一组已经标注过的相同位置尺寸删掉，完成结果如图 2-79 所示。

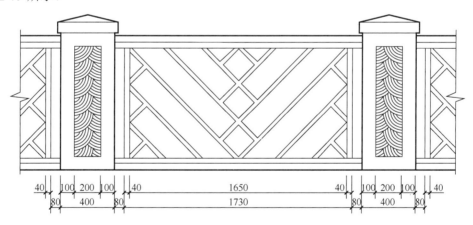

图 2-79　连续标注横向另一组尺寸

4）标注栏杆的纵向尺寸。

① 执行"标注"→"线性"命令，自下而上地捕捉地栿水平线的端点，标注第一段纵向尺寸，如图 2-80 所示。

② 执行"标注"→"连续"命令，自下而上地连续标注其他纵向尺寸，如图 2-81 所示。

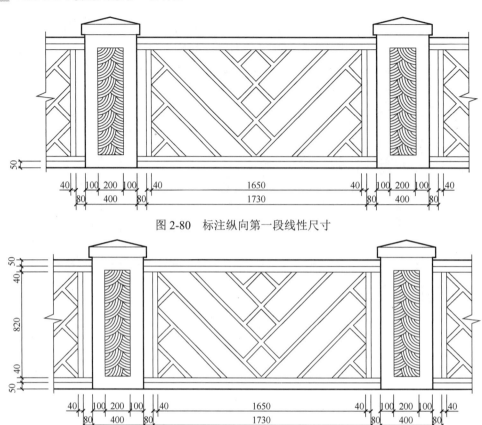

图 2-80　标注纵向第一段线性尺寸

图 2-81　连续标注纵向第一组尺寸

③ 按照上述方法，标注左侧第二组纵向尺寸，然后标注柱冠的长度尺寸及两柱冠之间的尺寸，如图 2-82 所示。

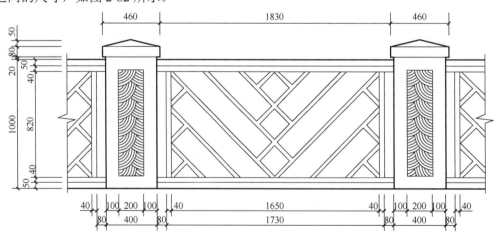

图 2-82　标注纵向第二组尺寸

至此，全部图形绘制完成。

思考与练习

一、思考题

1. 多段线和直线有什么区别？如何根据不同的需要进行选择应用？

2. 如何编辑样条曲线？

3. 窗口选择与窗交选择有什么区别？如何根据不同需要进行选择应用？

4. 如何快速绘制水平线和垂直线？

二、选择题

1. 利用"多段线"命令依次画出一段圆弧和一段直线，它们是（　　）对象。

    A. 1 个　　　　　　　　B. 2 个　　　　　　　　C. 3 个　　　　　　　　D. 4 个

2. 图案填充时利用（　　）改变剖面线的倾斜角度。

    A. 比例　　　　　　　　B. 角度　　　　　　　　C. 拾取点　　　　　　　D. 以上都是

3. 在 AutoCAD 中复制对象的方法包括（　　）。

    A. 阵列　　　　　　　　B. 偏移　　　　　　　　C. 复制　　　　　　　　D. 镜像

三、实训操作

1. 抄绘本单元各案例的图形。

2. 绘制图 2-83 和图 2-84 所示的几何图形。

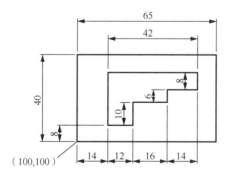

图 2-83　几何图形 1

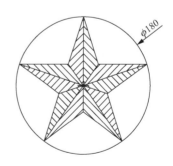

图 2-84　几何图形 2

绘制建筑平面图

- 建筑平面图概述
- 建筑平面图的绘制流程
- 建筑平面图的绘制步骤与方法

3.1 建筑平面图概述

在室内设计中，建筑平面图（即原始户型图）是所有图样的基础信息参数，其绘制通常是参照建筑施工图或根据现场勘察的数据来进行的。

1. 建筑平面图的作用

建筑平面图主要用于表达房屋建筑的平面形状、房间布置、内外交通联系，以及墙、柱、门窗等构配件的位置、尺寸、材料和制作方法等。它是建筑施工图的主要图样之一，是施工过程中房屋定位放线、砌筑墙体、设备安装、装饰装修及编制预算、备料等的重要依据。

建筑装饰施工图的设计与绘制通常是以建筑施工图为依据，建筑平面图则是建筑装饰平面图的主要设计依据。建筑平面图绘制的准确性，直接影响到后续装饰装修施工图的绘制效果。

2. 建筑平面图的图示内容

（1）墙体定位轴线及其编号

定位轴线是用来控制建筑尺寸和模数的基本手段，是墙、柱体定位的主要依据，它能表达出建筑纵横墙体的位置关系。

定位轴线应用细单点长画线绘制，其编号注写在轴线端部的圆内。圆的直径为8～10mm，用细实线绘制。

定位轴线分为纵向定位轴线和横向定位轴线。纵向定位轴线采用大写拉丁字母"A""B""C"等顺序从下至上编号，其中"I""O""Z"3个字母不能使用，以避免与数字"1""0""2"混淆；横向定位轴线采用阿拉伯数字"1""2""3"等顺序从左至右编号。

（2）内部结构和朝向

建筑平面图的内部结构和朝向应包括各房间的分布及结构间的相互关系，如入口、走道、楼梯的位置等。一般建筑平面图均应注明房间的名称或编号，楼梯的位置及上下走向，门窗的开启形式及开启方向等。

（3）门窗位置及型号

建筑平面图中的门窗按照图例在墙体开设的洞口中进行绘制，并标注门窗的型号。门采用大写字母"M"表示，窗采用大写字母"C"表示，并用阿拉伯数字进行编号，如"M1""M2""M3"及"C1""C2""C3"等。同一编号代表同一类型的门窗。当门窗采用标准图表示时，标注图集编号及图号。一般情况下，在首页图样中附有一个门窗表，分别列出门窗的编号、名称、洞口尺寸及数量，从门窗编号中可知门窗共有多少种。

如果装饰施工项目中没有门窗内容，则建筑平面图中无须标注门窗型号和编号。

（4）施工尺寸及标高

施工尺寸主要用于反映建筑的长、宽、高及内部各结构的相互位置关系，是施工的主要依据。

施工尺寸包括内部尺寸和外部尺寸两种，其中内部尺寸是对建筑平面图内部构造尺寸进行的标注，外部尺寸是在建筑平面图的外围所标注的尺寸，它在水平方向和垂直方向通常各有 3 套尺寸，由里向外依次为细部尺寸、轴线尺寸和外包尺寸。

细部尺寸又称为定形尺寸，它表示建筑平面图中的门窗距离、窗间墙、墙体等细部的详细尺寸。轴线尺寸表示建筑平面图的开间和进深，一般情况下，两横墙之间的距离称为"开间"，两纵墙之间的距离称为"进深"。外包尺寸又称为总尺寸，它表示建筑平面图的总宽和总长，通常标注在建筑平面图的最外部。

细部尺寸（就近标注）（练习）

在建筑平面图中应标注不同楼层的地面标高，表示各层楼地面距离相对标高零点的高差。除此之外，还应标注各房间及室外地坪、台阶等标高。

（5）文本注释

计算面积和周长（aa）（练习）

在建筑施工图中应标注必要的文字性说明。例如，标注出各房间的名称及各房间的有效使用面积，建筑平面图的名称、比例及各门窗的编号等文本对象。建筑平面图的图示内容如图 3-1 所示。

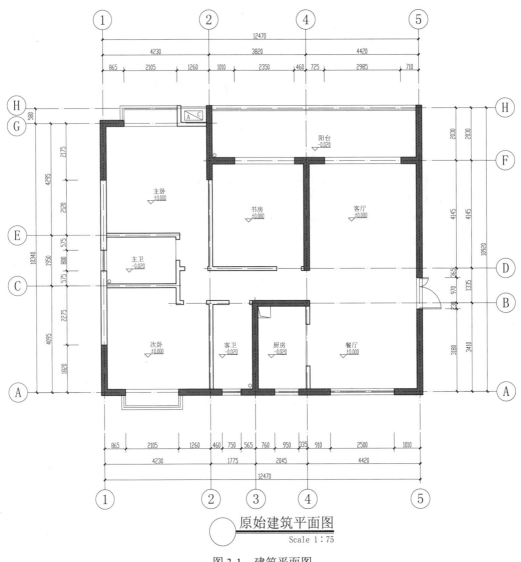

原始建筑平面图
Scale 1∶75

图 3-1　建筑平面图

3.2　建筑平面图的绘制流程

建筑平面图的所有构架图样绘制，均是在模型空间完成的，一般按照如下流程进行。

1. 绘制纵横墙体定位轴线

在绘制建筑墙体等基本构件之前，一般要先绘制墙体定位轴线，然后依据轴线来确定墙体等基本构件的位置。轴线的绘制是综合应用软件中的"构造线""直线""偏移""复制""修剪"等命令来完成的。

2. 绘制纵横墙体轮廓线

对于有轴线的建筑平面图，一般应用"多线"命令绘制承重墙、隔墙等墙体。当没有建筑蓝图或在没有轴线的情况下，墙体的绘制是根据量房数据，采用"直线""多段线""复制""偏移""修剪"等命令来完成的。

3. 绘制门窗构件

平面图的门窗绘制，首先要采用"打断"、"修剪"等命令和"夹点编辑"功能，在绘制完成的墙体上创建出门窗洞口，然后在开设的洞口绘制门窗。

多线（ML）（练习）

绘制平面图上的窗，在轴线的基础上可采用"多线"命令绘制，也可以采用"直线"命令绘制。

绘制平面图上的平开门门扇和开启线，应用"矩形""旋转""圆弧""复制"等命令在开设的洞口进行绘制。若门窗数量较多，则应用"创建块"命令创建平面门图块，再使用"插入块"命令插入。

4. 绘制楼梯

楼梯是多层建筑构造中的重要组成部分，可采用"直线""复制""偏移""修剪"命令绘制。楼梯分为底层楼梯、顶层楼梯及中间各标准层楼梯，应注意区别不同构造形式和对应画法。

绘制楼梯（练习）

本案例没有楼梯，我们将在作业中布置练习。

5. 标注尺寸及轴线编号

在完成图样绘制之后，应用"线性尺寸"和"连续尺寸"等命令对图样各部位的尺寸进行标注和轴线编号的绘制，并按照制图标准的排序规定将轴线符号依次编号放置在轴线的端头。

6. 注释文字

完成所有建筑构件图样的绘制之后，应对建筑平面图中的房间面积、功能名称、标高、图名及比例等进行文字注释。文字样式根据需要可设置多个，然后应用"单行文本"或"多行文本"进行注释。

3.3　建筑平面图的绘制步骤与方法

本节以范例图样为例，按照上述建筑平面图的绘制流程，学习应用 AutoCAD 软件绘制建筑平面图的步骤与方法。

3.3.1 设置绘图环境

1. 新建文件

启动 AutoCAD 软件，执行"文件"→"新建"命令，在打开的"选择样板"对话框中选择"acadISO-Named Plot Styles.dwt"样板作为基础样板，单击"打开"按钮新建空白文件，并保存文件，名称为平面图。

图 3-2 "图形单位"对话框

2. 设置绘图单位

执行"格式"→"单位"命令，在打开的"图形单位"对话框中设置"长度""角度"等参数，如图 3-2 所示，单击"确定"按钮关闭对话框。

3. 设置图形界限

1）执行"格式"→"图形界限"命令，根据命令行提示，确定左下角点为（0.000,0.000）、右上角点为（59400,42000）。

2）执行"视图"→"缩放"→"全部"命令，将刚设置的图形界限最大化显示。

提示：屏幕图形界限最大化的操作，可在命令行中输入快捷键命令完成。操作如下，在命令行中输入"Z"，按 Enter 键；然后输入"A"（根据命令行提示），按 Enter 键，即可将屏幕中所有图形全部显示，与上述效果一样。

由于 CAD 中的绘图区域是无限大的，图形界限的设置往往会限制作图的范围，在很多情况下要突破图形界限去绘更多的图形，这样图形界限就显得没有意义了。

4. 设置对象捕捉模式

在计算机屏幕左下方状态栏上的"对象捕捉"按钮□上右击，弹出如图 3-3 所示的快捷菜单，选择"设置"选项，在打开的"草图设置"对话框中选择"对象捕捉"选项卡，单击"全部选择"按钮，然后单击"确定"按钮关闭该对话框，完成对象捕捉的设置。

提示：对象捕捉的设置，一般可根据选择需要捕捉模式选项进行选择，这里建议采用"全部选择"，即可将所有选择功能全部打开，方便即时任意捕捉。但是，对于需要精确捕捉的对象，最好还是有针对性地选择捕捉模式选项，同时尽可能将捕捉部位最大化显示，以免发生捕捉的误差。

5. 创建新图层并设置图层特性

1）单击"图层"工具栏中的█按钮，打开"图层特性管

图 3-3 设置对象捕捉模式

理器"窗口。

2）单击"新建图层"按钮 ，根据图样内容需要，连续创建若干个图层，并对各图层的名称、颜色、线型等进行编辑和设置。

① 修改图层名。在图层名称位置单击两次，使文字呈蓝色被框选，然后输入新的图层名称，即可对图层重新命名。依次创建"01-图框""02-标注""03-轴线""P-01 墙体""P-02 窗"等图层。

② 修改图层颜色。在图层的颜色区域单击，打开"选择颜色"对话框，在对话框中选择一种颜色，然后单击"确定"按钮，即可设定图层的颜色。

③ 修改图层线型。单击"03-轴线"图层的线型区域，打开"选择线型"对话框。单击"加载"按钮，打开"加载或重载线型"对话框，选择"CENTER"线型，单击"确定"按钮返回"选择线型"对话框，选择的线型已被加载到该对话框中。选择"CENTER"线型，如图 3-4 所示，单击"确定"按钮，将该线型赋予"03-轴线"图层。

图 3-4 "选择线型"对话框

提示：当线型的显示比例不合适时，线型不会得到正常显示，必须通过在命令行中输入变量"LTSCALE"（快捷键为 LTS），按 Enter 键后，根据命令行提示输入新线型比例因子，如输入"10"，按 Enter 键。

CAD 默认的线宽是 0.25，常在打印时根据颜色设置线宽，不在"图层特性管理器"中修改。

3）关闭"图层特性管理器"窗口，完成图层的设置。新建的图层及其设置如图 3-5 所示。

图 3-5 图层的创建与设置

图层管理器（练习）

创建图层模板（练习）

3.3.2 绘制轴线

1. 设置当前图层

在打开的"图层控制"窗口中选择"03-轴线"图层，如图 3-6 所示，使之成为当前层。

图 3-6　选择"03-轴线"图层为当前层

轴线符号（练习）

定位轴线（练习）

2. 绘制轴线

1）在命令行中输入"XL"，按 Enter 键，执行"构造线"命令。

2）使用"构造线"命令中的"水平"和"垂直"功能，或启动状态栏中的"正交"功能（或按 F8 键），在绘图区单击，分别绘制一条水平方向的构造线和一条垂直方向的构造线。

3）在命令行中输入"O"，按 Enter 键，执行"偏移"命令，根据建筑平面图上的轴线尺寸，分别对水平构造线和垂直构造线进行偏移，结果如图 3-7 所示。

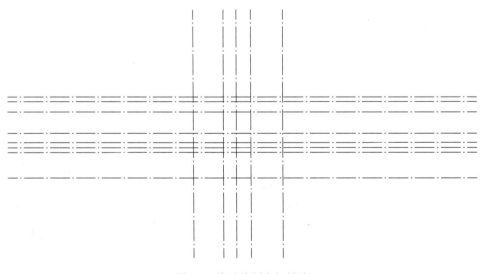

图 3-7　偏移绘制全部轴线

3. 修剪构造线

由于构造线是无限延长的射线，必须将外延部分进行修剪，操作步骤如下。

1）在命令行中输入"REC"，按 Enter 键，执行"矩形"命令，在轴线的外围绘制一个矩形框，如图 3-8 所示。

2）在命令行中输入"TR"，按 Enter 键，执行"修剪"命令，对矩形框外的构造线进行修剪，结果如图 3-9 所示。

3）选择矩形框，按 Delete 键，删除矩形框，结果如图 3-10 所示。

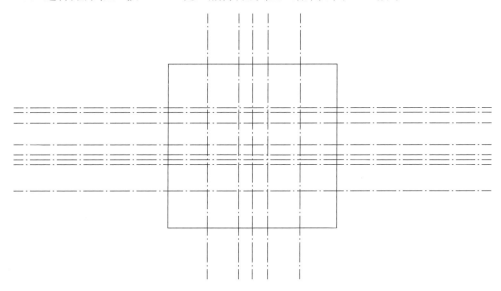

图 3-8 在构造线的外围绘制矩形框作为修剪边界

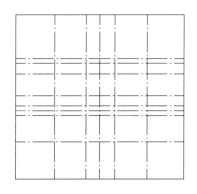

图 3-9 修剪轴线外围延长线段结果

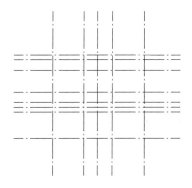

图 3-10 删除轴线外围的矩形框

4. 编辑轴线

根据建筑的开间和进深，在不同的方位会对应不同的轴线，为了避免混淆，需要将有些轴线调整到相应位置。一般采用夹点编辑的方法，启动"正交"功能，将轴线拉到墙体边界位置。编辑轴线后的结果如图 3-11 所示。

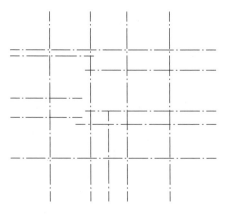

图 3-11　编辑轴线

3.3.3　绘制纵横墙体轮廓线

我们从建筑平面图中可以看到，墙体包括两种情况：一种是建筑外墙和部分室内墙体，其厚度为 240mm，且轴线居墙体中央；一种是室内隔间墙体，其厚度为 150mm，其中一部分轴线居墙体中央，另一部分轴线偏向墙的一侧。据此，可在轴线的基础上分别画出厚度为 240 和 150 的纵横墙体。

1. 绘制 240 墙体

1）执行"格式"→"图层"命令，在展开的"图层特性管理器"窗口中双击"P-01墙体"图层，使其成为当前图层（另一种操作：单击"图层控制"下拉按钮，在弹出的下拉列表中选择"P-01 墙体"图层，使之为当前图层），如图 3-12 所示。

2）执行"格式"→"多线样式"命令，在打开的"多线样式"对话框中单击"新建"按钮，打开"创建新的多线样式"对话框，新建多线样式，如图 3-13 所示。

图 3-12　将墙体图层作为当前图层

图 3-13　新建多线样式"墙线 1"

3）单击"继续"按钮，打开"新建多线样式：墙体 1"对话框，设置墙线的封口形式，选中"直线"的"起点"和"端点"复选框；根据建筑墙体厚度 240，以中心轴线向两侧偏移各为 120，故将图元的偏移量修改为 120 和 -120，如图 3-14 所示。单击"确定"按钮，返回"多线样式"对话框，选择新建的"墙体 1"样式，单击"置为当前"按钮，然后单击"确定"按钮，关闭该对话框。

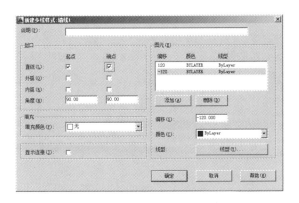

图 3-14　设置多线样式"墙体 1"的偏移参数

4）执行"绘图"→"多线"命令，配合"对象捕捉"功能，利用轴线绘制 240 墙线。"多线"命令的操作如下。

命令行提示：

> 当前设置：对正=上，比例=20.00，样式=墙体 1；
> 指定起点或 [对正（J）比例（S）样式（ST）]：

在命令行中输入"J"，按 Enter 键，激活"对正"选项。根据命令行提示，在命令行中输入对正类型：Z（无），按 Enter 键。

在命令行中输入"S"，按 Enter 键，激活"比例"选项。根据命令行提示，在命令行中输入多线比例 1，按 Enter 键。

此时，当前设置：对正=无，比例=1，样式=墙体 1。

以上操作完成后，在启用"对象捕捉"功能的状态下，即可开始在轴线上绘制多线。根据建筑平面图所示的 240 墙线位置，绘制完成 240 墙线，其结果如图 3-15 所示。

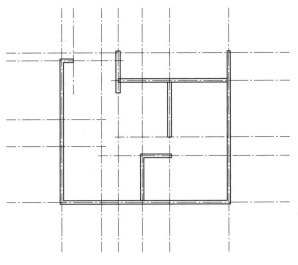

图 3-15　"多线"命令绘制 240 墙线

绘制墙体 1（练习）

绘制墙体 2——弧形墙（练习）

绘制墙体 3（练习）

2. 绘制 150 墙体

1）执行"格式"→"多线样式"命令，在打开的"多线样式"对话框中单击"新建"按钮，打开"创建新的多线样式"对话框，新建名为"墙线 2"的多线样式，如图 3-16 所示。

图 3-16 新建多线样式"墙线 2"

2）单击"继续"按钮，打开"新建多线样式：墙体 2"对话框，设置墙线的封口形式，选中"直线"的"起点"和"端点"复选框；根据建筑墙体厚度 150，以中心轴线向两侧偏移各为 75，将图元的偏移量修改为 75 和-75，如图 3-17 所示。

单击"确定"按钮，返回"多线样式"对话框，选择新建的"墙体 2"样式，单击"置为当前"按钮，然后单击"确定"按钮，关闭该对话框。

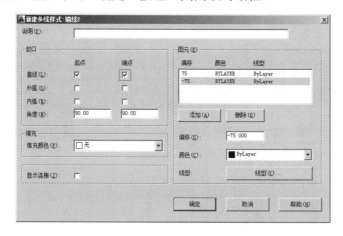

图 3-17 设置多线样式"墙体 2"偏移参数

3）执行"绘图"→"多线"命令，按照上述绘制 240 墙线的多线设置操作步骤，其对正类型和多线比例如同墙体 1 样式，配合"对象捕捉"功能，在轴线上绘制 150 墙线，绘制结果如图 3-18 所示。

提示：建筑平面图中的墙体绘制，有多种方法可以选择。在有轴线的情况下，根据轴线绘制墙体，通常要选择应用"多线"命令，这样会更加快速有效。而对于现场踏勘量房获得的数据信息，采用"直线""复制""偏移"等命令，绘制方法应灵活应用。

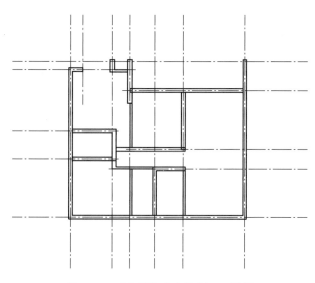

图 3-18 "多线"命令绘制 150 墙线

3.3.4 绘制门窗构件

1. 在墙体上开设门窗洞口

1）绘制门窗洞口辅助线。根据建筑平面图中的门窗洞口图示位置尺寸，执行"偏移"命令，将门窗洞邻边的轴线逐一偏移到洞口位置，并及时编辑偏移轴线的夹点，使之缩短而不致与其他轴线相混淆。结果如图 3-19 所示。

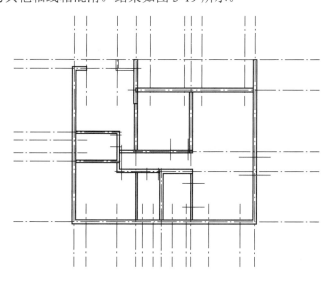

图 3-19 偏移轴线确定门窗洞口位置

2）修剪墙线。执行"修剪"命令，按两次 Enter 键后，利用偏移轴线作为修剪边界，逐一单击边界之间的洞口位置墙线，使墙体迅速断开形成洞口。

3）删除辅助线。执行"删除"命令，逐一单击门窗洞口辅助线将其删除。完成结果如图 3-20 所示。

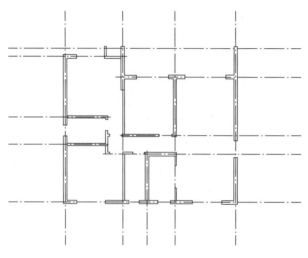

图 3-20　门窗洞口开设完成结果

2. 填充墙体

在门窗洞口开设之后，即可对墙体进行填充（在建筑平面图中，填充的墙体表示剪力墙，用以区别于砌体承重墙）。

图 3-21　关闭轴线图层

1）将"04-填充"图层设为当前图层（操作方法参见前述）。

2）单击"图层特性管理器"，在展开的下拉列表中单击"03-轴线"图层前的 💡 图标，使灯泡图形呈灰色状，如图 3-21 所示。此时该图层关闭，轴线在视图中消失。

3）执行"填充"命令，打开"图案填充和渐变色"对话框，如图 3-22 所示。

4）单击"图案填充和渐变色"对话框中的"图案"右侧的按钮，打开"填充图案选项板"对话框，如图 3-23 所示，选择 SOLID 图案，单击"确定"按钮。

5）返回"图案填充和渐变色"对话框，单击"边界"选项组中的"添加：拾取点"按钮，切换到 CAD 绘图区域，在所有需要填充的墙线中逐一单击，使选择区域的线段呈虚线，以示被选中，然后按 Enter 键。再次返回"图案填充和渐变色"对话框，单击"确定"按钮即可。

填充结果如图 3-24 所示。

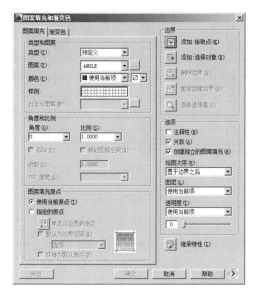

图 3-22　"图案填充和渐变色"对话框

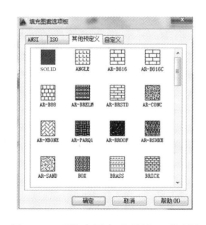

图 3-23　"填充图案选项板"对话框

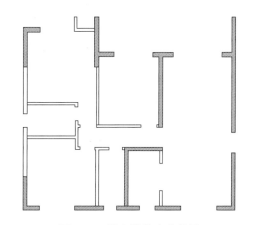

图 3-24　填充墙体完成结果

3. 绘制门窗构件

（1）绘制入户门（双扇平开子母门）

1）执行"矩形"命令，绘制门扇断面矩形（45×850），如图 3-25（a）
所示。

旋转（RO）（练习）

2）执行"旋转"命令，将门扇（矩形）旋转 90°；然后执行"圆弧"命令，在命令
行中输入"C"，采用圆心画弧命令，绘制门的圆弧开启线，完成结果如图 3-25（b）所示。

3）执行"矩形"命令，绘制小门扇矩形（45×350），如图 3-25（c）所示。

4）执行"旋转"命令，将小门扇也旋转 90°。然后执行"圆弧"的圆心画弧命令，
绘制小门的圆弧开启线，完成结果如图 3-25（d）所示。

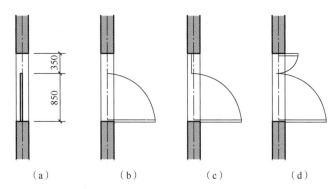

绘制门（练习）

（a）　　　　（b）　　　　（c）　　　　（d）

图 3-25　绘制入户门（双扇平开子母门）

（2）绘制窗线

1）在打开的"多线样式"对话框中单击"新建"按钮，打开"创建新的多线样式"对话框，新建名为"窗线 240"的多线样式，如图 3-26 所示。

2）单击"创建新的多线样式"对话框中的"继续"按钮，打开"新建多线样式：窗线 240"对话框。在"封口"选项组中，不选中"直线"的"起点"和"端点"复选框；根据建筑墙体厚度 240，以中心轴线向两侧偏移，分别为 120、30、-30、-120，如图 3-27 所示。单击"确定"按钮，返回"多线样式"对话框，选择新建的"窗线 240"样式，单击"置为当前"按钮，然后单击"确定"按钮，关闭该对话框。

图 3-26　新建多线样式"窗线 240"

绘制窗户（练习）

标注门窗（练习）

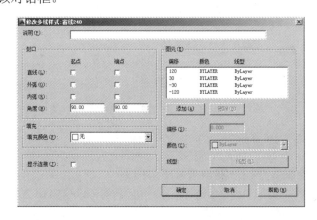

图 3-27　多线样式"窗线 240"的图元偏移参数

3）执行"绘图"→"多线"命令，按照上述绘制 240 墙线的多线设置操作步骤，其对正类型和多线比例如同墙体 1 样式，配合"对象捕捉"功能，在轴线的窗洞口之间绘制窗线。

4）执行"多段线"命令，沿墙线内侧绘制飘窗部位的一段转折窗线。再执行"偏移"命令，以 50 的距离向外偏移两条线，最后用"直线"命令绘制阳台栏杆线。绘制结果如图 3-28 所示。

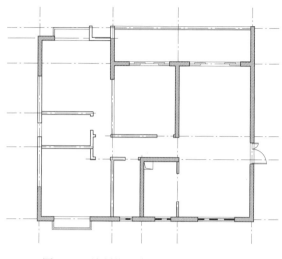

图 3-28　绘制推拉窗多线和飘窗转折线

线型标注和对齐标注（练习）

弧长标注（练习）

连续标注（练习）

3.3.5　标注尺寸

在单元 2 中，尺寸是在模型空间进行标注的，其"全局比例"的参数是根据图框放大的倍数设置为"20"。本单元的尺寸标注将在布局空间中操作，因此，需要根据布局空间的视口比例新建标注样式。

标注设置（练习）

1. 新建标注样式

新建标注样式的操作，在单元 2 中已有介绍，相同内容不再赘述，此处重点介绍如下内容。

1）在命令行中输入"D"，按 Enter 键，打开"标注样式管理器"对话框，单击"新建"按钮。

2）在打开的"创建新标注样式"对话框中的"新样式名"文本框中输入"75"，如图 3-29 所示。

标准尺寸的制图规范（练习）

3）单击"继续"按钮，打开"新建标注样式：75"对话框，保留前面设置过的"线""符号和箭头""文字"各选项卡中的参数不变，仅对"调整"和"主单位"选项卡中的有关参数进行修改。

① 在"调整"选项中，对"标注特征比例"进行修改。选中"使用全局比例"单选按钮，将参数改为"1"，并选中"文字始终保持在尺寸界线之间"单选按钮，如图 3-30 所示。

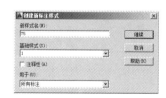

图 3-29　创建新标注样式"75"

基线标注（练习）

引线标注（练习）

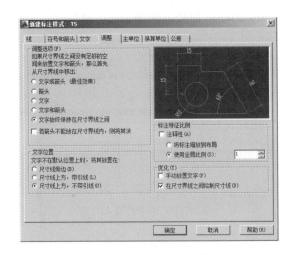

图 3-30 "调整"选项卡

② 在"主单位"选项卡中，将"测量单位比例"选项组中的"比例因子"修改为 75，使尺寸标注的数字与布局空间视口中的图样比例一致，如图 3-31 所示。

图 3-31 "主单位"选项卡

4）单击"确定"按钮，返回"标注样式管理器"，单击"置为当前"按钮，然后单击"关闭"按钮，结束标注样式的编辑。

添加图框，视口，调整显示比例（练习）

2. 布局空间的视口操作

1）单击窗口左下角的"布局 1"按钮，将视图切换到布局空间，插入 A3 图框，如图 3-32 所示。

2）在命令行中输入"MV"，按 Enter 键，使用鼠标指针在图框的绘图区拉出一个矩形（即视口），即刻显示出绘制在模型空间中的图样，如图 3-33 所示。

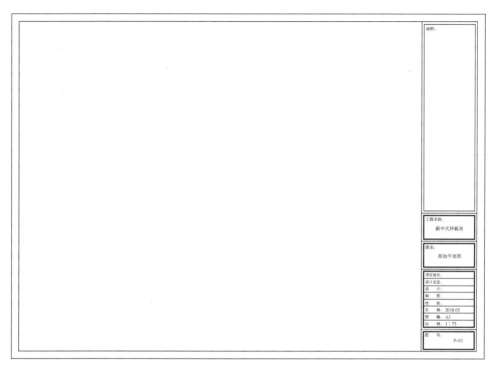

图 3-32 在布局空间插入图框

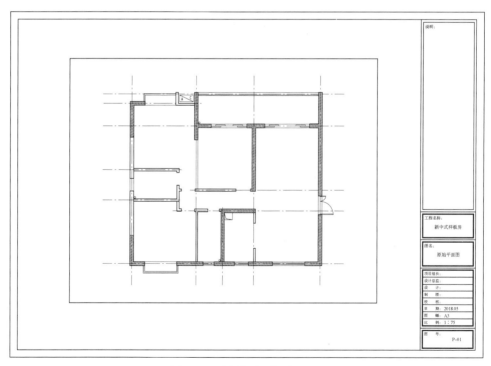

图 3-33 在图框创建"视口"

3）设置图样比例。

① 激活视口进入模型空间操作。在视口线内双击，激活视口（此时视口线呈粗实线状态），此时即可进入模型空间进行操作。操作鼠标中键：缩放和实时平移，找到模型中的建筑平面图，在视口最大化显示。

② 设置图样比例。在命令行中输入"Z"，按 Enter 键；在命令行中输入"1/75XP"，按 Enter 键。此时，视口中的图形比例为 1：75。

图 3-34　锁定视口

4）退出视口。在视口线外双击，即可退出视口。

5）锁定视口。单击视口线，使之被选中并右击，在弹出的快捷菜单中选择"显示锁定"→"是"选项，如图 3-34 所示，锁定视口。

提示：图样比例设置之后，应马上退出并锁定视口，以免图样比例变动。

6）设置视口线不被打印（3 种方式）。

① 关闭或冻结视口线所在图层。

② 关闭视口线所在图层的打印机图标。

③ 将视口线设置在非打印图层（Defpoints）中。

尺寸标注的
修改（练习）

3. 布局空间的尺寸标注

1）单击"图层控制"下拉按钮，在弹出的下拉列表中选择"02-标注"图层，使之成为当前操作图层。

2）在命令行中输入"DIMASSOC"，按 Enter 键。将系统变量默认值设置为 2（参见附录 2 中的 13），按 Enter 键，如图 3-35 所示。系统变量修改后，标注对象的关联性得以控制，在布局空间就能够与模型空间一样正确无误地标注尺寸。

图 3-35　修改系统变量

3）执行"标注"→"线性"命令和"连续标注"命令，对建筑平面图的纵向和横向的外部尺寸和建筑平面内部各部位尺寸进行标注。尺寸标注的结果如图 3-36 所示。

布局空间标注
尺寸（练习）

提示：建筑平面图外部尺寸中，同一方位的尺寸标注一般有 3 组：第一组尺寸为细部尺寸，是靠近被标注对象的一组尺寸，对建筑开间或进深的墙体和门窗等构件进行标注；第二组尺寸为轴线尺寸，对建筑轴线之间进行标注；第三组尺寸为总体尺寸，位于尺寸标注的最外侧，对该方位的建筑外围总体尺寸进行标注。标注尺寸要遵循如下原则：①第一组尺寸距离被标注物体不小于 10mm；②相邻的每组尺寸间距为 7mm；③每组尺寸中的各尺寸应平行一致，不得错位排列。

系统变量是 AutoCAD 为了控制某些命令工作方式所设置的参数，有的像开关，有的是默认值，通过修改变量参数以改变关联属性。

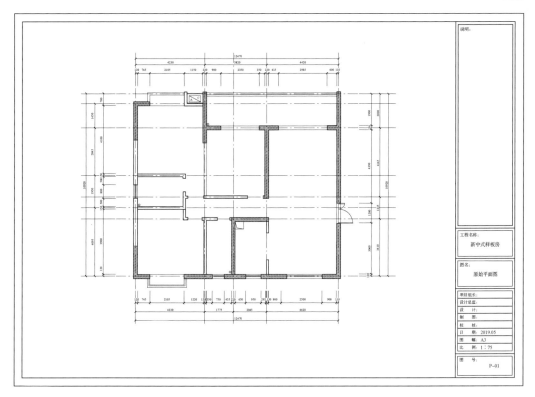

图 3-36　布局空间标注的建筑平面尺寸

3.3.6　绘制轴线编号

轴线编号的绘制是在布局空间进行的,其应遵循国家制图标准的规定(参见单元 1.1.2 小节中"定位轴线编号"的相关内容)。

CAD 标注三道
尺寸(练习)

1. 定义轴线编号属性

"属性"是一种文字信息,并不独立存在,它是附属于图块的一种非图形信息,用于对图块进行文字说明。将轴线编号利用"属性"功能进行定义,便于施工图文件中图库资源的管理和编辑。

1)执行"圆"命令,在屏幕空白处单击并拉出圆形,在命令行中输入"5",按 Enter键,绘制半径为 5 的圆圈。

2)执行"绘图"→"块"→"定义属性"命令,打开"属性定义"对话框。

3)在"属性定义"对话框中设置"标记""默认""提示""对正""文字高度"等属性参数,如图 3-37 所示。

4)单击"确定"按钮返回绘图区,在命令行"指定起点"的提示下,捕捉圆圈的圆心作为属性插入点,结果如图 3-38 所示。

图 3-37　"属性定义"对话框　　　　　　图 3-38　轴线编号定义属性

2. 编辑轴线编号属性

在为圆圈中的编号定义了属性之后，"属性"的作用暂时还不具备，需要进一步将定义的编号属性和圆圈一起创建为"属性块"，才能真正起到"属性"的作用。

1）在命令行中输入"B"，按 Enter 键，执行"创建块"命令，打开"块定义"对话框，在对话框中编辑如下内容。输入"名称"为轴线编号，选中"转换为块"单选按钮，并选中"按统一比例缩放"和"允许分解"复选框。然后分别单击"选择对象"按钮和"拾取点"按钮，返回绘图区，选择圆圈及圆圈中的数字，并将拾取光标捕捉到圆圈下面的象限点，按 Enter 键。再次返回"块定义"对话框，如图 3-39 所示。

图 3-39　"块定义"对话框

2）单击"块定义"对话框中的"确定"按钮，打开"编辑属性"对话框，如图 3-40 所示。在该对话框中修改"输入轴线编号"为 1，单击"确定"按钮，创建一个属性值为 1 的定义属性块，结果如图 3-41 所示。

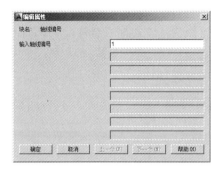

图 3-40　"编辑属性"对话框

图 3-41　轴线编号定义属性块

3. 复制并修改轴线编号属性块

1）复制轴线编号。执行"复制"命令，选择轴线编号，根据复制目标方位，捕捉圆圈上对应的象限点，将轴线编号逐一复制到各轴线端头的位置。复制结果如图 3-42所示。

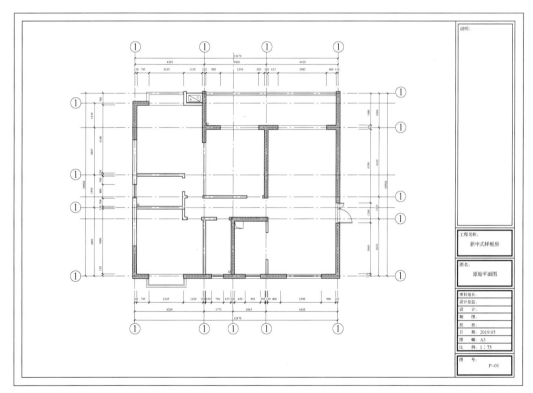

图 3-42　在轴线端头复制具有"定义属性块"性质的轴线编号

2）编辑轴线编号。逐一双击每个轴线编号，在打开的"增强属性编辑器"对话框中，根据轴线编号所在位置，输入相应的数值，对"属性"选项卡的"值"列中的数值进行修改，如图 3-43 所示，单击"确定"按钮。以此方法完成所有轴线编号的修改。

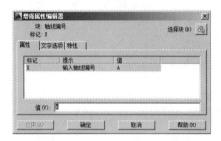

图 3-43　"增强属性编辑器"对话框

修改后的结果如图 3-44 所示。

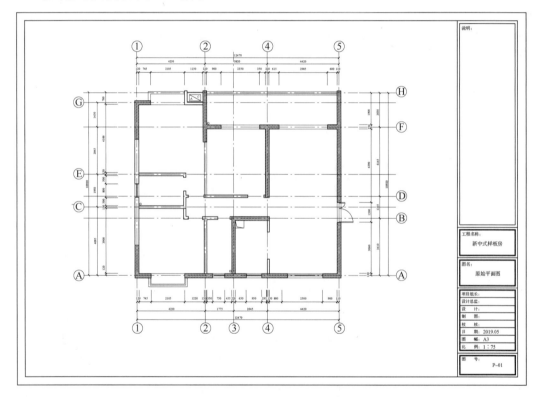

图 3-44　编辑完成轴线编号

3.3.7　注释文字

　　施工图中的文字注释通常也应在布局空间完成，便于按照制图标准进行绘制和编辑。其内容包括图样中的注释文字、标高注释、图名及比例、标题栏中各栏目内容的注写等。

1. 注释图样文字

1）创建文字样式。执行"格式"→"文字样式"命令（或在命令行中输入"ST"，按 Enter 键），打开"文字样式"对话框。单击"新建"按钮，在打开的"新建文字样式"对话框中，设置样式名称为"文字标注"，单击"确定"按钮。在"文字样式"对话框中，选择"字体名"下拉列表中的"宋体"选项，选择"字体样式"下拉列表中的"常规"选项，设置"宽度因子"为 1，如图 3-45 所示，单击"关闭"按钮。

提示：在"文字样式"对话框中，通常对"高度"的参数"0.000"不做改动。否则，在其后的文字编辑中将不能改变高度。

文字工具（T）
（练习）

图 3-45　"文字样式"对话框

2）单击"图层控制"下拉按钮，在弹出的下拉列表中选择"02-标注"图层，使之为当前图层。

3）在命令行中输入"T"，按 Enter 键，执行"多行文字"命令，根据命令行提示，在绘图区的空白处单击并拉出文本框，随之打开"文字格式"对话框，在"文字样式"下拉列表中选择"文字标注"选项；在"字体"下拉列表中选择"宋体"选项；在"文字高度"文本框中输入 3，如图 3-46 所示。

提示：CAD 的文字类型有单行文字和多行文字两种。单行文字在编辑时只能修改文字的内容，不能对文字的其他属性进行修改，也不能换行。多行文字主要用于制作一些内容复杂的说明性文字，而且可以换行。

图 3-46　"文字格式"对话框

4）在拉出的文本框中输入"客厅"，单击"文字格式"对话框中的"确定"按钮，结束注释文字的编辑。注释文字效果如图 3-47 所示。

2. 绘制标高符号

1）执行"直线"命令，在绘图区的空白处进行如下操作。

客 厅

图 3-47　注释文字

① 单击空白处，在"正交"模式下，沿水平方向从右至左绘制一段 18mm 长的直线，单击结束第一段直线的绘制（另可操作：按住 Shift 键，同时按住@键，输入"-18，0"，按 Enter 键）。

② 按住 Shift 键，同时按@键，在命令行中输入@，随后输入"3，-3"，按 Enter 键。

③ 按住 Shift 键，同时按@键，在命令行中输入@，随后输入"3，3"，按 Enter 键。

绘制结果如图 3-48 所示。

图 3-48 标高符号三角图形

2）执行"绘图"→"块"→"定义属性"命令，在打开的"属性定义"对话框中设置"标记""默认""提示""对正""文字高度"等属性参数，如图 3-49 所示。

3）单击"确定"按钮返回绘图区，在命令行"指定起点"的提示下，捕捉三角形水平直线右侧的端点作为属性插入点，结果如图 3-50 所示。

图 3-49 标高符号"属性定义"对话框

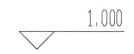

图 3-50 标高符号定义属性

4）在命令行中输入"B"，按 Enter 键，执行"创建块"命令，打开"块定义"对话框，在对话框中设置"名称"为标高，选中"转换为块"单选按钮，并选中"按统一比例缩放"和"允许分解"复选框。然后分别单击"选择对象"按钮和"拾取点"按钮，返回到绘图区，选择标高符号，按 Enter 键。返回"块定义"编辑对话框，单击"确定"按钮，完成标高符号的"块定义"编辑。

文字标注，标高（练习）

5）双击标高符号属性块，打开"增强属性编辑器"对话框，将"属性"选项卡"值"列中的"0.000"修改为"%%p0.000"，如图 3-51 所示。单击"确定"按钮，完成结果如图 3-52 所示。

图 3-51 "块定义"对话框修改"值"

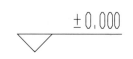

图 3-52 标高符号属性块

6）将文字注释和标高符号逐一复制到平面图中的各个房间的中央，并对文字内容做相应的修改，完成结果如图 3-53 所示。

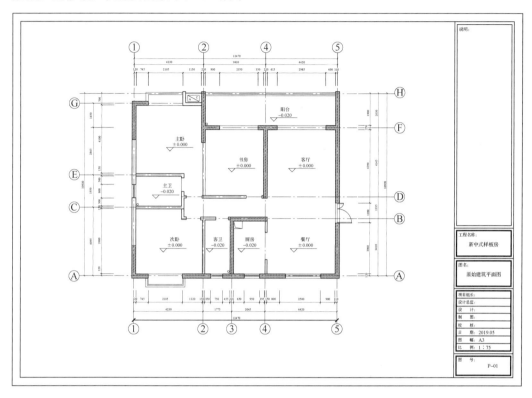

图 3-53 完成图样中的文字、标高注释

3. 编辑图名

1）确认当前操作在"02-标注"图层中。

2）执行"圆"命令，在屏幕空白处绘制一个半径为 7 的圆圈，并将圆圈的颜色在"选择颜色"对话框中修改为 2 号黄色。

3）执行"多段线"命令，在圆圈右侧象限点上单击确定多段线起点，在命令行中输入"W"，按 Enter 键，输入起点宽度值 0.5，向右拉出长度约为 40 的水平线段，再次按 Enter 键确认多段线的终点宽度值为"0.5"，按 Enter 键结束。

4）执行"偏移"命令，输入偏移量 1.5，将多段线向下偏移。随后双击下面一条多段线，在命令行中输入"W"，按 Enter 键，输入线的宽度值"0.05"，按 Enter 键。完成结果如图 3-54 所示。

5）执行"绘图"→"块"→"定义属性"命令，打开"属性定义"对话框。

6）在"属性定义"对话框中设置"标记"为 888、"提

图 3-54 图名符号

示"为图名、"默认"为 B、"对正"为右下、"文字高度"为 5。

7）单击"属性定义"对话框的"确定"按钮，返回绘图区，在命令行"指定起点"的提示下，捕捉图名符号上面一条水平横线右侧的端点，属性标记"888"即刻出现在水平横线右侧端点的上方。

图 3-55　图名属性定义

8）按照操作步骤 5）、6）的操作方法，在"属性定义"对话框中设置"标记"为 111、"提示"为比例、"默认"为 C、"对正"为右上、"文字高度"为 3。

以上操作结果如图 3-55 所示。

9）执行"创建块"命令，打开"块定义"对话框，在对话框中编辑如下内容。设置"名称"为图名符号，选中"转换为块"单选按钮，并选中"按统一比例缩放"和"允许分解"复选框。然后单击"选择对象"按钮，切换到绘图区，选择属性定义图形，按Enter 键再次返回"块定义"对话框，单击"确定"按钮，打开"编辑属性"对话框，如图 3-56 所示。此时原图名属性定义的数字分别显示为默认值"B"和"C"。

注写图名比例
（练习）

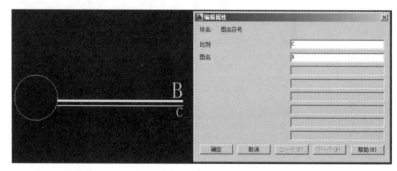

图 3-56　"编辑属性"对话框

10）在"编辑属性"对话框中，将"比例"文本框中的"C"改为 Scale：1：75，将"图名"文本框中的"B"改为建筑平面图，如图 3-57 所示。

11）单击"确定"按钮，图名符号完成结果如图 3-58 所示。

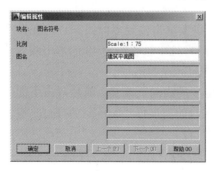

图 3-57　"编辑属性"修改内容

图 3-58　图名符号完成结果

12）执行"移动"命令，将图名符号移动到建筑平面图的正下方，至此，建筑平面图的绘制全部完成，完成结果如图 3-59 所示。

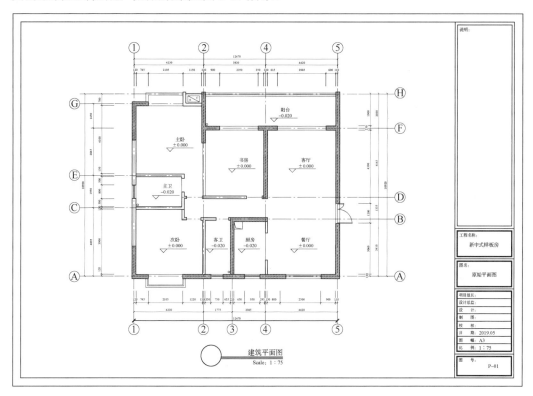

图 3-59 建筑平面图完成结果

提示：图名的编辑之所以采用"定义属性块"操作，是因为考虑方便后续图名的修改，同时达到格式统一的目的。后续图名的编辑操作，可以通过复制后，对要修改的图名符号进行双击，在打开的"增强属性编辑器"对话框中，分别修改"图名"和"比例"的值，如图 3-60 所示。

图 3-60 "增强属性编辑器"对话框

图 3-61　标题栏

4. 编辑标题栏内容

标题栏是预先编辑成块的图元，其中各栏目中的文字均可以通过双击标题栏，按如下操作步骤进行修改和编辑。

1）双击标题栏，打开"编辑块定义"对话框。

2）单击"编辑块定义"对话框中的"确定"按钮，即可进入"块编辑器"操作界面。

3）双击标题栏中的各栏目内容，依次对"工程名称""图名""日期""图幅""比例""图号"等内容一一进行修改编辑。

4）修改完毕之后，单击"关闭块编辑器"按钮，退出块编辑器。

标题栏编辑结果如图 3-61 所示。

思考与练习

一、思考题

1．在什么情况下采用"多线"命令？试述"多线"命令的操作方法。

2．模型空间与布局空间的操作有什么区别？

3．定义块的属性有什么作用？

4．在布局空间标注尺寸有哪些是需要事先进行设置和改变的？

二、选择题

1．一个布局中可以有（　　）视口。

  A．1 个　　　　　　B．2 个　　　　　　C．4 个　　　　　　D．4 个以上

2．在布局空间标注尺寸，应将系统变量 DIMASSOC 的默认值修改为（　　）。

  A．1　　　　　　　B．2　　　　　　　C．3　　　　　　　D．4

3．在布局空间插入图框或绘制各种符号，应（　　）。

  A．放大比例　　　　　　　　　　B．缩小比例

  C．按制图标准规定的尺寸和要求　　D．根据视觉效果

4．在锁定的视口中，能够做（　　）操作。

  A．绘图　　　　　　B．修改　　　　　　C．删除　　　　　　D．改变视图比例

三、实训操作

1．抄绘本单元建筑平面图。

2．实地测量某建筑，尝试根据测量数据采用与本单元不同的方法绘制建筑平面图。

3．绘制如图 3-62 所示的建筑平面图（卫生间墙体厚度 120mm，其他墙体厚度 240mm）。

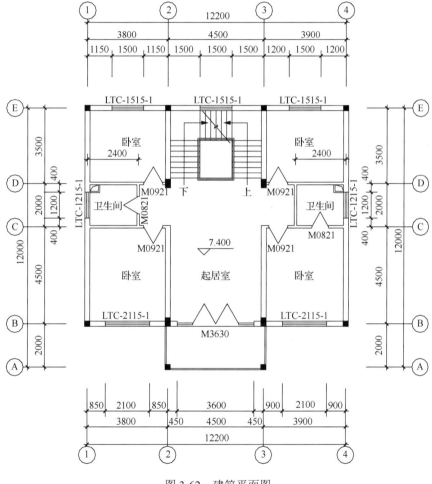

图 3-62 建筑平面图

4．抄绘如图 3-63 所示的建筑楼梯平面图。

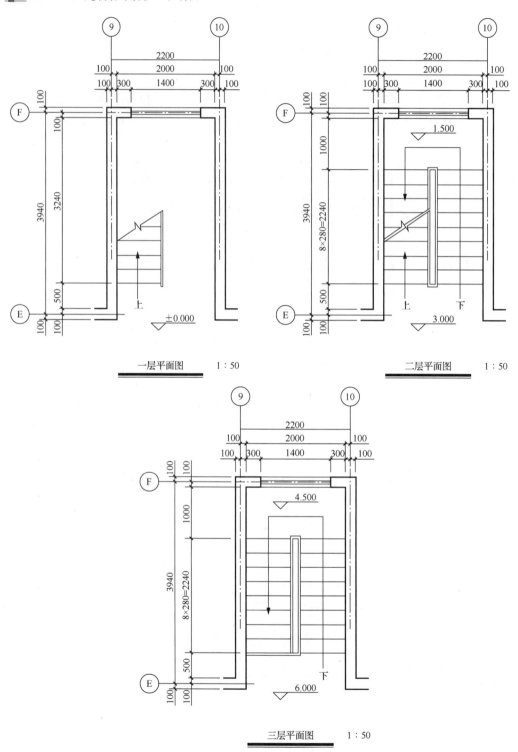

图 3-63　建筑楼梯平面图

绘制平面布置图

- 平面布置图概述
- 平面布置图的绘制流程
- 平面布置图的绘制步骤与方法

4.1 平面布置图概述

平面布置图是以建筑平面图为基础,根据设计原理、人体工程学和用户的要求,对室内空间的平面布局、装饰空间及功能分区、家具设备及绿化、陈设等软装内容进行绘制。在平面布置图中,会出现大量的家具、设备、构件、装饰隔断等平面图形元素,这些图元在实际工作中通常是被制作成图块插入图中的。

4.1.1 平面布置图的作用

平面布置图是装饰装修施工图的主要图样,是确定装饰空间平面尺寸及装饰形体定位的主要依据。平面布置图主要用于表达建筑室内空间功能的划分、交通流线的组织,功能家具、软装饰等元素的布置。平面布置图设计方案的完善,决定着地面铺装平面图、顶棚平面图及各立面图的装饰位置和形式。同时,平面布置图与室内空间设计也有着紧密的联系。因此,平面布置图的设计和绘制,必须以满足功能为前提,通盘考虑各种因素,做到功能布置完善、区间划分合理、标注准确详尽、制图规范完备。

4.1.2 平面布置图的图示内容

1. 建筑平面图的基本内容

建筑平面图的基本内容包括建筑主体结构的墙、柱、门窗、楼梯等基础构件,以及室内空间的功能分区等。

房间的空间功能布置是通过对绘制完成的建筑平面图进行各空间的使用功能定义划分,使各空间的使用功能得到充分的利用。

居室空间的功能划分主要有玄关区、起居室(客厅)、餐厅、卧室、书房、厨房、

卫生间、阳台等。

2. 室内家具、家电及设备的平面样式和定位

室内家具包括活动家具和固定家具，是室内空间的主要元素，其装饰风格应与室内装饰装修的风格配套一致。家具在平面布置图中反映为水平方向的正投影图样。

家用电器在平面布置图中主要包括电冰箱、洗衣机、空调柜机等，悬挂在墙面的热水器、抽油烟机等家电设备可在平面布置图中用虚线画出外形轮廓。

居室设备主要有厨卫间内的操作台柜、洗面（洗涤）台盆、炉灶、座（蹲）厕、淋浴房、浴缸等。这些设备原则上按照实物的平面图形尺寸绘制，并充分考虑操作、通行的舒适性、便利性和安全性。

3. 装饰隔断、绿化植被、装饰构件的平面布置

在室内空间中，各种装饰造型的隔断是功能分区的常见做法，需要在平面布置图中予以体现。

室内的绿化，既可作为营造空间氛围的装饰点缀，也是改善室内空气质量的有效措施。一束盆栽、一处植被，其空间位置的安排应恰到好处。

此外，各种后期布置的装饰构件（如窗帘、物品架、台灯等），均应在平面布置图中有所反映。

在布置这些内容时，需要应用人机工程学原理，考虑到人体活动需要预留的空间范围、人员流动路线和物品之间的间隔尺度等因素。

4. 立面索引符号

装饰装修施工图中的室内立面图，应由平面布置图索引而来。立面图的编号与平面布置图中的立面索引符号相对应。故在观看立面图时，应对照平面布置图中的立面索引符号查看立面图在平面上的方位。在有些图样中，立面图的索引符号可单独成图，画在"立面索引图"中。

5. 建筑轴线编号及尺寸标注

建筑轴线编号的形式及规定，参见单元1的相关内容。

平面布置图中的尺寸标注，除了保留建筑平面图中的轴线尺寸，原则上应标注房间的净空尺寸。

6. 文本注释

平面布置图中的文字注释包括必要的文字性说明、索引符号、图名及比例等。文字性说明包括各房间的功能名称、门窗的编号、平面布置图的图名和比例等。

本范例图样中的平面布置图如图4-1所示。

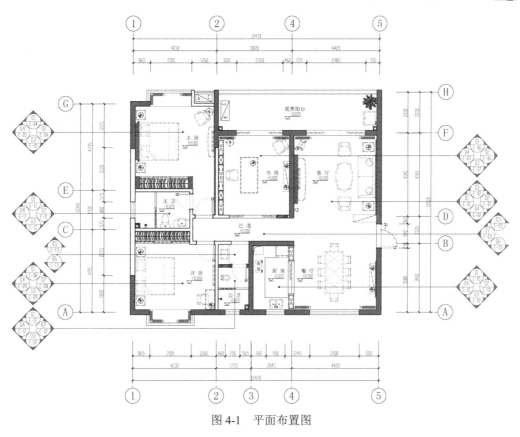

图 4-1　平面布置图

4.2　平面布置图的绘制流程

在完成建筑平面图的绘制之后，即可在其基础上绘制平面布置图，其绘制流程可以按照如下步骤进行。

4.2.1　绘制建筑墙体及其基本构件

通常情况下，是在布局空间连同图框复制一个建筑平面图的模型，使其作为平面布置图的基础构架，然后在复制出的模型空间中布置装饰元素。科学的做法是直接在建筑平面图的框架上，将平面布置图的图元叠加在同轴架构上绘制，并在布局空间的视口中通过图层的控制使当前绘制的图形得到显示。

如果没有建筑平面图作为蓝图，则需要根据现场测量尺寸，完成建筑平面图基本构架的绘制。

1. 绘制拆改及新砌墙体

本范例图样文件中的建筑平面图，原建筑中的走道空间较为狭长且无光照。通过拆改书房门洞的宽度，使书房空间在视觉上通透而不失隐秘性，同时可实现走道的采光与通风。其他空间的某些墙面，为了突出主体，营造装饰氛围，在墙面增设了装饰造型背景墙。这都需要在平面布置图中反映其平面图形。

绘制拆改墙体和新砌墙体时，可采用"拉伸""直线""偏移""剪接""延长线段"等命令绘制。

2. 绘制建筑室内门构件

在室内规划的空间内，对所有的门窗洞口，按照设计要求绘制出门的平面图形。绘制平面布置图中的门，应根据门的样式不同，采用不同的表现形式。

平面图中的门的开启形式，包括平开门、推拉门、折叠门等，如图 4-2 所示。

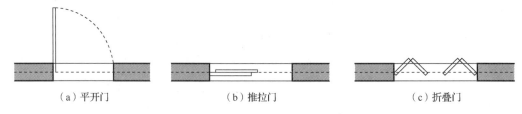

（a）平开门　　　　　　　　（b）推拉门　　　　　　　　（c）折叠门

图 4-2　平面布置图的门窗常用图样模型

4.2.2　绘制室内家具平面图样

家具分为固定家具和活动家具，在平面图上的表现形式是家具在水平方向的正投影图样。

家具的种类有很多，在居室空间中，玄关区的家具有鞋柜及物品柜等；客厅的家具有沙发、茶几、电视柜等；餐厅的家具有餐桌椅、酒水柜等；卧室的家具有床及床头柜、挂衣柜等；书房的家具有写字台及座椅、书柜等；厨房间的家具有操作台柜、吊柜等。这些家具的尺寸，应该根据房间的大小来确定，并进行合理的布置。

家具的绘制，通常是采用"插入块"的命令，在图库中选择相应家具平面图形插入平面布置图中。

特殊样式需要临时绘制的家具，可采用"直线""矩形""偏移""倒角""修剪""样条曲线"等命令绘制。然后应用"创建块"命令将绘制成型的单体家具制作成图块，便于图形的选择、控制和编辑。

块的创建（B）
（练习）

4.2.3　绘制立面索引符号

立面索引符号的绘制，可参照单元 1 中立面索引符号的形式及有关规定等内容。立面索引符号的编排以房间为单位，原则上，对平面布置图中每个空间的立面，都必须绘制对应的立面图，并通过立面索引符号——对照。

插入块（I）（练习）

4.2.4　标注尺寸、标高

尺寸标注是在布局空间完成的。标注尺寸的方法，可参照单元 3 中的绘制建筑平面图的尺寸标注内容。

标高符号的绘制参照单元 1 中的相关内容。

4.2.5 注释文字

平面布置图中的注释文本，是对房间的功能名称进行注释，采用"多行文字"等命令进行绘制。同时对房间地坪的标高进行标注。

4.2.6 注释图名及比例

将复制的建筑平面中的图名和比例进行修改即可。

4.3 平面布置图的绘制步骤与方法

本单元教学所要绘制的平面布置图，是在已绘制完成的建筑平面图的基础上进行的。按照上述平面图布置图的绘制流程，学习应用 AutoCAD 软件绘制平面布置图的步骤和方法，并在绘制图样的同时，进一步学习和掌握新的软件功能及命令。

4.3.1 设置新图层

1）单击"图层"工具栏中的 按钮，打开"图层特性管理器"窗口。

2）单击"新建图层"按钮 ，根据图样内容的需要，在原有图层的基础上创建平面布置图所需的若干个新图层。并对各图层的名称、颜色、线型等进行编辑和设置。

① 修改新建图层名称。在新建的图层名称位置处快速单击两次，使文字呈蓝色被框选，然后输入新的图层名称。依次重命名为"P-03 新建墙体""P-05 固定家具""P-06 移动家具""P-07 到顶家具""P-08 窗帘""P-09 厨卫""P-10 墙体完成面""P-12 壁灯""P-13 地面灯具"等图层。

② 设置新建图层颜色。在新建图层的颜色区域单击，打开"选择颜色"对话框，在对话框中选择一种颜色。依次将各图层颜色修改为"147 号色"（P-03 新建墙体）、"155 号色"（P-05 固定家具）、"34 号色"（P-06 活动家具）、"55 号色"（P-07 到顶家具）、"54 号色"（P-08 窗帘）、"34 号色"（P-09 厨卫）、"47 号色"（P-10 墙体完成面）、"31 号色"（P-12 壁灯）、"31 号色"（P-13 地面灯具）。图层颜色修改之后单击"确定"按钮，即可完成图层颜色的设定。

③ 图层线型与线宽。AutoCAD 的默认线型为"Continuous"，在线型没有特殊要求的情况下，不予修改。若需修改，可单击要修改线型图层的线型区域，在打开的"选择线型"对话框中单击"加载"按钮，在打开的"加载或重载线型"对话框中选择线型，然后单击"确定"按钮。

由于线宽是在打印时按照对象的颜色来控制的，故此处不对线宽做修改，保留"默认"选项。

完成图层的各项设置之后，平面布置图的图层及设置如图 4-3 所示。然后关闭"图层特性管理器"窗口。

图 4-3 平面布置图的新建图层及设置

4.3.2 绘制建筑墙体及其基本构件

1. 复制建筑平面图

进入布局空间，执行"复制"命令，窗口选择建筑平面图图框，将建筑平面图连同图框复制到右侧空白位置，使其作为平面布置图的基础构架。

2. 绘制拆改及新建墙体

（1）绘制书房拆改及新建墙体

1）在复制的建筑平面图中，双击视口（注：进入视口之前，应确认视口处于锁定状态），进入模型空间对书房门洞处的原建筑墙体进行"拆改"的绘制。

2）执行"格式"→"图层"命令，在展开的"图层特性管理器"窗口中双击"P-03 新建墙体"图层，或直接在"图层控制"下拉列表中选择"P-03 新建墙体"图层，使其成为当前图层，如图 4-4 所示。

图 4-4 墙体图层作为当前图层

3）启动"正交"模式，执行"拉伸"命令。窗交模式选择书房门洞左侧墙体的端头按 Enter 键，并向左拉动，在命令行中输入 1984，按 Enter 键。此时，书房的门洞被拉开到新的位置，如图 4-5 所示。

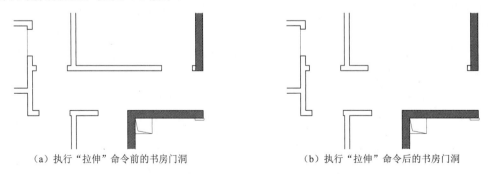

（a）执行"拉伸"命令前的书房门洞　　　　　　（b）执行"拉伸"命令后的书房门洞

图 4-5 执行"拉伸"命令扩大书房门洞

如图 4-5（a）所示的图样是执行"拉伸"命令前的书房门洞状况，图 4-5（b）所示的图样是执行"拉伸"命令后的书房门洞状况。

4）在"正交"模式下，执行"复制"命令，窗口模式选择刚拉伸的书房门洞左侧墙体端头的短竖线，按 Enter 键，将该短线向右侧移动。在命令行中输入 2400，按 Enter 键。

拉伸（S）（练习）

5）执行"直线"命令，捕捉新复制线段的端点，画水平直线至右侧原建筑墙体的端头，将新复制的线段与原建筑墙体连接闭合。

6）执行"填充"命令，选择 AHSI37 图案，对书房门洞右侧新建墙体进行填充（该图案表示石膏板轻质隔墙），完成结果如图 4-6 所示。

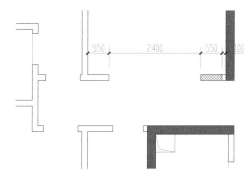

图 4-6　扩大后的书房门洞及新建墙体

（2）绘制卧室衣柜处新建墙体

1）在复制的建筑平面图中，进入模型空间，在卧室衣柜处绘制新建墙体。

2）执行"矩形"命令，开启"对象捕捉"模式，捕捉卧室左侧墙角交点，绘制 620×250 矩形的新建墙体，如图 4-7（a）所示。

3）执行"填充"命令，选择 AHSI37 图案，对新建墙体的矩形进行填充，如图 4-7（b）所示。

4）执行"复制"命令，选择新建墙体矩形，向右复制到右侧墙角转折端点处，如图 4-7（c）所示。

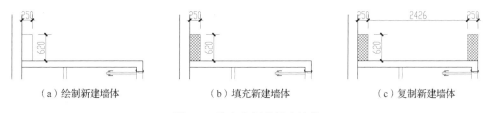

（a）绘制新建墙体　　　　　　　　（b）填充新建墙体　　　　　　　　（c）复制新建墙体

图 4-7　卧室衣柜处新建墙体

（3）绘制主卧室床靠处背景墙平面图形

主卧室床靠背景墙平面图形及尺寸如图 4-8 所示，背景墙灯槽平面图形及尺寸如图 4-9 所示。

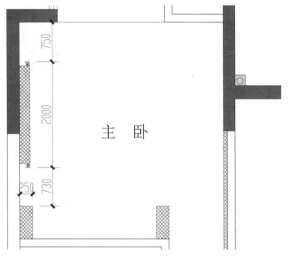

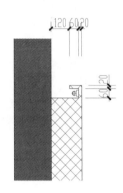

图 4-8　卧室床靠处新建背景墙尺寸　　　　图 4-9　卧室床靠处新建背景墙灯槽尺寸

绘制步骤如下。

1）执行"直线"命令，开启"正交"模式，捕捉卧室左侧下角新建墙体矩形的上部端点，绘制水平直线；执行"偏移"命令，将该线段向上分别偏移 730、20、60、1840、60、20。

2）执行"偏移"命令，以 120 的偏移距离将墙体右侧直线向右偏移。同时将偏移直线放入"P-03 新建墙体"图层。继续执行"偏移"命令，分别以 60、20 的偏移距离，将该直线向右偏移。

以上偏移结果如图 4-10 所示。

3）执行"多段线"命令，开启"对象捕捉"模式，依次捕捉各线段交点，绘制新建墙体轮廓线，绘制结果如图 4-11 所示。新建墙体轮廓线绘制完成后，将各偏移辅助线删除。

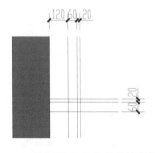

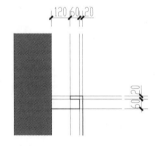

图 4-10　绘制卧室床靠背景墙辅助线　　　图 4-11　"多段线"绘制卧室床靠背景墙轮廓线

4）执行"填充"命令，选择 AHSI37 图案，对新建墙体图形内部进行填充，如图 4-8 所示。

5）绘制灯槽灯具断面图。灯槽灯具断面图如图 4-12 所示。

灯具绘制采用"矩形""圆""直线"及"偏移""修剪"等命令，按照如图 4-12 所示的灯具断面图图形及尺寸，在模型空间绘制。完成后分别放置在床靠背景墙平面图形两端的灯槽中。绘制步骤略，可参照前述相关内容。

（4）绘制客厅及餐厅新建墙体平面图形

客厅及餐厅新建墙体在平面布置图中的平面图形及尺寸参照如下。

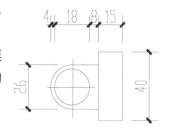

图 4-12 灯槽灯具断面图

1）客厅电视背景墙装饰造型，如图 4-13（a）所示。

2）客厅沙发背景墙装饰造型，如图 4-13（b）所示。

3）餐厅墙面装饰造型，如图 4-13（c）所示。

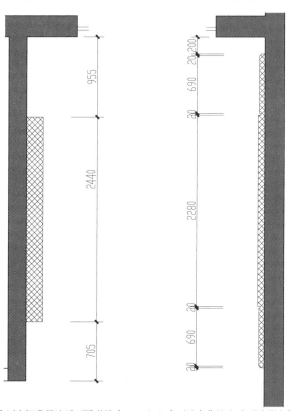

（a）客厅电视背景墙平面图形尺寸　　（b）客厅沙发背景墙平面图形尺寸　　（c）餐厅背景墙平面图形尺寸

图 4-13 客厅/餐厅新建背景墙平面图形及尺寸

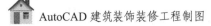

客厅及餐厅新建墙体的绘制，参照绘制主卧室床靠处背景墙平面图形的步骤和方法，不再赘述。

提示：建筑墙体包括承重墙和非承重墙及轻质隔墙，承重墙是不能进行拆改的。在建筑平面图中，承重墙通常是以填充黑色或灰色来表现。

室内空间的重新分割，不仅要考虑隔断墙的轻质性，还要考虑符合人的活动空间尺度需求。

4.3.3 绘制室内门构件

1. 绘制室内平开门及门套

在图样范例文件中，室内平开门包括主卧、次卧及卫生间等处的门，与通常画法所不同的是，在门洞位置绘制了门套贴脸板和筒子板，在门扇上绘制了执手锁。其图形如图 4-14 所示。

绘制门和栏杆
以及复制电视
柜（练习）

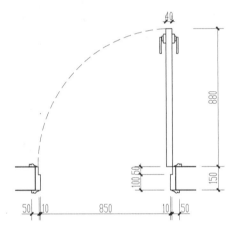

图 4-14 室内平开门平面图形样式

（1）绘制门套

门套的剖切平面构造包括门洞侧板和门套板，其平面图形及尺寸如图 4-15 所示。

1）设置"P-04 门"图层作为当前图层，如图 4-16 所示。

2）执行"直线"命令，启动"正交"模式，根据图 4-15（b）所示的门套板大样图形及尺寸，绘制门套板辅助线，如图 4-17（a）所示。

3）执行"多段线"命令，启动"对象捕捉"模式，根据图 4-15（b）所示的门套板大样图形，顺序连接辅助线各交点绘制图形，完成结果如图 4-17（b）所示，然后删除辅助线。

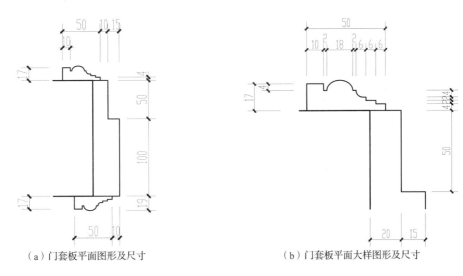

（a）门套板平面图形及尺寸　　　　　　　　　（b）门套板平面大样图形及尺寸

图 4-15　门套平面图形及尺寸

图 4-16　门图层设为当前图层

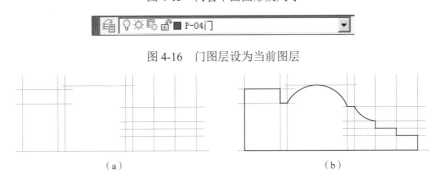

（a）　　　　　　　　　　　　　　　　　　（b）

图 4-17　绘制门套板平面图形

4）执行"直线"命令，启动"正交"和"对象捕捉"模式，根据图 4-15 所示的门套板大样图形及尺寸，在门洞位置绘制门洞板辅助线，如图 4-18（a）所示。

5）执行"多段线"命令，根据图 4-15 所示的图形，顺序连接辅助线各交点绘制图形。

完成结果如图 4-18（b）所示，然后删除辅助线，结果如图 4-18（c）所示。

6）执行"移动"命令，根据图 4-15 所示的图形及尺寸定位，将门套板图形移动到门洞板的一侧。然后执行"镜像"命令，捕捉门洞线中点，将门套板镜像到墙的对面位置，完成门洞一侧的门套板图形绘制，如图 4-19 所示。

7）执行"直线"命令，在门洞之间绘制一条水平直线，以确定门洞中心点，如图 4-20 所示。

8）执行"镜像"命令，选择一侧的门套板及门洞板，捕捉水平直线上的中点，将门套板及门洞板镜像复制到门洞的另一侧，完成结果如图 4-21 所示。

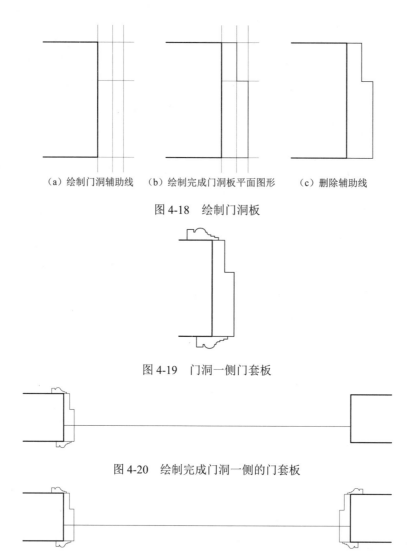

（a）绘制门洞辅助线　　（b）绘制完成门洞板平面图形　　（c）删除辅助线

图 4-18　绘制门洞板

图 4-19　门洞一侧门套板

图 4-20　绘制完成门洞一侧的门套板

图 4-21　镜像完成右侧的门套板

（2）绘制门扇执手锁

门扇执手锁图形大样及尺寸如图 4-22 所示。

1）执行"矩形"命令，捕捉右侧门套上部端点，绘制 40×880 的矩形（门扇平面图形）。

2）执行"直线"命令、"复制"命令，启动"正交"和"对象捕捉"模式，根据图 4-22 所示的门扇执手锁图形及尺寸，在门扇一侧绘制执手锁轮廓辅助线，如图 4-23（a）所示。

3）执行"多段线"命令，捕捉辅助线各交点，依次绘制执手锁，如图 4-23（b）所示。

4）执行"圆角"命令，在命令行中输入"R"，按 Enter 键，对执手锁轮廓转角处进行倒角，然后删除辅助线，如图 4-23（c）所示。

5）执行"镜像"命令，将门扇一侧执手锁镜像复制到门扇的另一侧，结果如图 4-23（d）所示。

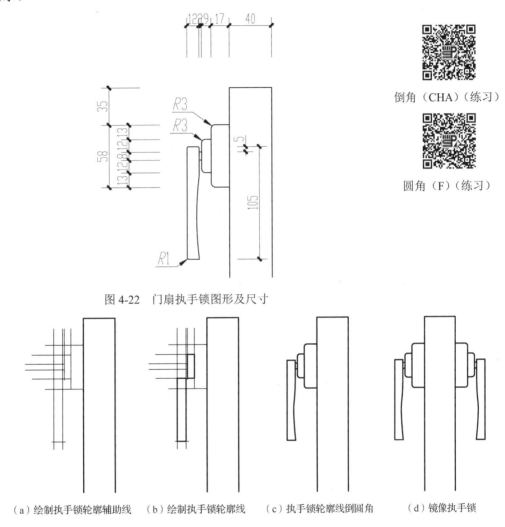

倒角（CHA）（练习）

圆角（F）（练习）

图 4-22 门扇执手锁图形及尺寸

（a）绘制执手锁轮廓辅助线 （b）绘制执手锁轮廓线 （c）执手锁轮廓线倒圆角 （d）镜像执手锁

图 4-23 绘制门扇执手锁

6）执行"圆弧"命令，在命令行中输入"C"，按 Enter 键，启动圆心模式，捕捉门扇与门洞板交接处的交点，逆时针画圆弧线。完成门开启线的绘制，结果如图 4-14 所示。

2. 绘制推拉门

本范例图样中的室内推拉门有多处，仅以客厅推拉门为例，介绍推拉门扇的绘制方法，操作如下。

1）执行"矩形"命令，在门洞轴线下方绘制矩形门扇（约 40×800），如图 4-24 所示。

图 4-24　绘制推拉门扇

2）执行"复制"命令，向上复制一个门扇，并相距约 15mm 的距离。同时执行"移动"命令，将复制的门扇向右侧平移约 90mm，结果如图 4-25 所示。

图 4-25　复制并移动门扇

3）执行"镜像"命令，选择左侧一组推拉门扇，捕捉门洞线中点，镜像出右侧的一组推拉门扇。完成结果如图 4-26 所示。

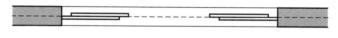

图 4-26　镜像完成推拉门的绘制

4.3.4　绘制室内家具及设备

平面布置图中的家具包括固定家具（不可移动）和活动家具（可移动），为了便于图层管理，将固定家具中的到顶家具（与顶棚相接）、厨房、卫生间的家具及设备等形式进行分类，并对应新建"P-05 固定家具""P-06 活动家具""P-07 到顶家具""P-09 厨卫"等图层。

绘制家具时，应根据家具的类型，在相应的图层中进行操作。

1. 绘制厨房家具及设备

本施工图范例文件的平面布置图中，厨房家具包括推拉门两侧的上顶物品柜、厨房操作台柜，厨房设备包括冰箱、灶具、洗涤盆等。绘图时需参考人机工程学的尺寸进行合理的布置。

平面布置图中的厨房各家具、设备布置情况及尺寸如图 4-27 所示。

（1）绘制厨房门洞门框及上顶物品柜

1）将"P-07 到顶家具"图层作为当前图层，如图 4-28 所示。

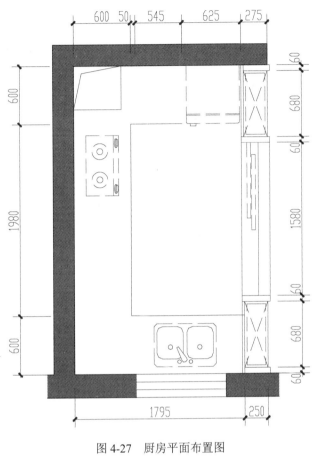

图 4-27　厨房平面布置图

图 4-28　"P-07 到顶家具"图层设为当前图层

2）执行"直线"命令，参照如图 4-27 所示的图形尺寸，画出到顶柜轮廓辅助线，如图 4-29（a）所示。

3）执行"矩形""直线""偏移"命令，参照如图 4-27 所示的图形，捕捉辅助线上的各交点，画出门洞处的门框矩形图形及到顶家具的轮廓线，如图 4-29（b）所示。删除辅助线，如图 4-29（c）所示。

（2）绘制厨房操作台

1）将"P-05 固定家具"图层作为当前图层，如图 4-30 所示。

2）执行"偏移"命令，将厨房墙线以 600 的距离偏移作为厨房台柜轮廓辅助线，如图 4-31（a）所示。

3）执行"多段线"命令，参照如图 4-27 所示的图形，画出厨房台柜轮廓线，如图 4-31（b）所示。

4）执行"删除"命令，将辅助线删除，如图 4-31（c）所示。

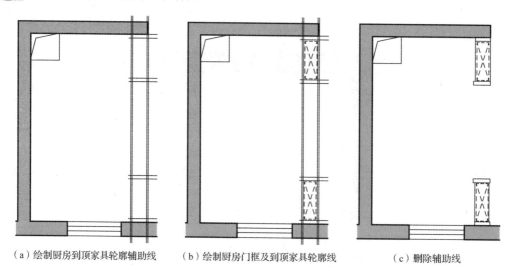

（a）绘制厨房到顶家具轮廓辅助线　　（b）绘制厨房门框及到顶家具轮廓线　　（c）删除辅助线

图 4-29　绘制厨房门框及到顶物品柜

P-05固定家具

图 4-30　"P-05 固定家具"图层设为当前图层

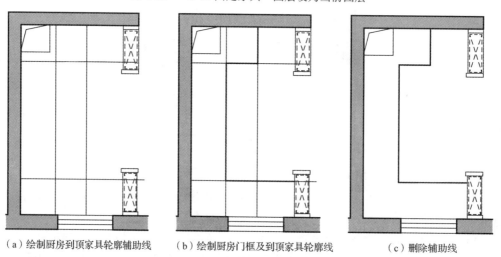

（a）绘制厨房到顶家具轮廓辅助线　　（b）绘制厨房门框及到顶家具轮廓线　　（c）删除辅助线

图 4-31　绘制厨房操作台

厨房家具绘制（练习）

（3）绘制厨房设备

厨房设备包括电冰箱、灶具、洗涤盆等，其平面图形及尺寸如图 4-32 所示。

厨房设备的平面图形仍然是在模型空间进行绘制，参照如图 4-32 所示的图形及尺寸，可执行"直线""矩形""圆""椭圆"等命令绘制基本图形，同时执行"偏移""圆角""复制""镜像""修剪"等命令进行编辑，画法及步骤参见前述内容，这里不再赘述。

厨房设备平面图形在完成后，可创建为"块"，然后按照范例图样的设计放置到的合适位置。原则上，灶具应靠近烟道，便于油烟的排放。水槽放置在临窗处，并与灶具不要离得太远。厨房空间足够的话，冰箱最好放进来。厨房的平面布置如图 4-27 所示。

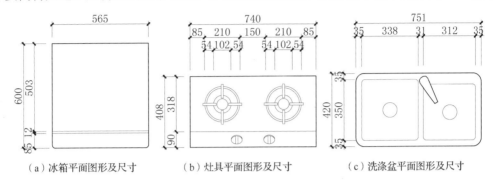

（a）冰箱平面图形及尺寸　　　（b）灶具平面图形及尺寸　　　（c）洗涤盆平面图形及尺寸

图 4-32　厨房设备平面图形及参考尺寸

2. 绘制卫生间家具及设备

　　本范例施工图文件的平面布置图中，卫生间的家具和设备包括洗手盆、坐便器、蹲便器、淋浴房等，其平面图形及尺寸可参照如图 4-33 所示的图例。

绘制 8 人餐桌（练习）

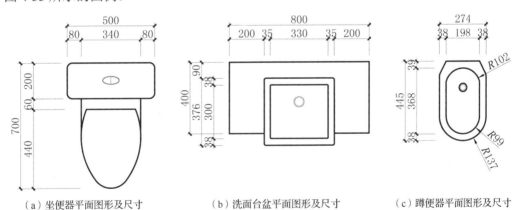

（a）坐便器平面图形及尺寸　　　（b）洗面台盆平面图形及尺寸　　　（c）蹲便器平面图形及尺寸

图 4-33　卫生间设备平面图形及参考尺寸

（1）绘制坐便器平面图形

　　1）执行"直线"命令，参照如图 4-33（a）所示的图形尺寸，绘制坐便器辅助线，如图 4-34（a）所示。

绘制卫生间洁具（练习）

　　2）执行"矩形"命令，绘制水箱矩形图形，如图 4-34（b）所示。

　　3）执行"椭圆"命令，捕捉水平辅助线与垂直线交点为椭圆短轴绘制弧线；捕捉最下端水平线与中心垂直线交点为椭圆长轴的半径绘制弧线，完成椭圆的绘制，如图 4-34（c）所示。

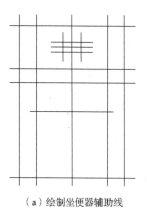 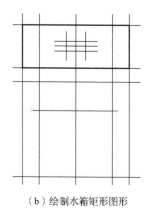 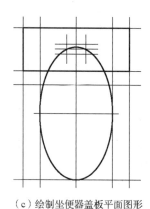

　（a）绘制坐便器辅助线　　　　　（b）绘制水箱矩形图形　　　　　（c）绘制坐便器盖板平面图形

图 4-34　坐便器绘制步骤 1

4）执行"修剪"命令，修剪椭圆上端弧线，完成坐便器盖板轮廓，如图 4-35（a）所示。

5）执行"椭圆"及"偏移"命令，绘制水箱冲水按键图形，如图 4-35（b）所示。

6）执行"圆角"命令（圆角半径为 30），对水箱倒圆角，如图 4-35（c）所示。

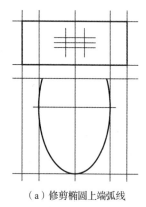 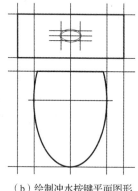

　（a）修剪椭圆上端弧线　　　　　（b）绘制冲水按键平面图形　　　　　（c）水箱倒圆角

图 4-35　坐便器绘制步骤 2

7）执行"删除"命令，删除全部辅助线。

（2）绘制洗面台盆平面图形

本范例施工图文件中的卫生间洗面台盆有两处，均为方形台盆。其中，主卫洗面台盆如图 4-33（b）所示，较客卫洗面台盆略有不同。现以主卫洗面台盆为例讲解其绘制步骤和方法。

1）执行"直线"命令，参照如图 4-33（b）所示的图形尺寸，绘制辅助线，如图 4-36（a）所示。

2）执行"矩形"命令，绘制洗面盆及台板矩形图形；执行"圆"及"偏移"命令，绘制洗面盆下水孔图形，如图 4-36（b）所示。

3）执行"圆角"命令（圆角半径为 20），将洗面盆的 4 个角倒圆角；执行"修剪"命令，将洗面盆矩形与洗面台矩形交错的线段进行修剪；执行"偏移"命令，将洗面盆矩形向内偏移 35。完成结果如图 4-36（c）所示。

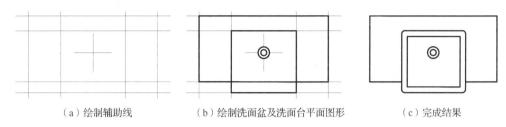

（a）绘制辅助线　　　（b）绘制洗面盆及洗面台平面图形　　　（c）完成结果

图 4-36　主卫洗手台盆的绘制

（3）绘制淋浴房

淋浴房的图形位置应根据人机工程学的尺度要求，原则上应距离墙面 ≥900 布设挡水玻璃，以保证足够的洗浴空间。

绘制沙发（上）（练习）

绘制淋浴房玻璃隔断及推拉门的平面图形，应用"矩形"命令（矩形尺寸为长度大于淋浴房总长的 1/2，宽度为 18。玻璃的厚度实际为 8，因比例太小难以显示，故适当加宽尺寸），并在玻璃推拉门位置应用"直线"命令绘制挡水石（宽度为 60）。

淋浴房的图形相对比较简单，画法不再赘述。

（4）绘制卫生间五金配件

绘制沙发（中）（练习）

卫生间的五金配件包括浴巾架、毛巾架、皂盒、花洒龙头、地漏等，均按照实际平面图形及尺寸进行绘制。画法相对简单，此处不再赘述。

提示：以上卫生间的家具、设备及五金配件等图形，原则上按照水平正投影方向的图形和尺寸绘制，并在完成之后，创建为"块"，然后根据设计放置平面图中的合适位置。

绘制沙发（下）（练习）

3. 绘制客厅及餐厅家具

在本范例施工图文件中，客厅家具包括三人沙发、单人沙发、茶几、电视矮柜等，餐厅家具包括餐桌椅、餐具酒水柜等。仅以沙发和茶几为例介绍其绘制步骤和方法。

沙发平面图形及尺寸如图 4-37 所示，茶几平面图形及尺寸如图 4-38 所示。

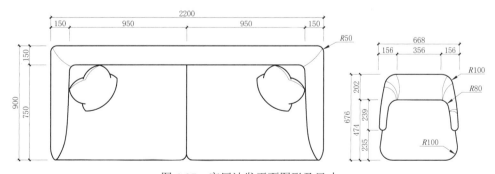

图 4-37　客厅沙发平面图形及尺寸

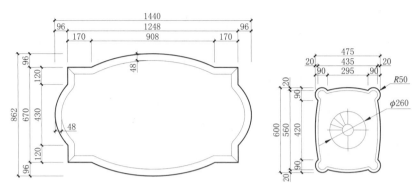

图 4-38　客厅茶几平面图形及尺寸

打断（BR）
（练习）

（1）绘制三人沙发

1）将"P-06 活动家具"图层作为当前操作图层。

2）执行"直线"命令，根据如图 4-38 所示的图形及尺寸，绘制辅助线，如图 4-39（a）所示。

3）执行"圆角"命令，设置圆角半径为 50，将沙发靠背转角的轮廓线倒圆角。

4）执行"打断"命令，单击沙发坐垫分格线处的水平线，将该线在此处断开，结果如图 4-39（b）所示。

5）执行"删除"命令，将沙发扶手两内侧竖向直线删除；执行"样条曲线"命令，绘制沙发扶手两内侧曲线；执行"圆角"命令，分别将沙发坐垫分格线两端的水平直线与竖向直线倒圆角；执行"修剪"命令，修剪沙发坐垫分格线多余线段。以上操作结果如图 4-39（c）所示。

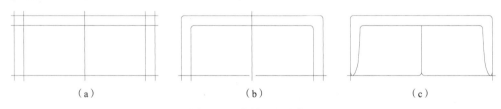

|（a）|（b）|（c）|

图 4-39　绘制三人沙发 1

6）执行"修剪"命令，修剪所有多余线段，操作结果如图 4-40（a）所示。

7）执行"圆弧"命令，关闭"正交"模式，根据如图 4-37 左侧所示的图形，绘制沙发抱枕及靠背转角圆弧线，如图 4-40（b）所示。

8）执行"镜像"命令，将沙发抱枕镜像复制到另一侧，结果如图 4-40（c）所示。

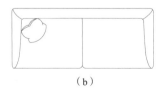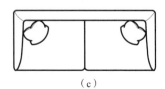

|（a）|（b）|（c）|

图 4-40　绘制三人沙发 2

（2）绘制单人沙发

1）执行"直线"命令，根据如图 4-37 所示的单人沙发图形及尺寸，绘制辅助线，如图 4-41（a）所示。

2）执行"圆角"命令，设置圆角半径为 100，分别将沙发靠背转角轮廓线和沙发坐垫底部转角轮廓线倒圆角；设置圆角半径为 80，将沙发坐垫上部倒圆角；结果如图 4-41（b）所示。

3）执行"删除"命令，将沙发扶手两外侧斜向直线删除；执行"修剪"命令，将沙发坐垫两侧斜向直线的上部线段剪去，如图 4-41（c）所示。

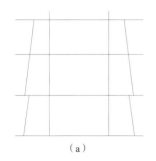　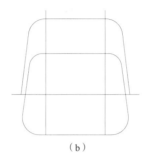　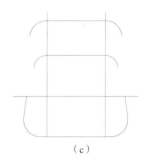

（a）　　　　　　　　　　（b）　　　　　　　　　　（c）

图 4-41　绘制单人沙发 1

4）执行"圆弧"命令，关闭"正交"模式，绘制沙发左侧扶手轮廓线，如图 4-42（a）所示。

5）执行"镜像"命令，在"正交"模式下，将左侧沙发扶手轮廓线镜像复制到右侧，结果如图 4-42（b）所示。

6）执行"圆弧"命令，关闭"正交"模式，在沙发靠背及扶手的转折处任意绘制数条疏密相间的纹理线，如图 4-42（c）所示。

绘制沙发茶几组合（练习）

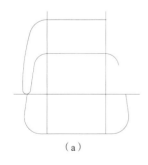　　

（a）　　　　　　　　　　（b）　　　　　　　　　　（c）

图 4-42　绘制单人沙发 2

（3）绘制茶几

本施工图范例文件中的大小茶几图形相似，异曲同工，仅以小茶几为例介绍画法。

1）执行"直线"命令，根据如图 4-38 所示的茶几图形及尺寸，绘制辅助线，如

图 4-43（a）所示。

2）执行"圆弧"命令，关闭"正交"模式，对应茶几图形及尺寸分别捕捉对应线段上的交点，绘制矩形四方的弧线，结果如图 4-43（b）所示。

3）执行"圆"命令，选择"相切、相切、半径"模式，捕捉左上角最外围的横竖直线，以 50 为半径绘制圆形，结果如图 4-43（c）所示。

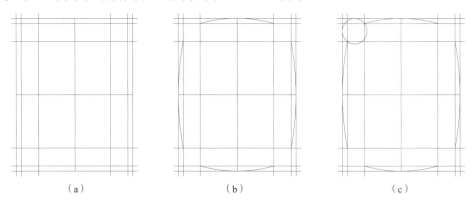

| （a） | （b） | （c） |

图 4-43　绘制茶几平面图形 1

4）执行"修剪"命令，修剪圆形与圆弧线连接；执行"镜像"命令，将左上角圆弧镜像到其他边角处；执行"偏移命令"命令，以 20 向内偏移，如图 4-44（a）所示。

5）执行"圆弧"命令，关闭"正交"模式，选择左上角的偏移线段，画圆弧线将偏移各线段连接；执行"镜像"命令，将绘制的圆弧线段镜像到其他角上；执行"圆"命令，捕捉十字中心，分别以半径 50、130、150 画同心圆，并捕捉圆心画 3 条任意斜线，结果如图 4-44（b）所示。

6）执行"修剪"命令，修剪最大圆形以外的十字线段；执行"删除"命令，将最大圆形删除，如图 4-44（c）所示。

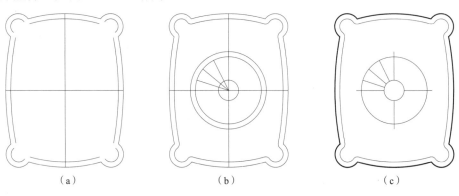

| （a） | （b） | （c） |

图 4-44　绘制茶几平面图形 2

7）沙发、茶几绘制完成之后，分别创建为"块"，然后进行组合，再次创建为"块"，如图 4-45 所示。

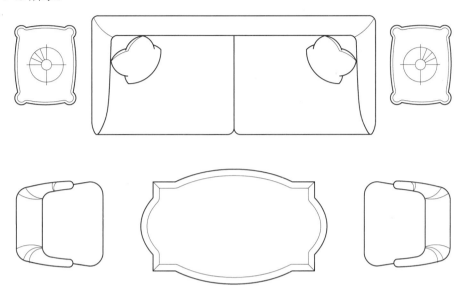

图 4-45　沙发、茶几组合平面图形

　　提示：在 AutoCAD 中，对独立和成组的构件，通常在完成之后，宜将其制作为"图块"。"图块"是指将单个或多个图形对象集合而成的一个整体图形单元，包括"内部块"和"外部块"。其中，"内部块"的命令名称为"创建块"，只能用于当前文件，"外部块"的命令名称为"写块"，可用于其他文件。

　　4. 绘制卧室家具

　　在平面布置图中的卧室家具有衣柜、床和床头柜、梳妆台、物品柜等。下面仅以衣柜、床和床头柜为例介绍其绘制步骤和方法。

　　（1）绘制主卧衣柜

　　衣柜的形式有平开门和推拉门两种，平开门衣柜的深度通常为550～600mm，推拉门衣柜的深度通常为 600～650mm，设计时应注意区别。本范例施工图文件中的主卧衣柜平面图形及尺寸如图 4-46 所示。

绘制酒水柜、影视柜、鞋柜、花台（练习）

绘制空调和四人休闲椅（练习）

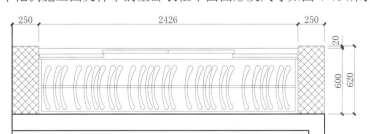

图 4-46　主卧衣柜平面图形及尺寸

1）绘制前将"P-07 到顶家具"图层设为当前操作图层。

2）绘制衣架。如图 4-47（a）所示为衣架的图形及尺寸。

① 执行"直线"命令，在"正交"模式下，分别绘制一条垂直线（长 380）和一条水平直线（75）。

② 执行"偏移"命令，将垂直线分别向右偏移 36、39；将上部水平直线向下偏移 19。

③ 执行"镜像"命令，捕捉垂直线中心点，将上部水平直线镜像到下部，如图 4-47（b）所示。

④ 执行"圆弧"命令，关闭"正交"模式，捕捉线段的交点，绘制两条弧线，如图 4-47（c）所示。

⑤ 执行"圆弧"命令，捕捉两条弧线的上部端点，绘制半圆弧线，如图 4-47（d）所示。

⑥ 执行"镜像"命令，选择圆弧线上部端头的半圆线，捕捉圆弧线中点，将上部圆弧镜像到下部，如图 4-47（e）所示。

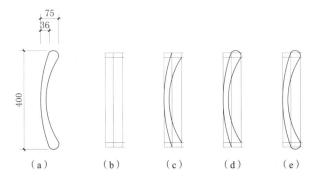

图 4-47　绘制衣架图形的步骤

"剪切"绘制完成的衣架（或按 Ctrl+X 组合键），然后"粘贴为块"（或按 Shift+Ctrl+V 组合键）备用。

3）执行"直线"命令，开启"正交"模式，在卧室临近门处的新建墙体之间分别在距墙 500、600 位置绘制两条水平直线，如图 4-48（a）所示。

4）执行"矩形"命令，在新建墙体的 500 内空绘制矩形；执行"偏移"命令，将矩形框线以 25 向内偏移，完成柜内板轮廓绘制，如图 4-48（b）所示。

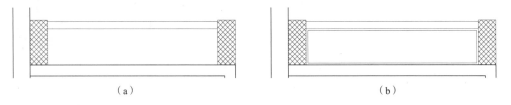

图 4-48　绘制衣柜平面图形 1

5）执行"分解"命令，选择偏移的矩形进行分解；将分解后的矩形上部水平线删除。执行"延伸"命令，将分解后的矩形的上部端头延伸到上部水平直线上。执行"直线"命令，捕捉两竖向直线中点绘制一条水平直线，然后以 20 距离向上偏移，作为挂衣杆，如图 4-49（a）所示。

6）执行"移动"命令，将绘制的衣架移到柜内挂衣杆上。执行"复制"命令，开启"正交"模式，将衣架沿水平方向任意复制多个，如图 4-49（b）所示。

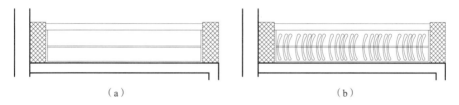

（a）　　　　　　　　　　　（b）

图 4-49　绘制衣柜平面图形 2

7）执行"绘图"→"点"→"定数等分"命令，选择最上面的水平直线，在命令行中输入"4"，按 Enter 键。捕捉等分点绘制直线，如图 4-50（a）所示。

定数等分（DIV）（练习）

8）执行"矩形"命令，参照水平线上的等分线，在衣柜上部左侧以 610×20 绘制矩形推拉门扇；执行"复制"命令，关闭"正交"模式，将矩形推拉门扇向右侧方向复制到门洞中心位置；执行"镜像"命令，开启"正交"模式，将左侧门扇镜像复制到衣柜右侧。删除辅助线，结果如图 4-50（b）所示。

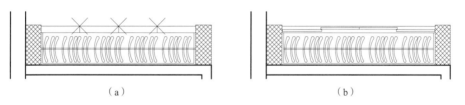

（a）　　　　　　　　　　　（b）

图 4-50　绘制衣柜平面图形 3

（2）绘制双人床

床是卧室家具中最主要的用具，床的形式主要有双人床、单人床、高低床、折叠床等。各种形式的床其规格尺寸也不同，如双人床的尺寸有 2000×1500、2000×1800、2000×2000 等，我们可从中发现一个基本共同的尺寸，就是它的长度都是 2000，这是符合人通常的生理要求的。

本施工图范例文件中的双人床是通过"插入块"命令调入到图中的，其规格尺寸为2000×1850，如图 4-51 所示。

从图 4-51 所示的图中可以看到，床的构成包括床靠板、枕头、床垫、床单等。绘制时可按这些元素进行。下面介绍其绘制步骤和方法。

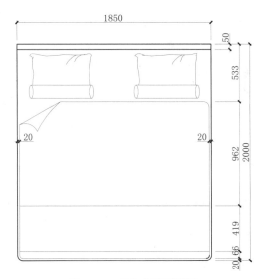

图 4-51　双人床平面图形

1）执行"矩形"命令，绘制 2000×1850 的矩形。执行"圆角"命令，以 50 半径对矩形下部的两角执行倒圆角。执行"偏移"命令，将矩形向内偏移 20。执行"拉伸"命令，开启"正交"模式，窗交模式选择内侧矩形的上半部，向下拉伸 513（表示被单）。执行"分解"命令，窗交模式选择所有图形进行分解。执行"偏移"命令，将外围矩形上部水平直线向下偏移 50（床靠板）。以上操作结果如图 4-52（a）所示。

2）执行"直线"命令，关闭"正交"模式，在被单图形的左上角绘制一条斜线。执行"圆弧"命令，捕捉斜线在床单图线的交点，绘制两条圆弧线（表示床单翻开的折角）。执行"矩形"命令，在被单右上角的空白处绘制 580×120 的矩形。执行"椭圆"命令，捕捉矩形端头的端点绘制椭圆。执行"偏移"命令，选择第三条水平线，分别以 962、419 的距离向下偏移两条直线。以上操作结果如图 4-52（b）所示。

（a）

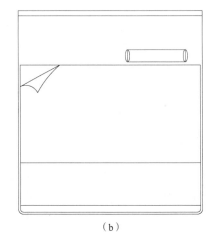

（b）

图 4-52　绘制双人床 1

3）执行"样条曲线"命令，关闭"正交"模式，绘制枕头轮廓线（注意图形特征）。执行"修剪"命令，将被单折角的多余线段和椭圆内的直线线段进行修剪，如图 4-53（a）所示。

4）执行"复制"命令，开启"正交"模式，选择绘制的枕头向左复制一个，如图 4-53（b）所示。

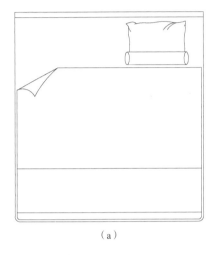
（a）

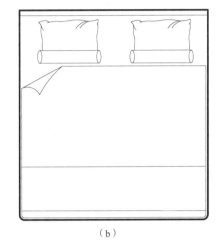
（b）

绘制书房、书柜、双人沙发、小茶几（练习）

绘制书房书桌椅、书柜（练习）

图 4-53　绘制双人床 2

在本范例施工图文件中，卧室床头柜的样式借用了客厅茶几的样式，这在平面布置图的绘制中也是允许的。卧室的其他家具相对简单，不再赘述。

与上述方法一样，图样绘制完成之后，即可创建"图块"，并根据设计放到对应的空间位置。

提示：双人床的样式有很多，实际工作中通常是从图库中选择对应的图样插入图纸中，这些样式也都是设计人员在平时通过软件绘制出来的。因此，熟练掌握和应用软件绘制各种图样，是设计专业人员必备的技能。本书不厌其烦地对绘制步骤和方法进行讲解，其目的就是启发学生的分析、创新能力。

4.3.5　绘制软装元素

软装是相对硬装而言的，是装修后期布置的窗帘、布艺、工艺挂饰、绿化、灯饰、装饰画等元素。本施工图范例文件中的平面布置图中的软装元素主要为窗帘和绿化植物。

1. 绘制窗帘

窗帘在平面布置图中以波浪线为主要表现形式，由波浪线和拉伸方向的箭头组合而成，如图 4-54 所示。

图 4-54　窗帘平面图形

1）新建"P-08 窗帘"图层，并设置为当前操作图层，如图 4-55 所示。

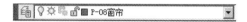

图 4-55　将窗帘图层设为当前图层

2）绘制如图 4-54（a）所示的窗帘图样。

如图 4-54（a）所示的窗帘图样，其尺寸如图 4-56 所示。

图 4-56　窗帘样式（a）的尺寸

① 执行"直线"命令，绘制一条长约 480 的水平直线。执行"复制"命令，开启"正交"模式，选择水平直线按照 13、17、17、13 的距离依次向下复制。执行"直线"命令，捕捉上端水平直线和下端水平直线，绘制垂直方向的一条直线。执行"偏移"命令，选择垂直方向的直线，以 26 的偏移距离依次复制若干条垂直直线，完成窗帘样式的辅助线绘制，如图 4-57 所示。

图 4-57　绘制窗帘样式（a）的辅助线

② 执行"多段线"命令，开启"正交"模式，开始以下操作。

a. 单击捕捉辅助线中间位置水平直线的左侧端点，向右拉伸捕捉到与第一条垂直方向的直线的交点，单击后转向上方移动，至辅助线交点处单击。

b. 根据命令行提示，输入"A"，按 Enter 键，启用"圆弧"命令。按住鼠标左键并向右移动鼠标，绘制半圆弧线至右侧辅助线交点处单击。

c. 根据命令行提示，输入"L"，按 Enter 键，启用"直线"命令。按住鼠标左键并向下方移动鼠标，至第四条水平辅助线的交点处单击。

d. 根据命令行提示，输入"A"，按 Enter 键，再次启用"圆弧"命令。按住鼠标左键并向右移动鼠标，至右侧辅助线交点处单击。至此，图形绘制如图 4-58 所示。

图 4-58 窗帘样式（a）的绘制 1

③ 执行"多段线"命令，按照上述步骤方法不断重复操作至右端中间的辅助线交点处，绘制结果如图 4-59 所示。

图 4-59 窗帘样式（a）的绘制 2

④ 继续执行"多段线"命令，在如图 4-59 所示的窗帘线位置，继续启用"直线"命令，向右侧移动鼠标，在命令行中输入 100，按 Enter 键。根据命令行提示，输入"W"，按 Enter 键；在命令行中输入起点线宽 30，按 Enter 键；继续向右移动鼠标，在命令行中输入端点线宽 0，按 Enter 键；在命令行中输入 115，按 Enter 键。结束窗帘图线的绘制，如图 4-60 所示。

图 4-60 窗帘样式（a）的绘制 3

提示： 用"多段线"命令绘制的图形，可同时根据图形的变化编辑直线、弧线和线宽，并成为一体。

3）绘制如图 4-54（b）所示的窗帘图样。

如图 4-54（b）所示的窗帘图样，其尺寸如图 4-61 所示。

图 4-61 窗帘样式（b）的尺寸

① 执行"圆"命令，绘制半径为 18 的圆；执行"复制"命令，开启"正交"模式，选择圆向右复制 48，结果如图 4-62（a）所示。

② 执行"圆"命令，启用"相切、相切、半径"模式，"相切"捕捉两个圆下部相邻部位的线上，在命令行中输入半径 18，按 Enter 键。绘制半径为 18 的相切圆，如图 4-62（b）所示。

③ 执行"直线"命令，开启"正交"模式和"对象捕捉追踪"模式，捕捉圆的相切点，绘制一条水平直线，如图 4-62（c）所示。

④ 执行"修剪"命令，以水平直线为修剪边界，修剪圆弧线，如图 4-62（d）所示。

⑤ 执行"删除"命令，选择水平直线，删除直线，如图 4-62（e）所示。

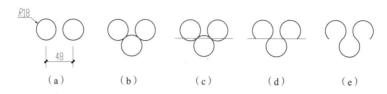

图 4-62　窗帘样式（b）的绘制 1

⑥ 执行"复制"命令，选择如图 4-62（e）所示的右侧圆和下侧圆，"十字光标"捕捉左侧圆的圆心，然后捕捉右侧圆的圆心，完成第一组曲线的复制；重复上述操作，结果如图 4-63（a）所示。

⑦ 执行"直线"命令，开启"正交"模式，使用"拾取光标"模式单击最右侧圆弧端点，向右移动鼠标，在命令行中输入 100，按 Enter 键，结果如图 4-63（b）所示。

⑧ 执行"直线"命令，关闭"正交"模式，使用"拾取光标"模式单击直线右侧端点，向左上方移动鼠标拖动出一条斜线，在命令行中输入 54，按 Enter 键。开启"正交"模式，执行"镜像"命令，选择斜线，选择水平直线为镜像水平轴，将斜线镜像到水平直线的下方，结果如图 4-63（c）所示。

图 4-63　窗帘样式（b）的绘制 2

2. 绘制植物

在室内设计中，植物并不是施工图重要的绘制内容，在平面布置图中可有可无，多是起点缀作用。在实际制图工作中，很少有设计师亲自来绘制植物，而是从图库中选择植物图例插入图中。

绿植 1（练习）

绿植 2（练习）

（1）植物图例

植物图例的形式繁多，有写实性的正投影图形，有抽象性的图案，如图 4-64 所示。

图 4-64　植物图样

绿植 3（练习）

（2）植物图例的绘制

绘制平面布置图中的植物图样，也应符合正投影的规律。按照植物的水平投影，通常是在圆形的范围内，绘制一组具有典型特征的图形，然后执行"环形阵列"命令，围绕圆的中心展开。下面以图4-64所示的其中一个植物图例介绍绘制方法。

1）执行"圆"命令，绘制直径为240、340、450、600的同心圆；执行"圆弧"命令，捕捉圆心和最小圆的弧线任何一点，绘制一片叶形，如图4-65（a）所示。

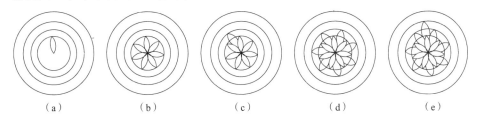

（a）　　　　　（b）　　　　　（c）　　　　　（d）　　　　　（e）

图4-65　植物平面图样的绘制1

2）执行"环形阵列"命令，在打开的"阵列"对话框中设置"项目总数"为7、"填充角度"为360，选中"复制时旋转项目"复选框，如图4-66所示。选择圆环中的叶片，拾取中心点为圆心，预览无误后，单击"确定"按钮，完成第一组环形阵列，如图4-65（b）所示。

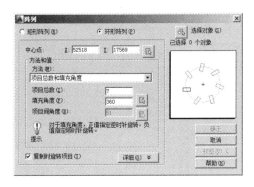

图4-66　"阵列"对话框

绘制旱景小品
（练习）

3）执行"圆弧"命令，捕捉圆心外的第二条圆弧线上任何一点，绘制第一组环形阵列图形之外的一片叶形，如图4-65（c）所示。

4）执行"环形阵列"命令，在打开的"阵列"对话框中设置同前。选择新绘制的叶片，拾取中心点为圆心，预览无误后，单击"确定"按钮，完成第二组环形阵列，如图4-65（d）所示。

5）执行"圆弧"命令，捕捉圆心外的第三条圆弧线上任何一点，绘制第二组环形阵列图形之外的一片叶形，如图4-65（e）所示。

6）执行"环形阵列"命令，在打开的"阵列"对话框中设置同前。选择新绘制的叶片，拾取中心点为圆心，预览无误后，单击"确定"按钮，完成第三组环形阵列，如图4-67（a）所示。

7）执行"圆弧"命令，捕捉圆心外的第四条圆弧线上任何一点，绘制第三组环形阵列图形之外的一片叶形，如图 4-67（b）所示。

8）执行"环形阵列"命令，在打开的"阵列"对话框中设置同前。选择新绘制的叶片，拾取中心点为圆心，预览无误后，单击"确定"按钮，完成第四组环形阵列，如图 4-67（c）所示。

9）执行"圆弧"命令，捕捉圆心外的第四条圆弧线上任何一点，绘制第三组环形阵列图形之外的两片叶形，如图 4-67（d）所示。

10）执行"环形阵列"命令，在打开的"阵列"对话框中设置同前。选择新绘制的两片叶片，拾取中心点为圆心，预览无误后，单击"确定"按钮，完成第五组环形阵列，如图 4-67（e）所示。

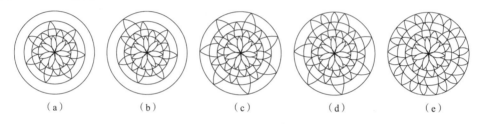

图 4-67　植物平面图样的绘制 2

删除圆形辅助线，将图样创建为"块"，结果如图 4-68 所示。

图 4-68　植物平面图样范例

4.3.6　绘制立面索引符号和引线

1. 绘制立面索引符号

1）单击"图层控制"下拉按钮，在弹出的下拉列表中选择"02-标注"图层，使之成为当前图层。

2）执行"矩形"命令，绘制 10×10 的正方形；执行"圆"命令，开启"对象捕捉"模式，在命令行中输入"2P"（两点画圆法），捕捉矩形两侧线段中点，绘制直径为 10mm 的内切圆，如图 4-69（a）所示。

3）执行"旋转"命令，选择矩形和圆，旋转 45°；执行"直线"命令，捕捉矩形对角的两端点，绘制水平直线，如图 4-69（b）所示。

4）执行"修剪"命令，选择水平直线为修剪边界，选择下侧两斜线，将其修剪；

执行"填充"命令，选择 SOLID 图案对圆外三角形区域进行填充，如图4-69（c）所示。

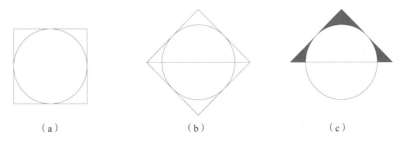

（a）　　　　　　　　　（b）　　　　　　　　　（c）

图4-69　立面图索引符号的绘制

5）执行"绘图"→"块"→"定义属性"命令，在打开的"属性定义"对话框中，对各项参数进行设置，如图4-70所示。

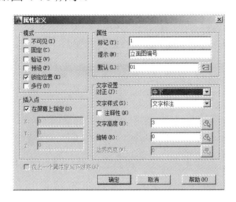

图4-70　"属性定义"对话框

6）单击"确定"按钮，返回绘图区，单击捕捉索引符号水平直线作为插入点，结果如图4-71（a）所示。

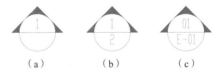

（a）　　　　　　　（b）　　　　　　　（c）

图4-71　定义属性

7）执行"定义属性"命令，在打开的"属性定义"对话框中的"标记"文本框中输入 2，在"文字设置"选项组的"对正"下拉列表中选择"中上"选项，在"文字样式"下拉列表中选择"尺寸标注"选项，在"文字高度"文本框中输入 3.000，如图4-72所示，单击"确定"按钮。

8）返回绘图区，单击捕捉索引符号的水平直线作为插入点，结果如图4-71（b）所示。

9）执行"创建块"命令，打开"块定义"对话框，如图 4-73 所示。单击"选择对象"按钮，在绘图区选择索引编号及其属性，返回"块定义"对话框，单击"确定"按钮。

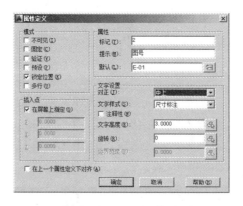

图 4-72　设置图号参数

图 4-73　"块定义"对话框

10）打开"编辑属性"对话框，如图 4-74 所示。对话框中的"图号"文本框中为立面图所在图纸编号的原始值 E-01，"立面图编号"文本框中为立面图编号的原始值 01，单击"确定"按钮。此时，原索引符号的数值改变为如图 4-72（c）所示。

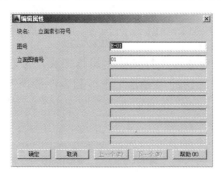

图 4-74　"编辑属性"对话框

至此，绘制的图形与文字已成为整体（图块），并附有可编辑的属性。

11）单击索引符号，打开"增强属性编辑器"对话框，如图 4-75 所示，可分别对标记的"属性"、"文字选项"和"特性"进行设置。单击标记 2，将原值 E-01 改为 E-13；单击标记 1，将原值 01 改为 05，单击"确定"按钮。

12）在"增强属性编辑器"对话框中，单击"确定"按钮，索引符号的值即被更改，结果如图 4-76 所示。

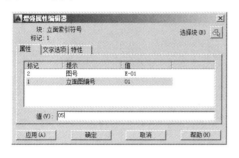

图 4-75　"增强属性编辑器"对话框

图 4-76　编辑后的索引符号

2. 绘制引线

立面索引符号的标注有两种方式，一种是将立面索引符号放到平面图中的各房间进行指向，另一种是将立面索引符号放在图外，然后通过引线对空间各面进行指向，这种做法可避免索引符号对图面布局空间的影响。本范例施工图的立面索引符号标注，就是采用的第二种方式，标注形式如图 4-77 所示。

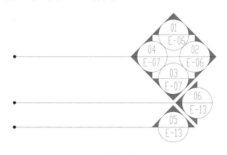

图 4-77　立面索引符号的各种引线形式

引线又称为"快速引线"，在绘制前需要对引线进行设置，下面介绍"快速引线"的设置与绘制方法。

1）执行"快速引线"命令，根据命令行提示，输入"S"，按 Enter 键，打开"引线设置"对话框，如图 4-78 所示。

2）选择"注释"选项卡，由于不需要附带文字，故在"注释类型"选项组中选中"无"单选按钮。

3）选择"引线和箭头"选项卡，选中"直线"单选按钮，箭头类型选择"点"，选中"无限制"复选框，如图 4-79 所示。

4）单击"确定"按钮，返回绘图区。在平面布置图中各区域的中央单击拉出水平线，参照如图 4-77 所示的引线形式与索引符号连接。引线结果如图 4-1 所示。

图 4-78 "引线设置"对话框

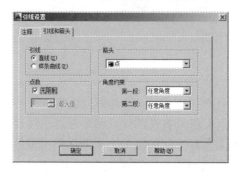

图 4-79 "引线和箭头"选项卡

4.3.7 标注尺寸

平面布置图中的尺寸标注，除了保留建筑剖面图中的轴线尺寸，应根据空间的重新布局和分割，对各房间的净空尺寸和主要装饰构件进行标注。

标注尺寸的方法可参照单元 3 绘制建筑平面图中的标注尺寸的样式设置及操作方法，这里不再赘述。需要提示的是，标注尺寸仍然是在布局空间操作，并且根据视口中设定的图样比例新建标注样式，尤其应注意对测量单位比例因子的对应设置，如视口中的图样比例设为 1∶75，则测量单位比例因子应改为 75，如图 4-80 所示。

图 4-80 设置测量单位比例因子

4.3.8 标注文字

平面布置图中的文本注释包括各房间或区域的功能名称、标高、图名和比例，以及标题栏中的文字内容修改等。这些内容的操作，均将前图绘制的内容复制到平面布置图中，只需要对复制的内容进行修改即可。操作方法参见单元3的相关内容，这里不再赘述。至此，平面布置图的绘制全部完成。最后结果如图4-81所示。

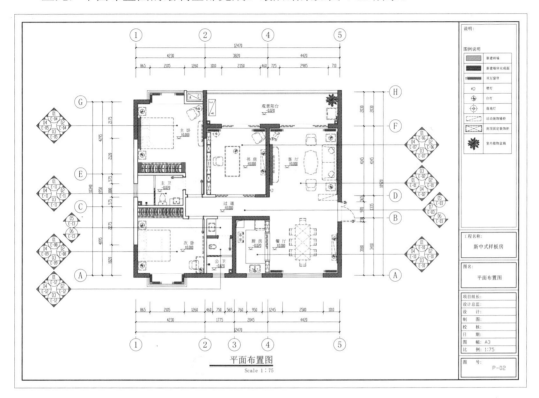

图4-81 完成的平面布置图

思考与练习

布局空间标注以及标题栏填写注意事项（练习）

一、思考题

1. 平面布置图是基于什么图绘制的？其图示内容有哪些？

2. 立面索引符号起什么作用？绘制方法除了本单元介绍的，还可以采用什么方法？

3. 内部块和写块有什么区别？

4. 定义属性有什么特点？如何操作？

二、选择题

1. 修改标注样式的设置后，图形中（　　）将自动使用更新后的样式。

　　A. 使用修改样式的所有标注　　B. 当前图层上的所有标注

C. 当前选择的尺寸标注　　　　　　D. 除了当前选择以外的尺寸标注

2. "拉伸"命令在选择拉伸对象时，应采用（　　　）方式。

A. 窗口　　　　　B. 窗交　　　　　C. 点选　　　　　D. 激活夹点

3. 复制对象的方法包括（　　　）。

A. 阵列　　　　　B. 偏移　　　　　C. 拉伸　　　　　D. 复制

三、实训操作

1. 绘制本单元未进行讲解的其他家具图形。

2. 试用与本单元不同的方法绘制家具、设备和其他图形。

3. 抄绘本单元的平面布置图。

绘制地面铺装平面图

- 地面铺装平面图概述
- 地面铺装平面图的绘制流程
- 地面铺装平面图的绘制步骤与方法

5.1 地面铺装平面图概述

地面铺装平面图是在平面布置图的基础上进行的，首先是在布局空间将平面布置图连同图框进行复制，然后在复制的图中修改绘制。绘制之前，我们先来了解一下地面铺装平面图的作用和图示内容。

5.1.1 地面铺装平面图的作用

地面铺装平面图是用来表示地面铺设的材料及铺装形式的图样。在地面铺装平面图中，不需要绘制室内家具及活动的物品，只需要绘制地面所使用的材料和固定于地面的设备与设施的位置和形状。相当于把地面上任何可以挪动的物体去掉之后所展现的地面装饰平面形态。

在地面做法比较简单的情况下，可以不用单独绘制地面铺装平面图，只需要在室内平面布置图上标注地面的材料及做法即可。例如，当整个房间都是用同一种规格的瓷砖平铺时，只需要在室内平面布置图上标注表面铺装的材料名称和规格，如"满铺 800×800米白色瓷砖"。如果地面做法较复杂，或有多种材料的搭接，或有拼花图案和色彩的变化，就需要单独绘制地面铺装平面图，方能完整清晰地展现地面装饰。

5.1.2 地面铺装平面图的图示内容

1. 地面铺装的材质

地面铺装的材质种类众多，包括各种规格的卷材、板材、块材、涂料等。
材质的图示内容：一方面是表现材料的装配形式，另一方面是反映材料表面的图案、

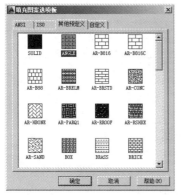

图 5-1 "填充图案选项板"对话框

纹理、质感等具有特征的图形。这些图形在装饰施工图中的表达形式，可参照国家制图标准中的图例来绘制。在 AutoCAD 中，通常是应用"填充"命令，在打开的"图案填充和渐变色"对话框中单击"图案"右侧的按钮打开"填充图案选项板"对话框，如图 5-1 所示，然后选择其中与地面使用材质对应的填充图案进行填充即可。

2. 地面材质的规格尺寸

在表现地面铺装的材料时，对于具有一定规格尺寸的块材地面（如各种规格的石材板、陶瓷地砖、拼块地毯等），其表现形式均需要根据实际材质的平面规格尺寸进行绘制。例如，800×800 抛光地砖，应严格按照 800 的规定尺寸进行绘制。绘制的方法有多种，在本单元的绘制步骤与方法章节中，将会详细介绍。

3. 地面铺装的方式

（1）规格板的铺装方式

地面铺装材料可以通过不同规格、不同色彩的组合，形成变化多样的铺装图案。以规格为 200×100 的透水砖为例，其常见铺装的方式有平铺、斜铺、工字铺、人字铺、田字铺等。常见地面铺装图案组合方式的图示内容如图 5-2 所示。

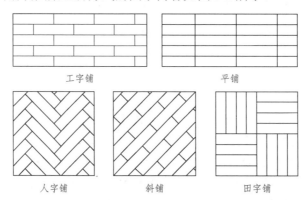

图 5-2 一种规格多种图案组合的地面铺装方式

（2）拼花地板的铺装方式

拼花地板是根据设计师的设计图案，将各种形状、纹理、颜色和质地的材料进行拼接组合，如图 5-3 所示。而这种拼接组合，是需要在图纸上严格按照设计意图进行绘制的。

4. 铺装的起始点

块状地板的铺装材质，其规格往往在出厂时已经确定（现场加工的材料除外）。在进行铺贴时，铺贴场地大小不一定为材料的整数倍，这就要根据现场的实际尺寸对材料进行切割。通常的做法，是在房间的入口处铺设整模数的板材，而将非整模数的板材铺设到房间的里侧不易被直接观察到的角落处。因此，需要在图纸上确定铺装的起始点。确定铺装起始点的原则是，在明显处尽量为整模数的板材，而在不明显的边角部位尽量为非整模数的板材。例如，入口的位置尽量使用整块砖，而家具遮挡的位置、墙角等尽量为非整块砖。地面铺装起始点的图形为填充黑色的等边三角形，绘制的图示内容如图 5-4 所示。

图 5-3　石材地面铺装图案

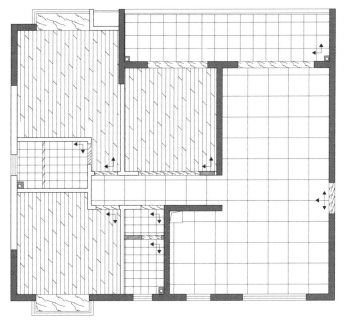

图 5-4　地面材料铺贴起始点的绘制

5. 地面铺装的标高及排水坡度

在地面铺装平面图中，还需要标识地面的标高和地面的排水坡度。

地面的标高是指地面装饰材料铺装完成后的相对标高，其表现形式可参照单元 1 的标高符号内容进行绘制。本范例图样中的标高注释，其标高代号采用英文缩写字母 FFL 表示，标高数字采用阿拉伯数字，以 m 为单位，书写到小数点后 3 位。例如，标注"FFL=±0.000"，则表示铺装完成后的地面标高为±0.000。

排水坡度通常是在厨房、卫生间、阳台等有水的空间地面，需要标注地面排水的坡度和方向，排水坡度一般为 2%～3%，而排水坡度一般应指向地漏或蹲厕，因此在地面铺装平面图中，地漏往往与排水坡度配套绘制。绘制形式是采用指向箭头附加坡度值。

在居室地面铺装平面图中，卧室、客厅等房间的地面是不需要考虑排水坡度的。

6. 文本注释

在地面铺装平面图中应标注必要的文字性说明。其内容包括材质的名称、规格尺寸、铺装方式、铺贴后的地面标高、排水坡度等。地面铺装平面图文本标注的图示内容如图 5-5 所示。图中材质名称对应相应的材料编号，见《装饰材料终饰范例表》，如图中编号为"CT-01"的材料，查阅表中的材料编号，得知该材料为仿大理石灰色抛光砖（800×800）。

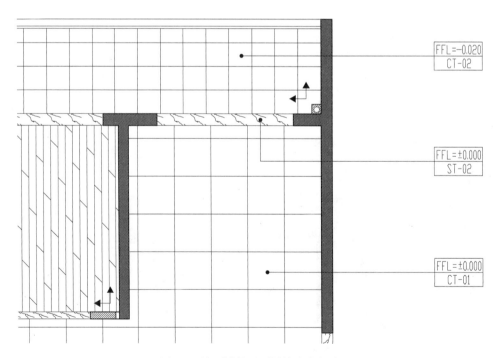

图 5-5 地面铺装平面图的文本标注

5.2　地面铺装平面图的绘制流程

地面铺装平面图的所有构架图样绘制，均是在模型空间完成的，一般按照如下流程进行。

1. 绘制地面材料分格线、纹理及图案

地面铺装平面图一般以建筑平面图或平面布置图为绘制基础，在建筑平面图中依据不同空间位置的地面铺贴材料的不同，根据不同材料的规格、质地和铺装方式绘制分格线、纹理及拼花图案。在 AutoCAD 中绘制地面铺装材料的分格线和纹理，主要采用"填充"命令，拼花图案等其他形状，则可综合应用软件中的"样条曲线""直线""圆弧""偏移""复制""修剪"等命令来完成。

2. 绘制各种符号

地面铺装平面图中的符号较为简单，一般包括地面铺贴起始点、剖切符号、材料注释编码及标高等符号标注，原则上按照国家制图标准对符号的相关规定来绘制。

3. 标注尺寸及文字

在完成图样绘制之后，在布局空间进行尺寸标注。由于是在布局空间标注尺寸，为了使标注尺寸得到正确的反映，应根据视口中的图样比例新建标注样式，对测量比例因子的参数进行调整，其做法详见本单元的绘制步骤与方法。

地面铺装平面图中的文字标注，包括各种文字说明、图名及比例。文字样式原则上与其他平面图的文字注释相一致，不需另行设置。文字的输入可应用"单行文本"或"多行文本"进行注释。

5.3　地面铺装平面图的绘制步骤与方法

绘制地面铺装平面图可以在布局空间中由视口进入模型空间进行绘制。本单元以范例图样为例，按照上述地面铺装平面图的绘制流程，学习应用 AutoCAD 软件绘制地面铺装平面图的步骤与方法。

5.3.1　设置绘图环境

1. 另存文件

执行"文件"→"打开"命令，打开已经绘制完成的建筑平面图作为基础模板，执行"文件"→"另存为"命令，在打开的"图形另存为"对话框中将其另存为"地面铺

装平面图"文件,如图 5-6 所示。

图 5-6　"图形另存为"对话框

提示:由于地面铺装平面图是在建筑平面图的基础上绘制的,因此绘图单位和图形界限及建筑平面图的图层等设置均继续留用,不再进行重复的设置。若需要重新设置,设置方法参见 3.3.1 节的步骤。

2. 设置图层状态

文件另存后,在布局空间的视口内双击,由视口进入模型空间进行绘制。

提示:双击视口之前,切记将视口"锁定",否则会使视口中的图形比例和位置发生改变,造成诸多麻烦。视口的锁定方法参见单元 3。

1)在当前视口中冻结与地面铺装平面图无关的图层。选择与当前绘制内容无关的图元,使之所在图层在"图层控制"窗口得到显示,如图 5-7 所示。

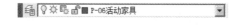

图 5-7　选择与当前绘制内容无关的图层

提示:在当前视口中关闭、冻结和锁定图层,并不影响其他视口中图形的显示。

2)单击与当前绘制内容无关的图层前的第三个图标 （即"在当前视口中冻结或解冻"),单击该图标使之成为冻结状态,如图 5-8 所示。此时,该图层中的所有图元在图中消失。

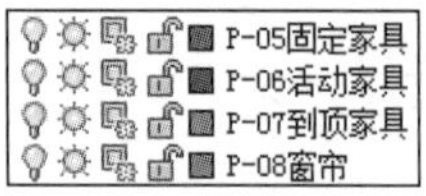

3. 新建图层

1)新建图层。单击 按钮,打开"图层特性管理器"窗口。单击"新建图层"按钮 ,建立新的图层。

图 5-8　冻结图层

2)修改新建图层的名称。双击新建图层的名称,使其呈选中状态,然后输入新的

图层名称 "P-13 地面灯具" 和 "P-14 地材"。

3）修改新建图层的颜色。双击 "P-13 地面灯具" 图层的颜色选项色块按钮，在打开的 "选择颜色" 对话框中设置颜色为 "31"；双击 "P-14 地材" 图层的颜色选项色块按钮，在打开的 "选择颜色" 对话框中设置颜色为 "251"。新建图层的完成结果如图 5-9 所示。

状..	名称		开	冻结	锁..	颜色	线型	线宽	透明度	打印..	打.	新.	说明
◢	P-13地面灯具		♀	☼	🔓	□ 31	Contin...	—— 默认	0	Colo...	🖨	🖼	
◢	P-14地材		♀	☼	🔓	■ 251	Contin...	—— 默认	0	Colo...	🖨	🖼	

图 5-9　新建图层

5.3.2　绘制地面材料分区分格线

进行地面材质填充之前，需要绘制地面材料分区分格线，让所填充区域形成闭合的图形。

1）绘制门洞门槛线。执行 "直线" 命令，开启 "正交" 模式，开启 "对象捕捉" 的 "端点" 捕捉模式，选择门洞一侧墙体的端点，向下拉出一条垂直线，捕捉到门洞另一侧墙体的端点，按 Enter 键。使用同样方法绘制另一条垂直线，使两条直线与墙厚等宽，完成门洞处门槛线的绘制，结果如图 5-10 所示。

2）在室内同一区域绘制不同材质、不同标高的分格线。当同一室内区域有两种以上材料时，需要绘制材料分格线。当区域内有两种以上标高时，也需要绘制材料分格线。用上述同样的方法对室内所有房间分区在门洞口的位置，以及地面形成高差的边界，均绘制直线进行封闭。

3）绘制窗台线。执行 "直线" 命令，开启 "正交" 模式，开启 "对象捕捉" 的 "端点" 捕捉模式，选择主卧窗台处左侧墙角的端点，绘制水平直线至另一侧墙体的端点，按 Enter 键，结果如图 5-11 所示。

图 5-10　绘制门槛线

图 5-11　绘制窗台线

绘制地面波打线
（练习）

采用同样的方法绘制其他窗台线。

所有材料分区分格线绘制完成后，结果如图 5-12 所示。

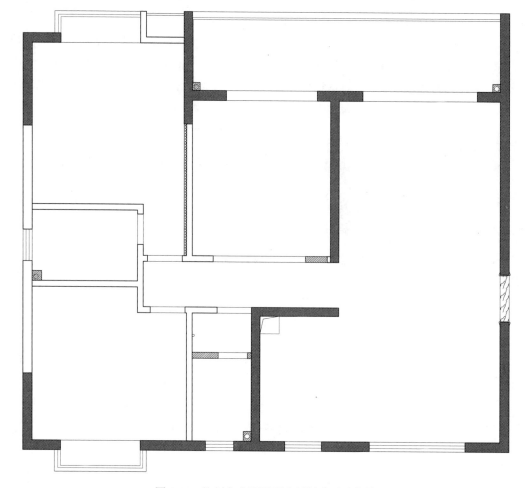

图 5-12　绘制完成地面所有材料分区分格线

5.3.3　填充地面材料纹理

1. 设置地面图层作为当前操作图层

单击"图层控制"下拉按钮，在弹出的下拉列表中选择"P-14 地材"图层，使之成为当前层，如图 5-13 所示。

2. 分区填充地材图案

图 5-13　将地面图层作为当前图层

根据图 5-5 中的注释，查阅《装饰材料终饰范例表》，得知本范例图样的地面分区材料共有 6 种：卧室地面满铺复合实木地板（WF-01），主卧窗台铺贴爵士白天然大理石（ST-01），门槛铺贴中国红天然大理石（ST-02），客厅、餐厅及厨房铺贴 800×800 仿大理石灰色抛光砖（CT-01），卫生间铺贴 300×300 米黄色仿古地砖（CT-03），阳台铺贴 500×500 土黄色仿古地砖（CT-02）。

上述 6 种地面材料可用两种方法来绘制，一种是需要绘制地面材料的图案及纹理，另一种是只需要按照材料的规格尺寸绘制地面材料分格线。下面分别介绍这两种绘制方法。

（1）绘制地面材料的图案及纹理

下面以卧室地面满铺复合实木地板为例，对卧室的地面进行填充。

执行"填充"命令（或在命令行中输入"H"，按 Enter 键），在打开的"图案填充和渐变色"对话框中，单击"添加：拾取点"按钮，切换到到绘图区。将拾取光标移至需要填充的范围内（注：必须是封闭的范围），单击选择填充范围，使填充范围以虚线框显示，按 Enter 键。返回"图案填充和渐变色"对话框，单击"图案"右侧的按钮，在打开的"填充图案选项板"对话框中，选择"DOLMTT"图案，如图 5-14 所示，单击"确定"按钮。

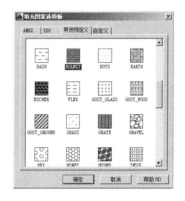

图 5-14　在"填充图案选项板"对话框中选择图案

返回"图案填充和渐变色"对话框，对"角度和比例"分别进行设置。其中，"角度"是根据铺设方向而设定的，若没有特殊要求则设为 0；"比例"则需要根据预览的填充效果多次调整参数而定，其规律是，参数越大则图案形状越大、越疏松，参数越小图案形状越小、越密集。

当预览效果符合要求时，单击"确定"按钮即可完成图案填充。

门槛、窗台大理石图案也使用上述同样步骤进行填充。

填充完成的结果如图 5-15 所示。

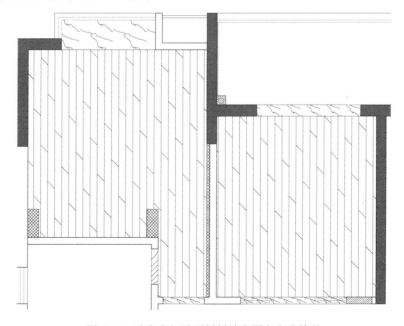

图 5-15　卧室空间地面材料填充图案完成结果

以此方法对其他卧室地面进行填充，不再赘述。

（2）按照地砖的规格尺寸绘制铺装分格线

按照地砖的规格尺寸绘制铺装分格线，可以有两种方法选择：一种是应用"填充"命令进行填充，另一种是利用"直线"命令及"复制""偏移""修剪"等命令进行绘制。下面分别介绍用这两种方法来绘制范例图样中的客厅、餐厅及走廊地面 800×800 仿大理石灰色抛光砖。

1）应用"填充"命令进行填充。

① 执行"填充"命令，在打开的"图案填充和渐变色"对话框中，单击"添加：拾取点"按钮，选择客厅及餐厅地面区域（注：此区域已呈封闭状态），使之所选范围的边界显示为虚线。

返回"图案填充和渐变色"对话框，进行如下操作。对话框中的各项设置如图 5-16 所示。

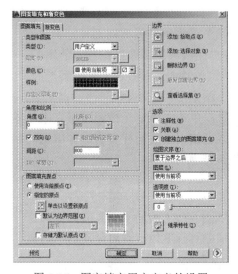

图 5-16　图案填充用户定义的设置

② 单击"类型"下拉按钮，在弹出的下拉列表中选择"用户定义"选项。此时，在"样例"文本框中显示为水平方向单向排列的直线。

③ 选中"双向"复选框，此时，"样例"文本框中显示为双向排列的纵横直线（方格状）。

④ 将"间距"文本框中的数值改为 800。

⑤ 在"图案填充原点"选项组中选中"指定的原点"单选按钮，此时"单击以设置新原点"亮显，单击该按钮，屏幕切换到绘图区，捕捉走廊尽头的内下角交点，返回"图案填充和渐变色"对话框，单击"预览"按钮，填充区域显示图形。

⑥ 按 Enter 键返回"图案填充和渐变色"对话框，单击"确定"按钮，完成此项填充操作。

2）采用"直线"等命令进行绘制。

首先确定地砖铺贴的起始点。从范例图样中可以看到，地砖的铺贴起始位置是从入户大门开始的，以 800 的整砖规格尺寸向内部展开平铺。

同时，从范例图样中还可以看到，在走廊区域，是将整块地砖排列在走廊的中轴位置，而将非整模数的边料砖排列在两侧墙边。因此，我们首先应以走廊尽头墙线的中心为基准点，画出走廊中心水平基准线。

① 打开"正交"和"对象捕捉"模式。

② 执行"直线"命令，捕捉走廊尽头墙面线的中点，向右移动到入户门槛线的垂足点上，绘制一条水平方向的直线，结果如图 5-17 所示。

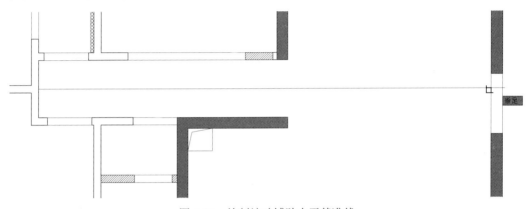

图 5-17　绘制地砖铺贴水平基准线

③ 执行"偏移"命令，以 400 的偏移量，将水平基准线分别向上下偏移 400，随即将原水平基准线删除，结果如图 5-18 所示。

图 5-18　偏移绘制 800 宽水平基准线

④ 执行"偏移"命令，以 800 的偏移量，将水平基准线分别向上下偏移 800，满铺客厅、餐厅和厨房的地面，完成结果如图 5-19 所示。

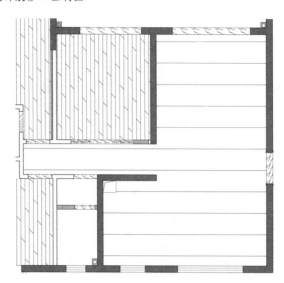

图 5-19　完成地砖水平方向的分格线绘制

　　⑤ 执行"直线"命令，打开"正交"和"对象捕捉"模式。捕捉平面图客厅右侧墙上端转角的交点处单击，向下拉出一条垂直线至客厅右侧墙下端转角的交点处，按 Enter 键结束。

　　⑥ 执行"偏移"命令，以 800 的偏移量，将该垂直线向左侧偏移，至走廊尽头结束，满铺客厅、餐厅和厨房的地面，结果如图 5-20 所示。

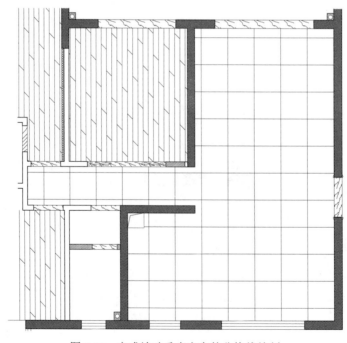

图 5-20　完成地砖垂直方向的分格线绘制

⑦ 执行"修剪"命令，对偏移到地砖铺设区域以外的线段进行修剪，结果如图 5-21 所示。

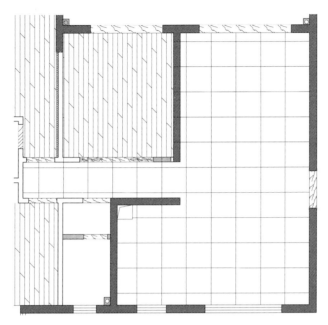

图 5-21 经修剪调整后客厅、餐厅及厨房地面地砖铺装的最终结果

用上述同样的方法，绘制卫生间、阳台等空间的地面砖。至此，所有的地面装饰材料铺设图样全部绘制完成，结果如图 5-22 所示。

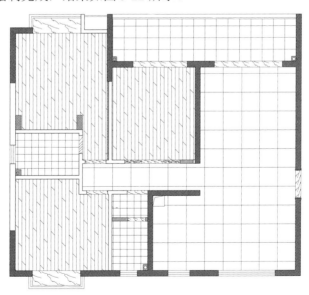

图 5-22 所有地面材料铺装图完成结果

5.3.4 绘制地面拼花图案

本范例图样的地面铺装没有拼花图案，但在实际工程项目中经常会用到。所以，下面以如图 5-23 所示的某地面拼花图案为例，讲解有关的绘制方法。

绘制客厅地面和
拼花（练习）

绘制餐厅地面和
拼花（练习）

图 5-23　地面拼花图案

地面拼花图案的绘制，除了需要用到"直线""圆""圆弧""多段线""旋转""复制""镜像""阵列"等命令外，也需要用到"填充"命令。

1．绘制拼花图案轮廓线

1）执行"矩形"命令，在命令行中输入"@2000,2000"，按 Enter 键，绘制出拼花图案的最外围矩形。

2）执行"偏移"命令，在命令行中输入"100"，拾取光标选择刚才绘制的矩形，单击矩形内部任一点，按 Enter 键，绘制出拼花图案的第二个矩形，如图 5-24 所示。

3）执行"直线"命令，开启"对象捕捉"中点，依次捕捉第二个矩形每相邻边线上的中点，绘制出 4 段斜向直线组合的斜向正方形，按 Enter 键结束，如图 5-25 所示。

图 5-24　绘制正方形并向内

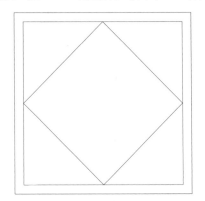

图 5-25　绘制斜向正方形

4）执行"偏移"命令，在命令行中输入"120"，依次选择刚才绘制的 4 段斜向直线，向内偏移 120，得到 4 条首尾相交的直线。执行"延伸"命令，选择第二个矩形作为延伸边界，将直线端头延伸到第二个矩形的边线上，如图 5-26 所示。

5）执行"偏移"命令，在命令行中输入"T"（通过选项），按 Enter 键，选择第二个矩形，向内捕捉到 4 条斜向直线的临近的交叉点，结果如图 5-27 所示。

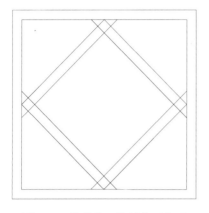

图 5-26　偏移并延伸斜向正方形

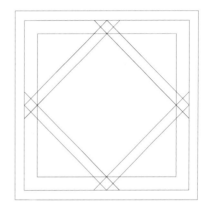

图 5-27　偏移绘制最内侧矩形

6）执行"修剪"命令，按两次 Enter 键，将拾取光标放在需要修剪的线段一一单击，其修剪结果如图 5-28 所示。

7）执行"圆"命令，开启"对象捕捉追踪"模式，将十字光标分别放在两相邻的斜线交点上，在引出的两条追踪线所交汇的点上单击，以此为圆心，在命令行中输入 300（半径），绘制一个中心圆，结果如图 5-29 所示。

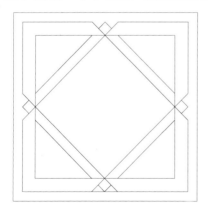

图 5-28　修剪矩形

图 5-29　绘制中心圆形

8）执行"直线"命令，将十字光标放在圆的左侧象限点上单击，向右拉出直线捕捉到圆心，绘制一条圆内水平半径线，结果如图 5-30 所示。

9）执行"阵列"命令，在打开的"阵列"对话框中选中"环形阵列"单选按钮，单击"选择对象"按钮，拾取光标选择圆内水平半径线，按 Enter 键。返回"阵列"对话框，单击"拾取中心点"按钮，将十字光标放在中心圆的圆心上单击，在返回的"阵列"对话框中的"项目总数"文本框中输入 8，单击"预览"按钮，确认无差错，然后单击"确定"按钮，完成圆内等分线的环形阵列操作，结果如图 5-31 所示。

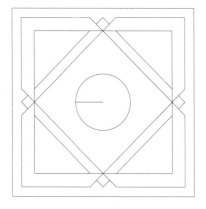

图 5-30　绘制圆内水平半径线

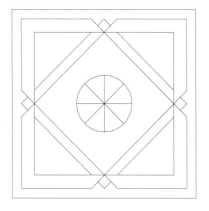

图 5-31　绘制圆内等分线

10）执行"圆"命令，在命令行中输入"2P"（两点画圆），按 Enter 键。将十字光标放在中心圆的上半部左侧与斜线相交点上单击，随即将十字光标放在中心圆的上半部右侧与斜线相交点上单击，绘制一个圆形，结果如图 5-32 所示。

11）执行"修剪"命令，拾取光标单击中心圆，作为修剪边界，按 Enter 键，拾取光标单击新画圆的下半部进行修剪，结果如图 5-33 所示。

图 5-32　绘制圆外圆

图 5-33　修剪圆外圆

12）执行"阵列"命令，在打开的"阵列"对话框中选中"环形阵列"单选按钮。单击"选择对象"按钮，拾取光标选择圆的上部圆弧线，按 Enter 键。返回"阵列"对话框，单击"拾取中心点"按钮，将十字光标放在中心圆的圆心上单击，在返回的"阵列"对话框中的"项目总数"文本框中输入 4，单击"预览"按钮，确认无差错，然后单击"确定"按钮,完成圆外的圆弧线环形阵列操作,结果如图 5-34 所示。

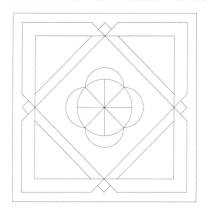

图 5-34　环形阵列圆外圆

2. 填充图案并创建块

1)执行"填充"命令,在打开的"图案填充和渐变色"对话框中的"类型"下拉列表中选择"预定义"类型,根据范例图样文件的图案样式在"图案"下拉列表中选择对应的图案,并在"比例"文本框中输入合适的数值,然后选择填充区域进行填充,结果如图 5-23 所示。

2)执行"创建块"命令,在打开的"块定义"对话框中输入块名称,选中"转换为块"单选按钮,单击"选择对象"按钮,选择整个图形。然后单击"确定"按钮,将图形创建为内部块。

提示:地面拼花图案有很多,不同的拼花图案有不同的绘制方法,即使是同一个拼花图案,也可以采用不同的绘制方法。上述方法并非是唯一的。总之,以达到快速、高效、完美、准确为目的。

5.3.5　绘制各种符号

完成了地面材料的分格线、地面材质的填充等图样绘制后,就可以对地面铺装后的标高进行标注,并绘制剖面图的剖切索引符号。

各种符号的绘制,均是在布局空间完成的。

1. 绘制标高符号

在装饰施工图中,标高符号的形式有多种,国家制图标准规定的画法,在单元 1 中已介绍,并在单元 3 绘制建筑平面图中也进行了绘制。另外一种做法是将标高连同材料合并在同一个矩形框中注释,在本单元的范例图样地面铺装平面图中就是这样做的,如图 5-35 所示。

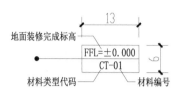

图 5-35　地面标高及材料索引符号

2. 绘制索引符号

在范例图样地面铺装平面图中，有两种索引符号：一种是材料索引符号，连同标高与材料的代码和编号合并在一起标注；一种是剖切索引符号，在卫生间门槛石部位绘制剖切位置线，通过在该部位的剖切，反映卫生间地面和卧室区地面的高差关系，以及包括防水层的构造做法。下面分别介绍这两种符号的绘制方法。

（1）绘制标高及材料索引符号

如图 5-35 所示的标高及材料索引符号，是装饰施工图中常见的注释形式，其特点是简洁、美观、明了，避免了过多的文字拥挤问题。下面简要地介绍该类型符号的绘制方法。

1）执行"矩形"命令，在空白处单击绘制出矩形框，在命令行中输入"@13,6"，按 Enter 键，绘制出 13×6 的矩形。

2）执行"直线"命令，捕捉矩形一侧短边的中点，在水平方向绘制一条直线，将矩形分为上下两个部分，如图 5-36（a）所示。

3）执行"快速引线"命令，根据命令行提示，输入"S"，按 Enter 键。在打开的"引线设置"对话框的"注释类型"选项组中选中"无"单选按钮。

4）选择"引线和箭头"选项卡，选中"直线"单选按钮，箭头类型设为点，选中"无限制"复选框，单击"确定"按钮，返回绘图区。在地面铺装平面图中各区域的中央单击拉出水平线，参照图 5-35 所示的引线形式和索引符号连接，结果如图 5-36（b）所示。

5）执行"多行文字"命令，使用鼠标指针在绘图空白区绘制一个矩形边界框，在打开的"文字格式"对话框中选择字体为"宋体"，设置字高为"2"，输入 FFL=±0.000，单击"确定"按钮。

6）执行"移动"命令，关闭"正交"模式，将该文字放置到矩形框上半部的中央位置，如图 5-36（c）所示。

7）执行"复制"命令。复制上面文字到矩形框下半部的中央位置。双击该文字，在打开的"文字格式"对话框中，输入 CT-01，单击"确定"按钮，结果如图 5-36（d）所示。

图 5-36　绘制地面标高与材料索引符号

提示：该符号的绘制，可以采用"块属性"的方法制作成块，更加便于修改和文件管理。

（2）绘制剖切索引符号

1）执行"矩形"命令，绘制一个 100×100 的正方形，如图 5-37（a）所示。

2）执行"圆"命令，捕捉正方形两对应边的中点，以"2P"绘制一个内切圆，如图 5-37（b）所示。

3）执行"旋转"命令，单击选择正方形，捕捉圆的圆心，旋转 45°，如图 5-37（c）所示。

4）执行"直线"命令，水平方向绘制正方形的两对角线，如图 5-37（d）所示。

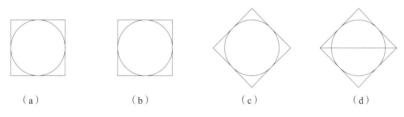

图 5-37　绘制剖切索引符号 1

5）执行"修剪"命令，以圆为边界，将旋转的正方形下部分线段进行修剪，结果如图 5-38（a）所示。

6）执行"填充"命令，选择"SOLID"图案，对圆外三角形进行填充，结果如图 5-38（b）所示。

7）执行"多行文字"或"单行文字"命令，在符号的上半圆内输入"b"作为剖切视图的编号，文字高度为 2.5，绘制结果如图 5-38（c）所示。

8）执行"复制"命令，将符号上半圆内的"b"复制到下半圆，双击文字修改其内容为 D-04，作为剖切视图所在的图纸编号，绘制结果如图 5-38（d）所示。

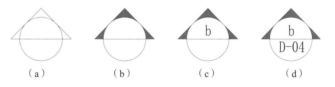

图 5-38　绘制剖切索引符号 2

上述符号是由带有箭头的圆和文字编号组成的，箭头的指向是剖切投射方向。完整的剖切索引符号，还需绘制剖切位置线和投射方向线，绘制方法如下。

执行"多段线"命令，在卫生间门槛石位置一侧单击，在命令行中输入"W"，按 Enter 键，将起点宽度和端点宽度均设为 1，过门槛石绘制一条线宽度为 1mm、长度为 8～10mm 的水平线。然后对齐多段线的一端，绘制一条直线与剖切索引符号连接，完成结果如图 5-39 所示。

图 5-39　剖切索引符号

3. 绘制铺装起始点符号

铺装起始点符号是地面铺装平面图中特有的标识符号，用于指导施工人员现场确定铺设地板、地砖的起始位置和排板方向。绘制形式和方法如下。

（1）铺装起始点符号的形式

从施工图中可以看出，起始点符号的形式不外乎有 3 种：第一种是以入门墙的中央位置开始，向两侧和房间内铺设，如图 5-40（a）所示；第二种是以入门右侧的墙角开始，向房间的左侧和内部铺设，如图 5-40（b）所示；第三种是以入门左侧的墙角开始，向房间的右侧和内部铺设，如图 5-40（c）所示。

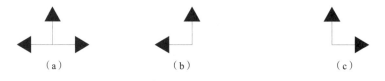

（a）　　　　　　　　（b）　　　　　　　　（c）

图 5-40　铺装起始点符号

（2）铺装起始点符号的绘制

1）执行"正多边形"命令（或在命令行中输入"POL"，按 Enter 键），在命令行中输入侧面边数 3，按 Enter 键。选择以边为参数，在命令行中输入 E，按 Enter 键。在屏幕空白处单击选择第一个端点，水平拉出三角形，输入边的长度 2，按 Enter 键。完成正三角形的绘制，如图 5-41（a）所示。

正多边形（POL）
（练习）

2）执行"填充"命令，选择"SOLID"图案，对三角形进行填充，结果如图 5-41（b）所示。

3）执行"直线"命令，捕捉三角形底边中点，启动"正交"模式，向下绘制长度为 3mm 的直线，如图 5-41（c）所示。

以此为基础，通过"旋转"（复制）和"镜像"等命令，即可绘制如图 5-40 所示的符号。

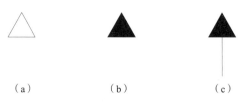

（a）　　　　　　　　（b）　　　　　　　　（c）

图 5-41　铺装起始点符号的绘制

至此，地面铺装平面图的材质及索引符号等图元全部绘制完成，如图 5-42 所示。余下的就是标注尺寸和注写图名、比例等。

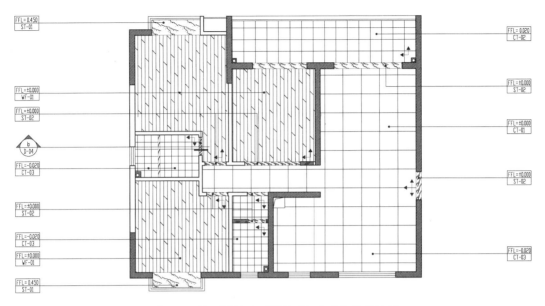

图 5-42　地面铺装平面图材质与索引符号的绘制

5.3.6　标注尺寸

由于尺寸标注是在布局空间操作的，根据布局空间所有的平面图在视口中显示的比例为 1∶75，其标注样式统一为布局样式 1-75。在标注样式的"主单位"选项卡中将"测量单位比例"选项组中的"比例因子"改为 75，如图 5-43 所示。这样便保证了尺寸标注在布局空间的视口中不出差错。

图 5-43　根据视口比例设置标注样式测量比例因子

地面铺装平面图的尺寸标注方法与单元 3 中的建筑平面图的尺寸标注完全相同,可参见其中详细介绍,本单元不再赘述。

5.3.7 标注文字

地面铺装平面图中的文字标注包括标高数字、材料注释、剖切符号的编号、图名,以及标题栏中的各项文字内容等。标注文字方法在单元 3 绘制建筑平面图中的 3.3.7 小节注释文字章节有详细介绍,这里不再赘述。

标高及材料索引的标注符号在本单元 5.3.5 小节中已有介绍,如图 5-36(d)所示。

图名及比例的注释形式和绘制方法,也在单元 3 和单元 4 中均有介绍。在绘制地面铺装平面图时,图名及比例的文字是连同视图一起复制过来的,仅改变文字内容即可。

标题栏中的各项文字内容,也是在复制过来的栏目中,双击文字修改与本图对应的内容即可。

至此,地面铺装平面图的绘制工作全部完成,结果如图 5-44 所示。

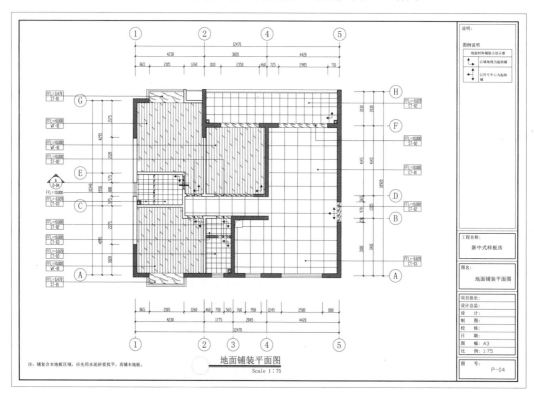

图 5-44 地面铺装平面图完成结果

思考与练习

一、思考题

1．地面铺装平面图是在什么图样的基础上进行绘制的？

2．什么情况下可以不用单独绘制地面铺装平面图？

3．地面标高有几种表达方式？

二、选择题

1．地面铺装平面图中的文字标注 FFL 表示（　　）。

  A．铺装前地面标高　　　　　　　　B．室外地坪标高

  C．室内地坪标高　　　　　　　　　D．竣工地板标高

2．地面铺装平面图中的文字标注"WF-01"表示（　　）。

  A．图名　　　　　B．材料编号　　　C．标高　　　　　D．图号

3．地面瓷砖铺装的原则是，在明显处尽量为（　　），而在不明显处的边角部位尽量为（　　）。

  A．整砖　　　　　　　　　　　　　B．非整砖

  C．质量好的砖　　　　　　　　　　D．质量不好的砖

三、实训操作

1．抄绘本单元的地面铺装平面图。

2．绘制 3 种地面铺装材质在 CAD 图中的图例表达方式。

3．实地测量某建筑，尝试根据测量数据采用不同于本单元的方法绘制地面铺装平面图。

绘制顶棚平面图

- 顶棚平面图概述
- 顶棚平面图的绘制流程
- 顶棚平面图的绘制步骤与方法

6.1 顶棚平面图概述

顶棚平面图是建筑内部空间顶部的平面图形，通常是在平面布置图的基础上，参照现场量房的数据（包括建筑顶部的构造及设备情况）并根据室内空间的平面布置，合理规划顶棚的形态和标高。本单元教学将通过对顶棚平面图的作用、图示内容和绘制流程的了解，熟悉和掌握绘制顶棚平面图的基本程序和方法。

6.1.1 顶棚平面图的作用

顶棚平面图主要用于表示建筑室内装饰装修的平面形状、灯具位置、材料选用、尺寸、标高、构造做法等。它是建筑装饰施工图的主要图样之一，是施工过程中顶棚平面造型定位、放线、施工及编制预算、工程备料等工作的重要依据。

顶棚平面图的设计与绘制通常是以建筑平面图和平面布置图为依据的，顶棚平面图所设计的顶棚安装高度和灯具、风口等设备的安装位置等，应结合地面的布置情况来完成。

6.1.2 顶棚平面图的图示内容

顶棚平面图是以镜像投影的方法表示的顶棚平面图形，如图 6-1 所示。

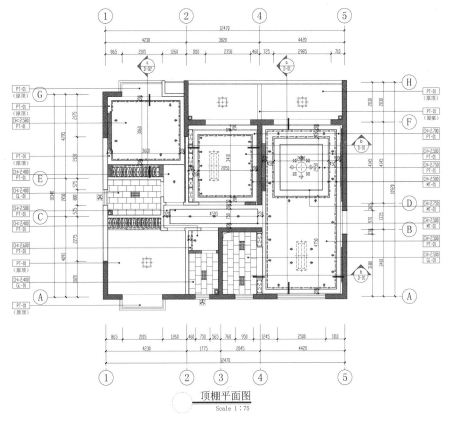

图 6-1　顶棚平面图

从顶棚平面图中可以清楚地看出顶棚平面图的图示内容，概括体现在如下方面。

1. 建筑平面墙体、门窗洞口

顶棚平面图是在建筑平面图和平面布置图的基础上以镜像投影的方法绘制而成的，其保留了建筑平面图中的墙体、门窗洞等建筑主体结构。在顶棚平面图中，门洞口位置只需画出门洞线，不画门扇及开启线。

2. 室内顶棚的平面造型

顶棚分直接式顶棚和悬吊式顶棚，顶棚的造型有一级平面或多级造型。不同高度、不同形状的跌级造型，应该在顶棚平面图上反映其轮廓线，并通过标高符号来表示各级吊顶表面的高度。

3. 室内顶棚平面上的灯具和设备符号及安装位置

顶棚平面图上的灯具包括安装在顶棚平面上的各种规格、型号的吊灯、吸顶灯、筒灯、射灯和暗藏灯槽等，均按照灯具图例绘制，并在顶棚平面图上确定其安装位置及尺寸。图例参见表 6-1。

顶棚平面图上的设备包括安装在顶棚平面上的空调风口、消防自动喷淋头及报警器、音频及视频设备等的平面图形，均按照设备图例绘制，并在顶棚平面图上确定其安装位置及尺寸。图例参见表 6-1。

表 6-1　顶棚平面图常用灯具及设备图例

名称	图例	名称	图例
艺术吊灯		嵌入式方灯	
吸顶灯		送风口	
筒灯		回风口	
射灯		排气孔（扇）	
暗藏灯带		消防自动喷淋头	

4. 与顶棚相接的家具、设备的水平投影及定位

在平面布置图中，与顶棚连接的家具、设备、隔断等图元，均应在顶棚平面图上予以反映。其图形如果与平面布置图上的家具及设备上下一致，则应在平面形状和位置上保持对应不变。

5. 窗帘及窗帘盒等平面图形

与顶棚相连的窗帘盒，必须反映在顶棚平面图上，并同时在窗帘盒的平面图形内画出窗帘。窗帘盒应按照其平面图形及安装位置、尺寸进行绘制，窗帘的绘制以带有箭头的波浪线表示。

6. 顶棚的尺寸、标高和材料注释

顶棚平面图应对顶棚平面造型轮廓的长度和宽度、圆弧及曲线的半径、灯具、设备安装定位尺寸进行标注。

顶棚的标高是指装饰完成面的高度，以地面装饰完成面作为零标高（±0.000），量至顶棚底面，其表现形式参见单元 1 的标高内容。顶棚的标高通常是与顶棚的装饰材料一起，放在矩形框中进行注释。

7. 索引符号、图名及比例

为了展示顶棚的内部结构和跌级造型节点，通常在顶棚平面图上的关键转折位置绘制剖切索引符号，其画法参见单元 1 的剖切索引符号内容。

图名及比例绘制在顶棚平面图的正下方，其绘制形式同单元 3。

6.2　顶棚平面图的绘制流程

顶棚平面图的图样绘制同样是在模型空间进行的，在图样绘制完成之后，再切换到布局空间，进行尺寸和文字的标注、各种符号的绘制及图样比例的设置等工作，其绘制基本程序如下。

6.2.1　绘制顶棚平面造型轮廓

顶棚平面造型轮廓包括轮廓边缘线和平面内的规格板分格线。造型轮廓线以中实线表示；各种规格板的分格线（如300×300铝合金扣板）或平面上装饰的分缝线，均应按照规格板的尺寸或板缝位置采用细实线进行绘制。

提示：在 AutoCAD 中，线宽的粗、中、细不在绘制过程中进行设置，而是通过颜色的控制，在打印时对颜色设置线宽，这样，各种颜色下的对象便会随之确定其线宽。

6.2.2　绘制顶棚平面灯具及设备

灯具（包括灯带）设备是顶棚平面图中不可或缺的重要元素之一。在布置灯具、设备时，可事先将绘制成型的灯具、设备等图例做成图块，采用"插入块"命令插入图中。图样中有相同型号和相同形式的灯具、设备，可采用复制的方法绘制到设计确定的位置。

6.2.3　绘制标高符号和索引符号

标高符号和索引符号在布局空间按照制图标准所规定的尺寸绘制，也可根据需要沿用平面布置图中的符号，将其复制或插入顶棚平面图中。

6.2.4　标注尺寸及文字

顶棚平面图的尺寸及文字标注宜在布局空间操作。尺寸标注是对各房间的顶棚外围尺寸和内部分割造型尺寸，以及灯具、设备的安装尺寸等进行的标注。文字标注则是对顶棚的材料、工艺做法进行的注释，以及图名、比例等的注释。

6.3　顶棚平面图的绘制步骤与方法

绘制顶棚平面图通常是在平面布置图的基础上，根据建筑剖立面的图形数据并结合现场量房的数据，对顶棚平面空间的合理规划设计。在了解了顶棚平面图的作用、图示内容和绘制流程之后，应用 AutoCAD 软件快速、正确地绘制顶棚平面图，是本单元要学习和掌握的重要目标。

6.3.1　创建顶棚平面图专用图层

1）在打开的"图层特性管理器"窗口中，单击"新建图层"　按钮，创建若干个新图层。

2）分别选择各新建图层，双击图层名，使之呈选中状态，然后将图层名修改为"P-15吊顶""P-16吊顶尺寸""P-17吊顶灯具""P-18吊顶灯具定位尺寸""P-19吊顶设备"。

3）在各层的颜色图标上单击，打开"选择颜色"对话框，为所选图层重新设置颜色。其中"P-15吊顶"图层的颜色选择为 65 号；"P-16吊顶尺寸"图层的颜色选择为251 号；"P-17吊顶灯具"图层的颜色选择为 31 号；"P-18吊顶灯具定位尺寸"图层的颜色选择为 251 号；"P-19吊顶设备"图层的颜色选择为 142 号。新建的顶棚相关图层设置如图 6-2 所示。

绘制顶棚平面图时，应根据绘制的对象，选择与顶棚相关的图层置为当前图层。

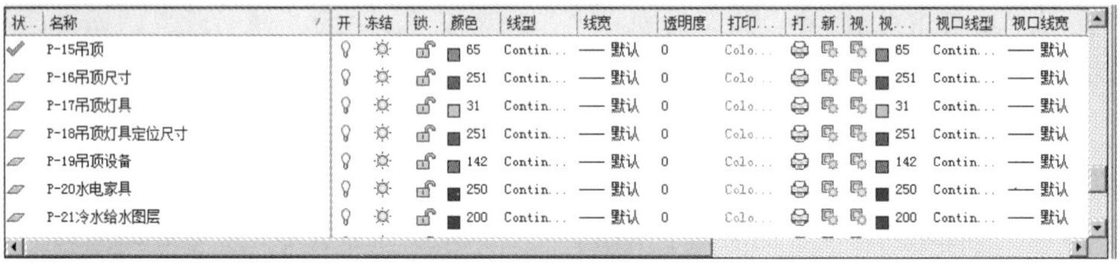

状	名称	开	冻结	锁	颜色	线型	线宽	透明度	打印	打	新	视	视	视口线型	视口线宽
✓	P-15吊顶	♀	☼	🔓	■ 65	Contin...	—— 默认	0	Colo...	🖶	🖫	🖫	■ 65	Contin...	默认
	P-16吊顶尺寸	♀	☼	🔓	■ 251	Contin...	—— 默认	0	Colo...	🖶	🖫	🖫	■ 251	Contin...	默认
	P-17吊顶灯具	♀	☼	🔓	□ 31	Contin...	—— 默认	0	Colo...	🖶	🖫	🖫	□ 31	Contin...	默认
	P-18吊顶灯具定位尺寸	♀	☼	🔓	■ 251	Contin...	—— 默认	0	Colo...	🖶	🖫	🖫	■ 251	Contin...	默认
	P-19吊顶设备	♀	☼	🔓	■ 142	Contin...	—— 默认	0	Colo...	🖶	🖫	🖫	■ 142	Contin...	默认
	P-20水电家具	♀	☼	🔓	■ 250	Contin...	—— 默认	0	Colo...	🖶	🖫	🖫	■ 250	Contin...	默认
	P-21冷水给水图层	♀	☼	🔓	■ 200	Contin...	—— 默认	0	Colo...	🖶	🖫	🖫	■ 200	Contin...	默认

图 6-2　新建顶棚操作图层

6.3.2　绘制顶棚平面造型轮廓线

顶棚平面图绘制是在平面布置图的基础上进行的，首先是在布局空间中将平面布置图连同图框进行复制，然后在复制的图中通过双击锁定的视口，由视口进入模型空间进行绘制。

提示：锁定的视口只是锁定了视口中的图样比例，并不影响图形的绘制和编辑。

1. 在布局空间复制平面布置图

将绘图区切换到"布局1"，选择平面布置图连同图框复制一份在左侧。随即修改图名为"顶棚平面图"，并及时对图框栏目中的各项内容进行相关的修改。

2. 在当前视口中冻结与顶棚平面图无关的图层

由于所有的平面图均是在同一建筑平面图形框架上作图的，如果没有图层的控制，叠加在一起的不同平面图形，必然会互相干扰，影响视图和作图，因此必须在作图之前，在当前视口中冻结除建筑图元之外与当前绘制图形无关的图层。

1）在视口区双击，激活视口进入模型空间。

2）单击与当前绘制图形无关的图元，使之所在图层在"图层控制"窗口中得到显示，如图 6-3 所示。

图 6-3 在"图层控制"窗口中显示与顶棚平面图无关的图层

3）在如图 6-3 所示的窗口中，单击左侧第三个图标 （即"在当前视口中冻结或解冻"），使之呈冻结状态，冻结的图标如图 6-4 所示。此时，该图层所有的图元随即从图中消失。对于其他不需要的图层，均可采用同样方法进行冻结。冻结有关图层后的建筑平面图形如图 6-5 所示。

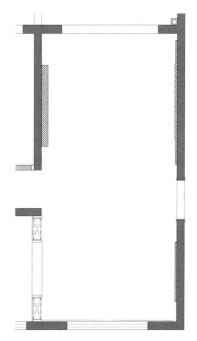

图 6-4 冻结与顶棚平面图无关的图层　　　图 6-5 冻结不需要图层后的建筑平面图

3. 绘制客厅、餐厅顶棚

（1）绘制客厅、餐厅顶棚平面造型边缘轮廓线

1）在"图层控制"窗口中，选择"P-15 吊顶"图层，将其设为当前操作图层。

2）执行"矩形"命令，捕捉客厅建筑墙体的左上内角端点，向下移至餐厅建筑墙体的右下内角端点，绘制一个紧贴于墙面的矩形。

3）执行"偏移"命令，以 50 的偏移量将绘制的矩形向内偏移，同时删除原始矩形。

4）继续执行"偏移"命令，以 200 的偏移量，再次向内偏移一矩形。

5）执行"偏移"命令，分别将两个矩形均以 15 的偏移量向内偏移，结果如图 6-6 所示。

（2）绘制客厅顶棚平面中央造型轮廓线

1）执行"偏移"命令，选择最内侧矩形，以 420 的偏移量向内偏移得到新的矩形，结果如图 6-7 所示。

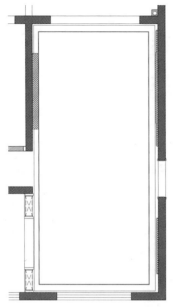

图 6-6　绘制客厅、餐厅平面造型边缘轮廓线

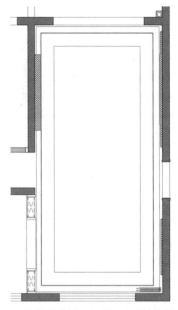

图 6-7　偏移绘制客厅顶棚平面边缘轮廓线

2）执行"拉伸"命令，窗交模式选择新偏移的矩形下端，向上拉伸 4300。同时执行"偏移"命令，选择最内侧矩形，以 15 的偏移量向内偏移，操作结果如图 6-8 所示。

3）执行"偏移"命令，选择最内侧矩形，以 300 的偏移量向内偏移得到新的矩形。

4）执行"偏移"命令，选择最内侧矩形，以 15 的偏移量向内偏移得到新的矩形。

上述绘制结果如图 6-9 所示。

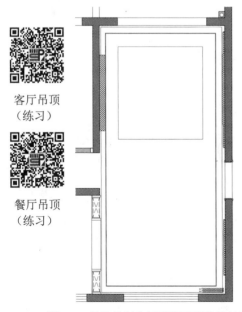

客厅吊顶
（练习）

餐厅吊顶
（练习）

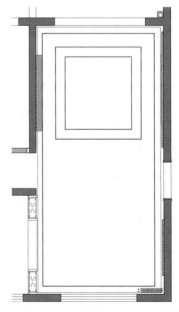

图 6-8　拉伸绘制客厅顶棚平面边缘轮廓线　　图 6-9　偏移绘制客厅顶棚平面中央造型轮廓线

4. 绘制厨房、卫生间顶棚

在本范例施工图文件中，厨房、卫生间顶棚的饰面材料设计均为轻钢龙骨面饰300×450铝合金扣板，并安装同样规格的嵌入式格栅灯。

（1）绘制厨房顶棚平面扣板分格线及灯具

1）在"图层控制"窗口中，选择"P-15 吊顶"图层，将其设为当前操作图层。

2）启动"正交"模式，执行"直线"命令，沿厨房右侧门边墙内线起点至端点绘制直线。执行"移动"命令，将绘制的直线向左移动300，如图6-10（a）所示。

3）执行"偏移"命令，将该直线以300的偏移距离向左偏移至墙边结束，如图6-10（b）所示。

4）执行"直线"命令，沿厨房平面图的下部墙边位置，在刚绘制的顶棚分格纵向的两直线之间绘制一条水平直线。执行"偏移"命令，将水平直线以450的偏移距离向上偏移至平面图上部墙边结束，如图6-10（c）所示。

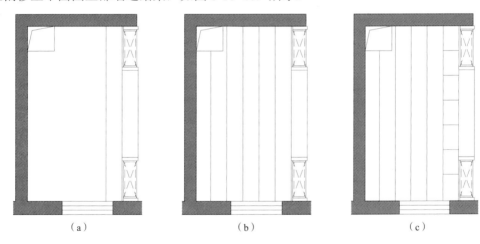

（a）　　　　　　　　（b）　　　　　　　　（c）

图 6-10　绘制厨房顶棚平面图 1

5）执行"复制"命令，选择所有水平分格线向左复制至墙边结束，如图6-11（a）所示。

6）执行"移动"命令，隔行选择水平分格线，向上移动225，如图6-11（b）所示。

7）执行"复制"命令，复制其中两条水平线到空位，完成厨房顶棚平面图的绘制（灯具待制），如图6-11（c）所示。

（2）绘制卫生间顶棚平面扣板分格线及灯具

本范例施工图中的两处卫生间顶棚材质及做法，均与厨房一样，绘制步骤与方法可参照上述操作，此处不再赘述。绘制完成的结果如图6-12所示。

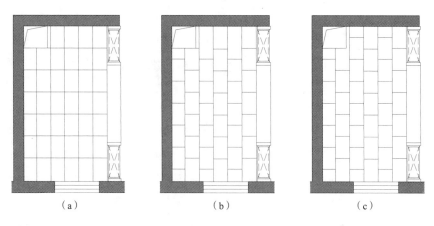

（a）　　　　　　　　　　（b）　　　　　　　　　　（c）

图 6-11　绘制厨房顶棚平面图 2

其他房间吊顶
（练习）

绘制雨棚吊顶
（练习）

（a）主卫顶棚平面图

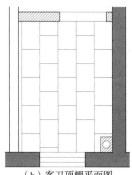

（b）客卫顶棚平面图

图 6-12　绘制卫生间顶棚平面图

6.3.3　绘制顶棚平面灯具

在 AutoCAD 中，顶棚平面图上的各种灯具通常是选择图库中的灯具图块，按照设计的位置插入图中，这种做法非常快捷。本单元从培养学生绘制图形能力的角度考虑，介绍各种灯具图样的绘制技巧和方法。

1. 绘制吊灯平面图样

吊灯的平面图样参见本单元的表 6-1；现以其中的吊灯图例为例，介绍绘制的步骤和方法。

1）在"图层控制"窗口中，选择"P-17 吊顶灯具"作为当前操作图层。

2）执行"圆"命令，以 230 为半径，在绘图区的空白处绘出一个圆形。

3）执行"圆"命令，捕捉圆心，绘制半径为 480 的圆作为辅助线。

4）执行"直线"命令，捕捉半径为 480 的圆象限点，绘制水平和垂直十字中心线，然后删除该圆。

5）选择十字线，在"加载或重载线型"对话框中选择"CENTER"线型，使十字线线型变为单点长画线型，并对线型比例进行调整，结果如图 6-13（a）所示。

提示：线型比例的调整操作，选择十字线的任意一条线，按 Ctrl+1 组合键，在打开的"特性"窗口中，在"常规"选项组中的"线型比例"文本框中输入适当的数字，按 Enter 键。如此操作反复进行，直至线型显示的比例改变到合适的状态为止。

6）执行"圆"命令，以 80 为半径，捕捉单点长画线的任意一个端点，绘制圆。

7）执行"圆"命令，捕捉半径为 80 的圆心，绘制半径为 130 的圆作为辅助线。

8）执行"直线"命令，捕捉半径为 130 的圆象限点，绘制水平和垂直十字中心线，然后删除该圆。

9）执行"特性匹配"命令，选择大圆十字线，获得该线型属性。然后单击小圆十字线，使之变为"CENTER"线型，并对线型比例进行调整，结果如图 6-13（b）所示。

非连续线型比例设置（LTS）（练习）

10）执行"阵列"命令，在打开的"阵列"对话框中选中"环形阵列"单选按钮，并按如下步骤操作。

① 在"阵列"对话框中单击"选择对象"按钮，返回绘图区，在如图 6-13（b）所示的图形中选择小圆及十字线；返回"阵列"对话框中，单击"拾取中心点"按钮，返回绘图区，在如图 6-13（b）所示的图形中捕捉大圆的圆心单击。

② 返回"阵列"对话框，设置"项目总数"为 8、"填充角度"为 360，选中"复制时旋转项目"复选框。

③ 单击"预览"按钮，返回绘图区确认无误后，单击"确定"按钮，结果如图 6-13（c）所示。

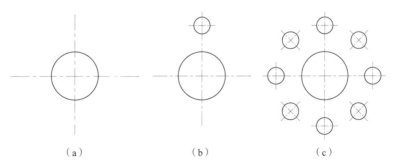

（a）　　　　　　　　　（b）　　　　　　　　　（c）

图 6-13　绘制吊灯

11）创建吊顶灯平面图样图块。

① 执行"创建块"命令，打开"块定义"对话框。

② 在"块定义"对话框中的"名称"文本框中输入"吊灯 1"，在"对象"选项组中选中"转换为块"单选按钮（将原图形转换为图块），其他选项参数采用默认设置。

③ 在"基点"选项组中，单击"拾取点"按钮，返回绘图区，捕捉灯具中心点作为块的基点。

④ 单击"选择对象"按钮，返回绘图区，以窗口模式选择吊灯平面图形，按 Enter 键。

⑤ 返回"块定义"对话框，此时，对话框内出现灯具图块的预览图标，如图 6-14 所示。

图 6-14 "块定义"对话框及图块参数设置

⑥ 单击"确定"按钮，关闭"块定义"对话框。吊灯平面图形被转换为内部块。

⑦ 执行"移动"命令，将吊灯图块移至客厅中央顶棚造型的中心位置。

2. 绘制厨房、卫生间灯具平面图样

本范例施工图文件中的厨房、卫生间顶棚灯具为嵌入式格栅灯，其平面规格尺寸为 300×450，绘制步骤和方法如下。

1）在"图层控制"窗口中，选择"P-17 吊顶灯具"作为当前操作图层。

2）执行"矩形"命令，在绘图区的空白处绘制一个 300×450 的矩形；执行"偏移"命令，以 10 的偏移距离将矩形向内侧偏移；执行"分解"命令，单击内侧矩形，按 Enter 键，如图 6-15（a）所示。

3）执行"绘图"→"点"→"定数等分"命令，分别单击内侧矩形的水平线和垂直线，在命令行中输入 5，按 Enter 键；执行"复制"命令，分别复制内侧矩形的水平线和垂直线捕捉到等分点上，如图 6-15（b）所示。

4）执行"修剪"命令，按两次 Enter 键后，单击第二行和第四行上的垂直线，修剪其中线段，然后删除等分点，如图 6-15（c）所示。

5）执行"填充"命令，在"图案"下拉列表中选择"DOTS"图例，单击被修剪线段的区域，按 Enter 键，预览无误后，单击"确定"按钮，结果如图 6-15（d）所示。

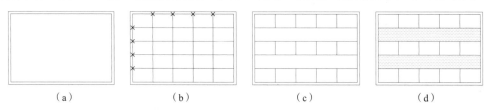

（a）　　　　　　（b）　　　　　　（c）　　　　　　（d）

图 6-15 厨房、卫生间顶棚嵌入式灯具

本范例图样中的灯具包括有筒灯、射灯、吸顶灯等其他类型的灯具,可参照本单元表 6-1 进行绘制。绘制完成后的图样,采用"块定义"创建图块,相同的灯具可采用"复制"命令,按照设计要求复制到设计规定的位置。绘制方法步骤均可参照上述内容,这里不再一一介绍。

3. 绘制灯带

本范例图样中的顶棚灯带有几处,分别在客厅的顶棚中央造型边缘、客厅和餐厅的整个顶棚沿墙边造型轮廓的边缘,以及书房和主卧顶棚造型边缘。

顶棚平面图上的灯带位置应根据灯槽的造型方向来确定,不可乱放,如图 6-16 所示。

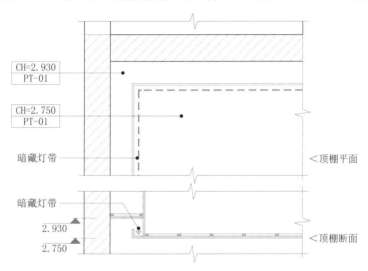

图 6-16 顶棚灯槽平面与断面比较示意图

通过如图 6-16 所示的顶棚灯槽平面与断面比较示意图,可以清楚地看出:顶棚的高度分上下两级,两级高差为 180。标高为 2.750 的吊顶,其边界在距离墙面约 200 处,设有灯槽,从断面图中可以清楚地看出这个构造关系。而在顶棚平面图中,灯槽的位置只能以虚线表示,并对应画在顶棚造型边缘的内部方向。

本单元仅以客厅和餐厅为例,介绍其绘制方法。

1)执行"偏移"命令,设置偏移量为 65,分别将顶棚平面造型轮廓线向内侧偏移;同时修改偏移的图线线型,设置线型控制为"LED LINE"线型,使之改为虚线,如图 6-17 所示。

2)图 6-18 所示的灯具可参照表 6-1 进行绘制。绘制完成后的图样,采用"块定义"创建图块,相同的灯具可采用"复制"命令按照设计要求复制到设计规定的位置。绘制方法及步骤均可参照上述内容,这里不再一一介绍。将偏移的图线置入"P-17 吊顶灯具"图层,完成结果如图 6-19 所示。

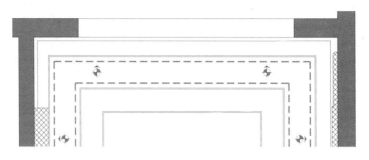

图 6-17　偏移顶棚轮廓线并使之改为虚线

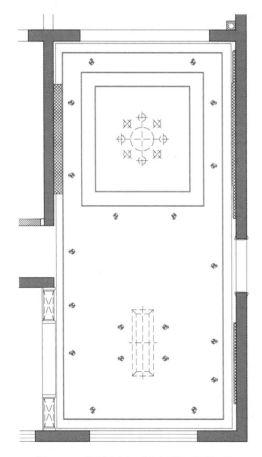

图 6-18　绘制客厅、餐厅顶棚平面灯具

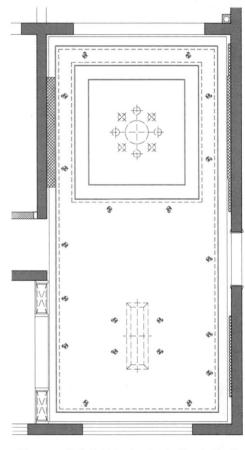

图 6-19　偏移绘制客厅、餐厅顶棚平面灯带

6.3.4　绘制窗帘盒

　　窗帘盒及窗帘在顶棚平面图中的图形即水平投影的镜像效果。窗帘盒位于窗洞内墙的一侧，在工程中的做法通常有两种形式：一种是依窗布设，另一种是通墙布设，如图 6-20

所示。

在顶棚平面图中，窗帘盒的画法比较简单，如图 6-20（a）所示的窗帘盒，可采用"多段线"命令绘制；如图6-20（b）所示的窗帘盒，可采用"直线"命令绘制，无须详解。

窗帘的画法在单元 4 中有详细的介绍，此处不再赘述。

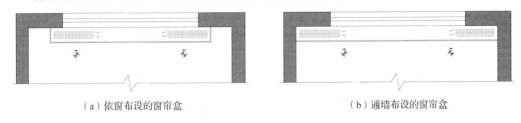

（a）依窗布设的窗帘盒　　　　　　　　　　（b）通墙布设的窗帘盒

图 6-20　窗帘盒的布设形式

6.3.5　绘制标高符号和索引符号

标高符号和索引符号在本单元之前的章节中均有介绍。顶棚平面图上的标高是图示内容中的重要元素，不得忽略。索引符号是与顶棚剖切节点图和大样图所对应的顶棚平面位置标识，需采用相应的画法。

1. 绘制标高符号

标高符号通常与材料注释放在一起标注，其表达形式如图 6-21 所示。

在如图 6-21 所示的标高符号中，矩形框中的上半部分注写顶棚装修完成面标高，下半部分注写顶棚装修饰面材料。顶棚装修完成面的标高用"CH"表示，标高数字以 m 为单位，字高 2.5mm，字体为宋体。顶棚装修材料用材料类型代码及材料编号表示，字高 2.5mm，字体为宋体。

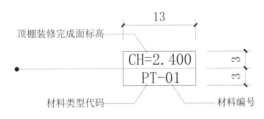

图 6-21　顶棚标高符号

绘制步骤与方法如下。

1）执行"矩形"命令，绘制 13×6 的矩形框，并执行"直线"命令，过矩形的 1/2 绘制水平直线，将矩形框分为上下两个部分。

2）执行"绘图"→"块"→"定义属性"命令，在打开的"属性定义"对话框中，对"属性"和"文字设置"各项进行如图 6-22 所示的设定。单击"确定"按钮，返回绘图区，光标出现标记字样"A"，拾取矩形框中间水平直线的中点，单击置入标记字样

"A"，完成标高符号的属性定义。

图 6-22　"属性定义"对话框的标高参数

3）执行"绘图"→"块"→"定义属性"命令，在打开的"属性定义"对话框中，再次对"属性"和"文字设置"各项进行设定，如图 6-23 所示。单击"确定"按钮，返回绘图区，光标出现标记字样"B"，拾取矩形框中间水平直线的中点，单击置入标记字样"B"，完成材料注释符号的属性定义。

上述操作结果如图 6-24 所示。此时的符号虽定义了属性，但并没有真正起到"属性"的作用，还需将定义的文字属性和几何图形一起创建为"属性块"，然后在应用"属性块"时，才可以体现"属性"的作用。

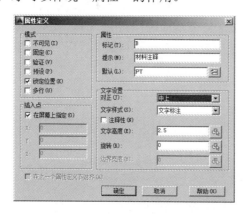

图 6-23　"属性定义"对话框的材料注释参数

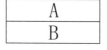

图 6-24　定义属性

4）执行"创建块"命令，在打开的"块定义"对话框中对图块进行命名，然后单击"选择对象"按钮。在绘图区选择如图 6-24 所示的矩形和文字，单击"确定"按钮，打开如图 6-25 所示的"编辑属性"对话框，单击"确定"按钮。

此时，图 6-24 所示的文字按照"编辑属性"对话框中的默认值修改，如图 6-26 所示。

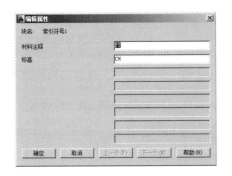

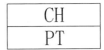

图 6-25 "编辑属性"对话框 1   图 6-26 定义属性块

5）单击如图 6-27 所示的定义属性块，在打开的"增强属性编辑器"对话框中将"标高"值修改为"CH=2.400"，将"材料注释"值修改为"PT-01"，如图 6-28 所示。单击"确定"按钮，定义属性块的文字内容得到更改。

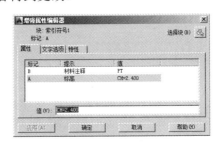

CH=2.400
PT-01

图 6-27 修改属性块   图 6-28 "增强属性编辑器"对话框

6）执行"快速引线"命令，在图样需要注释的区域单击，向图外绘制出水平直线与索引符号连接，如图 6-29 所示。

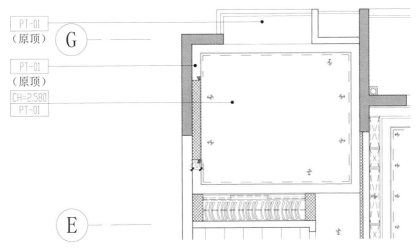

图 6-29 顶棚标高及材料符号引线标注

2. 绘制索引符号

本范例图样的顶棚平面图中，索引符号是对剖切位置线所在部位对应的剖切详图做出的索引，剖切索引符号由剖切索引符号和剖切位置线、投射方向线（引线）组成。其表现形式详见单元 1 介绍。

（1）绘制剖切索引符号

剖切索引符号与立面索引符号的形式完全一样，其画法可参见单元 4 的相关内容。

（2）绘制剖切位置线

1）执行"多段线"命令，开启"正交"模式，在需要剖切的范围一侧边界处单击。根据命令行的提示，在命令行中输入"W"，按 Enter 键；在命令行中输入起点宽度 1，按 Enter 键；在命令行中输入端点宽度 1，按 Enter 键；在命令行中输入 10，按 Enter 键结束，即可绘制出一段长 10mm、线宽 1mm 的剖切位置线，如图 6-30 所示。

2）执行"复制"命令，将该剖切位置线复制到剖切范围的另一侧边界处，如图 6-31 所示。

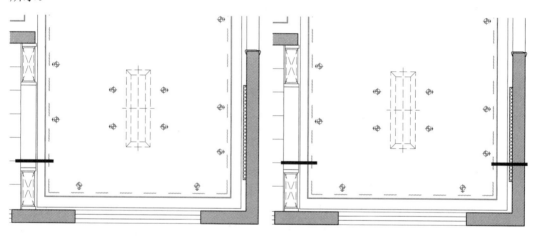

图 6-30　绘制剖切位置线　　　　　　图 6-31　复制剖切位置线

3）执行"直线"命令，开启"对象捕捉追踪"模式，追踪捕捉左侧剖切位置线的端点垂直向上临近处单击，向左侧绘制一条与剖切位置线平行的直线至图外，如图 6-32 所示。

（3）插入剖切索引符号

1）执行"插入块"命令，打开"插入"对话框，在"名称"下拉列表中选择"索引符号"选项，如图 6-33 所示。

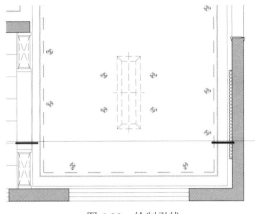

图 6-32 绘制引线

图 6-33 "插入"对话框

2）单击"确定"按钮，拖动索引符号图块至绘图区单击，打开"编辑属性"对话框，将索引编号原值分别改为"D-01"和"b"，如图 6-34 所示。

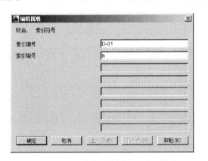

图 6-34 "编辑属性"对话框 2

3）单击"确定"按钮，返回绘图区捕捉引线的端点与剖切引线连接，完成结果如图 6-35 所示。

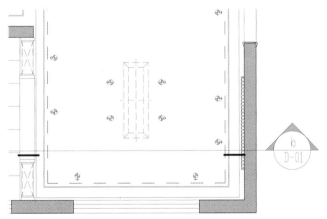

图 6-35 标注剖切索引符号

其他位置的剖切索引符号的画法同上述一样，这里不再赘述。

6.3.6 标注尺寸及文字

顶棚平面图的尺寸及文字标注宜在布局空间操作。除保留建筑平面图中的轴线尺寸和平面布置图中的房间定位尺寸之外，另对顶棚平面造型较为复杂的各部位轮廓进行标注。灯具等定位安装尺寸另在顶棚灯具定位图中标注。

为了避免与原图样外围尺寸相冲突，顶棚平面造型的各部位轮廓尺寸均在图内进行标注。

1. 标注客厅及餐厅顶棚平面造型轮廓尺寸

1）执行"线性"命令和"连续"命令，对客厅顶棚造型的横向尺寸从左至右依次进行标注，如图 6-36 所示。

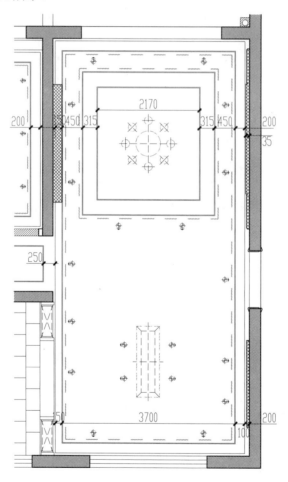

图 6-36 标注客厅顶棚造型横向尺寸

标注要领如下。

① 尺寸数字避免与灯具图形重叠。

② 同一方向的尺寸标注尽可能位于同一直线上，不要错乱。

③ 尺寸数字之间避免重叠，当间距过小时，应适当调整尺寸数字的位置。

2）执行"线性"命令和"连续"命令，对客厅顶棚造型的纵向尺寸从上至下依次进行标注，如图 6-37 所示。

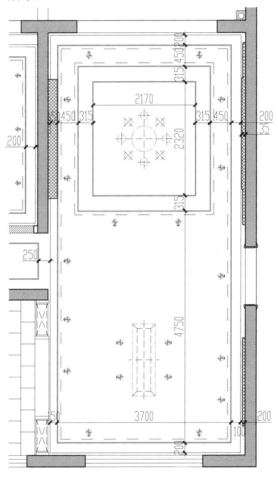

图 6-37　标注客厅顶棚造型纵向尺寸

2. 标注书房、主卧及走廊顶棚平面造型轮廓尺寸

1）执行"线性"命令和"连续"命令，对书房、卧室及走廊顶棚造型横向尺寸从左至右依次进行标注，如图 6-38 所示。

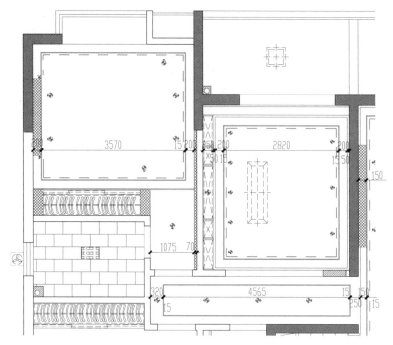

图 6-38　标注书房、卧室及走廊顶棚造型横向尺寸

2）执行"线性"命令和"连续"命令，对书房、卧室及走廊顶棚造型纵向尺寸从上至下依次进行标注，如图 6-39 所示。

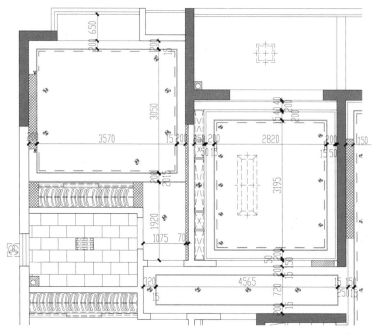

图 6-39　标注书房、卧室及走廊顶棚造型纵向尺寸

3. 标注文字

顶棚平面图的文字标注有如下内容，一是注释顶棚饰面材料，二是标注图名和比例，三是注写标题栏中的各项相关内容。

（1）注释顶棚饰面材料

由于顶棚的标高与材料注释合并在同一符号中，故文字注释的内容相对减少。

1）执行"快速引线"命令，在需要注释的平面图区域中单击，绘制引线拉至图外。

2）复制前施工图文件中的文字标注图元，双击文字打开"文字格式"对话框，修改文字内容。执行"移动"命令，将修改的文字移至引线的尾端，如图 6-40 所示。

（原梁）
刷白色乳胶漆

图 6-40　文字注释式样

（2）标注图名和比例

在建筑平面图中绘制图名和比例时，已制作为具有定义属性的图块，复制后修改非常方便。

1）双击复制的地面铺装平面图图名，在打开的"增强属性编辑器"对话框中，将图名原值"地面铺装平面图"修改为"顶棚平面图"；比例原值不变，如图 6-41 所示。

2）单击"确定"按钮，图名即可得到修改，如图 6-42 所示。

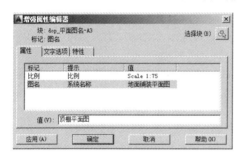

图 6-41　修改"增强属性编辑器"

顶棚平面图
Scale 1：75

图 6-42　修改后的图名

（3）修改标题栏中的各项内容

标题栏的修改参见单元 1 的操作方法，这里不再赘述。

思考与练习

一、思考题

1. 顶棚平面图是基于什么图绘制的？

2．绘制顶棚平面图上的筒灯，除了采用"圆"命令外，还有其他更简便快速的方式吗？

3．顶棚的标高是以什么为基准的？

4．顶棚平面图的图示内容有哪些？

二、选择题

1．顶棚的标高采用（　　　）符号表示。

    A．H   B．CH   C．M   D．FFL

2．在顶棚平面图中不能画（　　　）。

    A．活动家具   B．门洞线

    C．上顶家具   D．门扇及门开启线

3．虚线在顶棚平面图中可表示为（　　　）。

    A．被遮挡的吊顶轮廓线   B．隐藏的灯带

    C．吊顶造型轮廓线   D．装饰线条

三、实训操作

1．抄绘本单元范例图样中的顶棚平面图。

2．实地测量某建筑室内空间，设计绘制顶棚平面图。

绘制室内装饰立面图

- 室内装饰立面图概述
- 室内装饰立面图的绘制流程
- 室内装饰立面图的绘制步骤与方法

7.1 室内装饰立面图概述

在与室内立面平行的投影面上所绘制的正投影图，称为室内立面图。将平面图的信息通过立面图来表现，需要对每个空间的 4 个方向进行绘制。室内装饰立面图是图样设计的进一步细化，在施工图中极为重要。本单元基于对居室装饰立面图的功能作用及图示内容的了解，以范例图样中的主卧立面和厨房立面为例，重点讲解室内装饰立面图的绘制流程和方法。

7.1.1 室内装饰立面图的作用

室内装饰立面图主要用于表明室内空间垂直方向的装修设计形式、材料应用、尺寸标准与做法，以及室内墙柱面的配套布置等内容，是装饰工程施工图中的主要图样之一，是确定墙面做法的主要依据。

室内装饰立面图的位置及轮廓必须与平面布置图上的图形位置和尺寸相对应，因此，绘制时通常是从平面布置图中获取室内立面在平面位置的相关尺寸信息，将平面图的信息在立面图中综合反映，展现立面的装饰形态、饰面、标高，以及与立面有关的顶棚断面构造、门窗、固定家具、楼梯栏杆等剖立面图形。

室内装饰立面图的外轮廓用粗实线表示，墙面上的门窗及装饰造型轮廓用中实线表示，其他图示内容、尺寸标注、引出线等非实物性对象，均以细实线表示。

室内装饰立面图的图样名称，应根据平面布置图中的立面索引符号的编号或字母确定（如 A 立面图），或者说，立面图的图名和编号应与平面布置图上的立面索引符号的编号对应一致。

7.1.2 室内装饰立面图的图示内容

1. 墙、柱表面的装饰造型及饰面

在墙、柱表面做出的各种凹凸造型和这些造型饰面所采用的各种材料的颜色、图案、纹理、分格线，以及各种装饰线条。

2. 墙面所在的门、窗构件

在墙面安装的各种形式的门窗造型及制作材料。

3. 与墙面连接的固定家具

与墙面装饰造型同时制作并连为一体的固定家具，是在现场制作还是在工厂定制，均应在立面图中反映。

4. 相对独立的装饰隔断或装饰造型

在有些区域，为了对空间形态进行重组划分，会做出一些相对独立的装饰隔断或装饰造型，这些也是立面图中要反映的内容。

5. 墙面或墙前的附加物

墙柱面装饰完成之后的各种艺术品、工艺挂件、壁灯、窗帘等软装，也要在立面图中有所反映。

6. 各种标注和注释

绘制完成立面图之后，根据需要会在图上绘制索引符号，并标注标高、尺寸、文字及图名和比例等。

7.2 室内装饰立面图的绘制流程

室内装饰立面图的绘制，是根据房间的具体尺寸绘制出房间立面装饰的基本轮廓，通常是以平面布置图和顶棚平面图为基础进行绘制。

根据平面图定立面
轮廓 1（练习）

根据平面图定立面
轮廓 2（练习）

根据平面图绘制立面
轮廓（练习）

7.2.1 绘制室内立面图的基本图形轮廓

室内立面图反映的是长度和高度两个方向的维度，其长度方向的轮廓，通常是以平面布置图和顶棚平面图在长度方向的对应关系构建的，如图 7-1 所示。

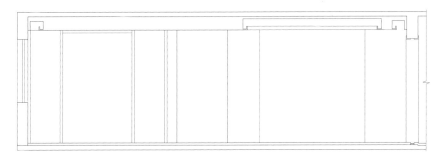

图 7-1 绘制立面图的基本轮廓

7.2.2 插入或绘制室内立面图构件

室内立面图的基本轮廓绘制完毕，可以根据设计需要布置各种装饰家具、门窗及设备等构件。这些构件的立面图形，都是事先绘制并转换为块插入立面空挡（如门窗洞）中的，也可以直接在立面图中临时绘制，如图 7-2 所示。

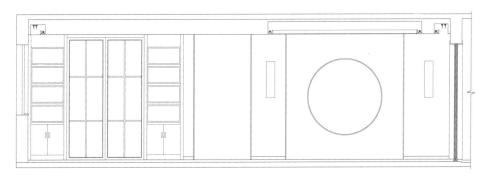

图 7-2 在立面图中插入构件

7.2.3 绘制饰面材料

为了区别立面表面的不同材质和做法，丰富画面的艺术性，通常是采用"填充"命令，在立面图上的各个部位填充不同的图案，表达饰面材料的装饰效果，如图 7-3 所示。

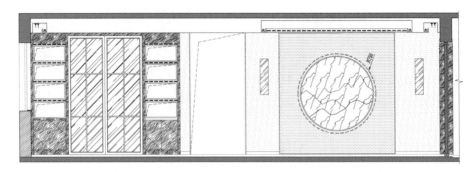

图 7-3 填充立面图上不同的部位的不同饰面材料

7.2.4 插入或绘制索引符号

根据详图的需要，在立面上绘制索引符号，对某一局部进行框选，引线做出索引符号；或是对需要剖切放大看到装饰构造内部的材料、工艺等情况，在该部位绘制剖切位置线，并引线做出索引符号。

7.2.5 标注尺寸、标高、文字

各种标注是室内装饰立面图中不可缺少的内容，包括对尺寸、标高和文字的标注。在室内装饰立面图中，尺寸标注反映了立面的总长和总高，以及各部位的长度和高度。标高注释在立面图中也是不可省略的重要内容。标高的表示有助于快速了解立面图形的相对高度。文字注释用以表明材料的名称、规格等，同时对图名和比例进行注写。立面图上的各种标注如图 7-4 所示。

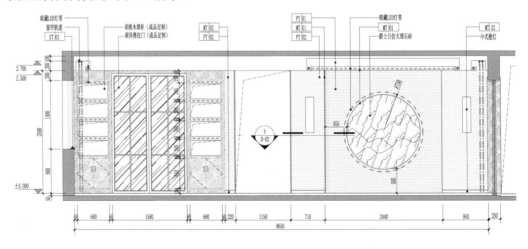

图 7-4 立面图上的各种标注

7.3　室内装饰立面图的绘制步骤与方法

原则上，室内立面的表现，应该对每个房间、区域的立面空间形态面面俱到。本范例施工图中针对每个房间均有立面图，本单元的教学仅以其中的主卧立面图和厨房立面图为例，学习和讲解室内装饰立面图的绘制步骤和方法，以期达到举一反三的目的。

7.3.1　绘制主卧装饰立面图

室内装饰立面图的绘制，是根据在平面布置图的立面索引符号，对应索引符号指向的各墙面和立面进行的。主卧平面布置图的立面指向符号，如图 7-5 所示。

根据图 7-5 中的立面索引符号，主卧的 4 个立面按顺时针方向分别编号为 01、02、03、04。其中，编号为 01、02 的立面图绘制在图号为 E-04 的图纸中，编号为 03、04 的立面图绘制在图号为 E-05 的图纸中。

下面分别对 4 个立面图的绘制步骤和方法进行介绍。

1．新建立面图专用图层

1）执行"图层"命令，在打开的"图层特性管理器"窗口中创建 3 个图层并分别命名为"E-01-立面""E-01-立面活动家具""E-01-立面标注"，并对各图层的颜色进行修改，如图 7-6 所示。

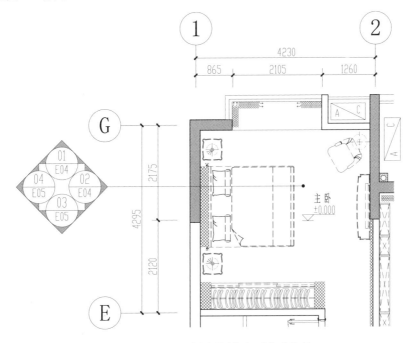

图 7-5　主卧平面布置图的立面索引符号

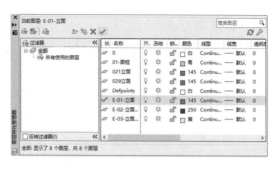

图 7-6 立面图图层设置

2）选择"E-01-立面"图层设为当前操作图层。

2. 绘制主卧 01 立面图图样

（1）绘制立面图基本轮廓辅助线

1）为了利用平面图捕捉立面图轮廓构造线，通常是在模型空间中复制平面图中立面索引符号指向的墙面或立面的平面图样，使其处于正立投影方向。若没有，则应将该墙位旋转到正立投影方向。

在如图 7-5 所示的主卧平面布置图中，只有编号 01 的窗位墙是处于正立投影方向，不用旋转方向，而其他 3 个墙面均需要进行旋转。旋转后墙面处于正立投影方向的显示情况：02 号墙面旋转如图 7-7 所示，03 号墙面旋转如图 7-8 所示，04 号墙面旋转如图 7-9 所示。

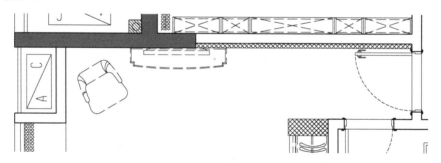

图 7-7 02 号墙面旋转到正立投影方向

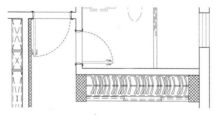

图 7-8 03 号墙面旋转到正立投影方向

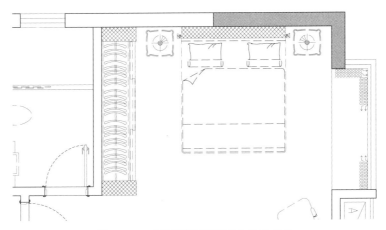

图 7-9　04 号墙面旋转到正立投影方向

提示：利用平面图绘制立面图的长度方向轮廓线，不需要一一输入尺寸，是非常快速简捷的方法。但必须做到的是，在平面图中各构造图形要精准无误。

2）执行"构造线"命令，开启"正交"模式，在 01 号立面索引符号指向的窗位墙面，依次捕捉左侧墙体轮廓线、左侧墙体阴角转折点、窗洞左侧墙体轮廓转折点、窗洞右侧墙体轮廓转折点、右侧墙体轮廓阴角转折点，绘制出该墙面的立面轮廓辅助线，如图 7-10 所示。

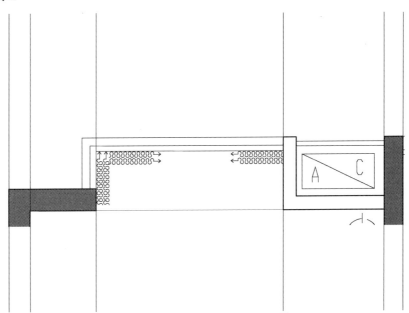

图 7-10　基于平面图绘制立面图长度方向的轮廓辅助线

3）执行"构造线"命令，绘制水平直线，作为地面楼板构造的基准水平线，如图 7-11 所示。

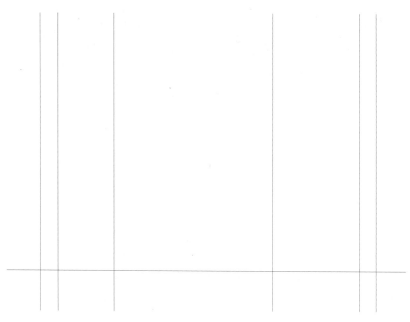

图 7-11　绘制水平基准辅助线

4）执行"偏移"命令，根据主卧立面空间各部位的水平标高，从地面楼板构造基准水平线开始，依次绘制建筑楼地板、地面装饰完成面、窗台板、窗顶、吊顶一级标高、楼顶板等部位高度的水平轮廓辅助线，如图 7-12 所示。

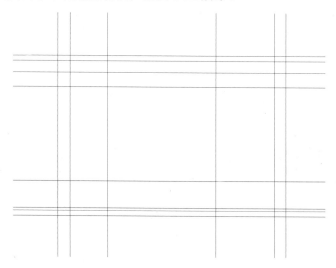

图 7-12　绘制立面高度方向的各部位水平轮廓辅助线

（2）绘制立面图基本轮廓线

1）执行"圆角"命令，设圆角半径为 0，分别对最外层和最内层的相邻辅助线进行直角封闭，完成建筑墙体、楼板（天花板）的剖切轮廓线和窗洞外框轮廓线的绘制。

2）执行"偏移"命令，将地面装饰完成面线段向上偏移 20，作为踢脚线的高度；将墙体内侧线分别向左右偏移 10，作为踢脚线的截面厚度；然后执行"修剪"命令，修剪多余线段，如图 7-13 所示。

图 7-13　执行"圆角""修剪"命令绘制立面基本轮廓线

3）执行"直线""复制""修剪"等命令，以如图 7-13 所示的窗上顶棚基准辅助线为基础，参照如图 7-14 所示的顶棚剖切轮廓详图尺寸，绘制立面图中的顶棚剖切造型轮廓线。

绘制结果如图 7-15 所示。

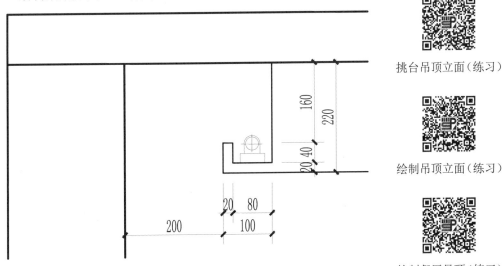

图 7-14　顶棚灯槽剖切轮廓详图

挑台吊顶立面（练习）

绘制吊顶立面（练习）

绘制餐厅吊顶（练习）

图 7-15　绘制立面图顶棚剖切轮廓线

（3）插入窗、窗帘、灯槽灯具等构件

执行"插入块"命令，在窗洞位置插入窗、窗帘图块，在灯槽位置插入灯图块，在右边墙角位置插入落地灯图块。完成结果如图 7-16 所示。

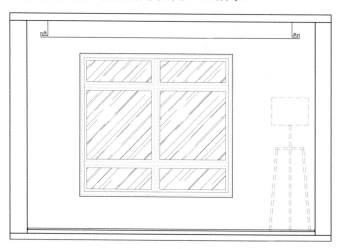

图 7-16　插入窗、窗帘、灯槽灯具等构件

（4）填充图案

执行"填充"命令，选择"GRASS"图案为墙面壁纸，单击选择墙面空白处进行图案填充。继续执行"填充"命令，选择"SOLID"图案为墙体和楼板断面材料，单击选择墙体、楼板空白处进行图案填充。

以上操作完成结果如图 7-17 所示。

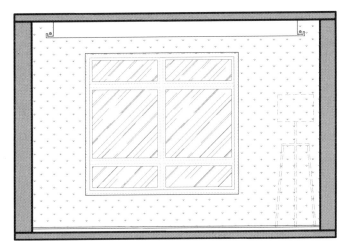

图 7-17 填充图案

至此，主卧 01 立面图的图样绘制全部结束。剩下的尺寸、标高、文字等标注，均在布局空间操作。

3. 绘制主卧 02 立面图图样

根据立面索引符号的指向可以看到，该方向的墙面没有任何凹凸变化和装饰造型，相对比较简单。绘制时，只需参照主卧平面布置图在长度方向的尺度和顶棚平面图的吊顶位置，结合主卧 01 立面图的完成内容，可以很快地绘出 02 立面图。

绘制之前，对比一下 02 立面图与 01 立面图的异同情况。

1）顶棚。主卧 02 立面图与 01 立面图的顶棚造型在卧室的中央区域完全一样，只是长度和宽度上的尺寸差异。所不同的是，主卧 02 立面图在卧室进门的走道区域，做有低一级的吊顶（CH=2.400），内设空调系统装置。这是需要重新绘制的。

2）墙面。主卧 01 立面图的墙面贴壁纸并有窗，墙脚安装不锈钢板饰面踢脚线（20mm高）。主卧 02 立面图的墙面和踢脚的材质及做法与立卧 01 立面图一样，墙面没有窗，但需要画出两侧墙体的剖切图形。其中，左侧墙体有与 01 立面图的同一飘窗（剖切图样）；右侧的墙体，有被剖切的卧室门洞和门扇图形。

3）地面。与主卧 01 图的材质做法完全一样。

由此可以确定制图思路，即充分利用前面画过的图形，略加修改即成。

（1）绘制立面图在长度方向的基本轮廓辅助线

1）执行"旋转"命令，将复制的卧室平面布置图和顶棚平面图，旋转到编号为 02 的立面索引符号指向的正立投影面位置，并同轴对正。

2）执行"构造线"命令，开启"正交"模式，在平面布置图上从左至右依次捕捉左侧窗位线、窗墙转角轮廓线、右侧墙体门位线，绘制出该立面长度方向的竖向轮廓辅助线。在顶棚平面图上捕捉吊顶轮廓线绘制出辅助线（为了区别于其他辅助线，将吊顶辅助线修剪缩短），如图 7-18 所示。

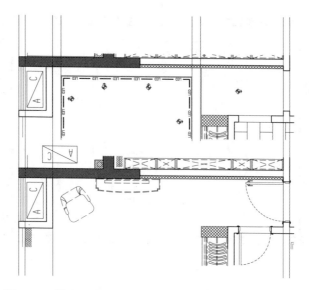

图 7-18   利用平面布置图和顶棚平面图绘制立面轮廓辅助线

（2）复制 01 立面图修改为 02 立面图

1）执行"复制"命令，将主卧 01 立面图复制到空白绘图区，并删除图中的窗和填充图案。

2）执行"移动"命令，将立面辅助线移动到主卧 01 立面图上，使左侧第三条竖向辅助线与主卧 01 立面图左侧的墙角线对齐，如图 7-19 所示。

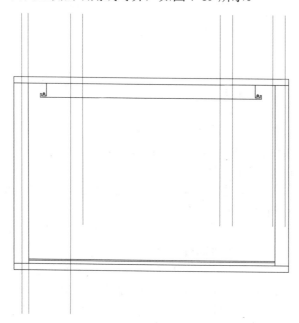

图 7-19   将辅助线移动到复制的 01 立面图上与之对齐

3）执行"拉伸"命令，开启"正交"模式，以窗交模式框选立面图右侧的墙体和楼板，捕捉墙体外侧轮廓线，水平向右拉至最右端的辅助线上。继续执行"拉伸"命令，以窗交模式框选立面图右侧的吊顶灯槽剖面图形，水平向左拉至邻边两条辅助线的左边一条线上。完成结果如图 7-20 所示。

4）执行"构造线"命令，捕捉立面图上的地面完成面水平线上的任意一点，绘制一条水平辅助线。

5）执行"偏移"命令，按照走廊吊顶、门、窗的高度尺寸（走廊吊顶 2400，门高 2010，窗台 450，窗洞高 1900）分别向上偏移，以此作为绘制走廊吊顶、开设门洞和窗洞的边界线。为了方便看清辅助线的对应关系，将构造线的一端修剪掉，如图 7-21 所示。

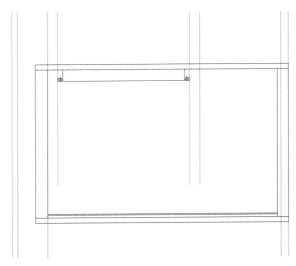

图 7-20 拉伸主卧 01 立面图图形

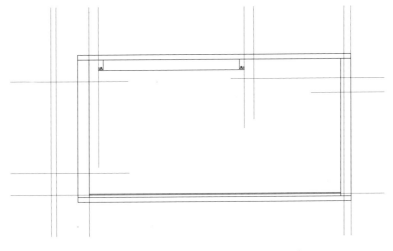

图 7-21 绘制走廊吊顶和门、窗洞辅助线

6）执行"偏移"命令，将窗洞辅助线分别向上和向下偏移 100；执行"修剪"命令，对门窗洞口和吊顶各部位线段进行修剪。最后删除多余辅助线，结果如图 7-22 所示。

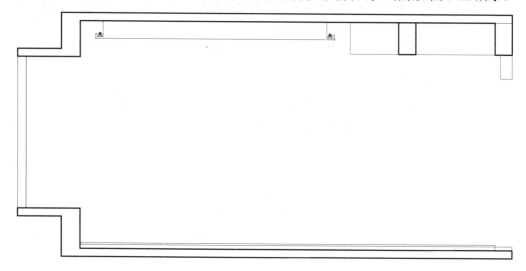

图 7-22　绘制完成主卧 02 立面图基本轮廓线

7）执行"直线"命令，在窗洞处补充绘制飘窗、窗台板、窗位转折墙；在门洞处绘制门套、门扇等轮廓线。

8）执行"插入块"命令，插入矮柜、挂壁电视机、窗帘滑轨等图块。

以上操作结果如图 7-23 所示。

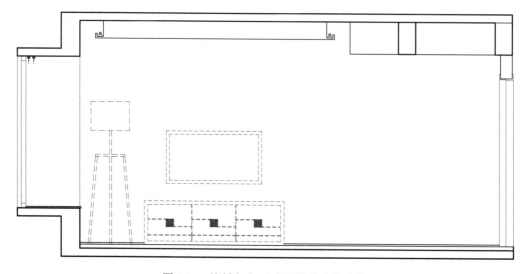

图 7-23　绘制完成 02 立面图基本轮廓线

9）选择"SOLID"图案为墙体和楼板断面材料；选择"GRASS"图案为墙面壁纸材料；选择"ANSI31"图案为门头上方的梁位断面材料。填充结果如图 7-24 所示。

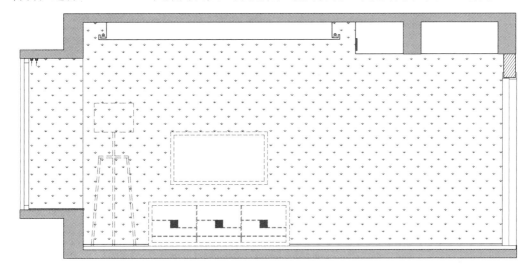

图 7-24　填充图案

至此，02 主卧立面图的图样绘制全部结束。剩下的尺寸、标高、文字等标注均在布局空间操作。

4. 绘制主卧 03 立面图

主卧 03 立面图与 01 立面图在同一轴线位置，方向相反。两侧的墙体、地面和顶棚的构造完全一样。因此，可以直接在复制的主卧 01 立面图上进行修改。

1）执行"复制"命令，复制 01 立面图到绘图区的空白处，然后删除墙面上的窗和壁纸图案。

2）将复制的主卧平面布置图旋转到正立投影位置，并与复制的 01 立面图在墙位上对齐。

3）绘制 03 立面图轮廓辅助线。

① 执行"构造线"命令，捕捉主卧平面布置图上的门套、转折墙和衣柜等部位的轮廓线，绘制竖向轮廓辅助线。

② 执行"偏移"命令，选择地面装饰完成面水平线，依次向上偏移：衣柜门底部标高线（100）、门套顶部水平轮廓线（2100）、走廊吊顶标高线（2400）、空调风口底部标高线（2450）。

以上操作结果如图 7-25 所示。

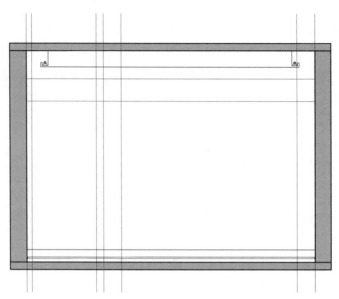

图 7-25　在复制的立面图上绘制轮廓辅助线

4）绘制 03 立面图基本轮廓线。

① 执行"矩形"命令，捕捉门位辅助线交点，绘制矩形门套外框线，然后删除门的辅助线。

② 执行"偏移"命令，将矩形门套外框线向内偏移 60。

③ 执行"修剪"命令，将偏移在内的门套矩形底部水平线修剪掉。同时执行"延伸"命令，将门套内框线延伸到地面装饰完成面线上。

④ 执行"矩形"命令，捕捉衣柜处框辅助线交点，绘制衣柜外框轮廓线，随即将其分解，并删除衣柜辅助线。

⑤ 执行"绘图"→"点"→"定数等分"命令，单击衣柜外框轮廓水平线，在命令行中输入 4，按 Enter 键，显示 4 个等分点。

⑥ 执行"复制"命令，选择衣柜外框轮廓竖向直线将其复制到各等分点上，然后删除等分点。

⑦ 执行"矩形"命令，捕捉衣柜等分单元门的交点画矩形，随即向内偏移 35。

⑧ 执行"复制"命令，选择衣柜门内框线，复制到其他单元门框中。

⑨ 执行"矩形"命令，捕捉空调风口底部辅助线与墙边的交点，绘制风口外框线。

⑩ 执行"偏移"命令，将风口外框线向内偏移 15，随即将其分解。然后将上面一条内框水平线以 25 的偏移距离向下复制数个，最后删除所有辅助线。

以上操作结果如图 7-26 所示。

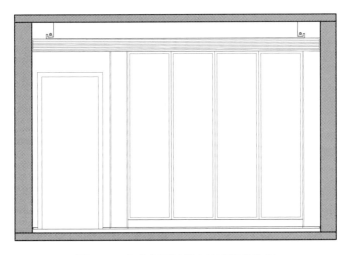

图 7-26   完成立面图基本轮廓线的绘制

5）绘制门执手锁。

参照如图 7-27 所示的门的执手锁图形尺寸，绘制门执手锁。

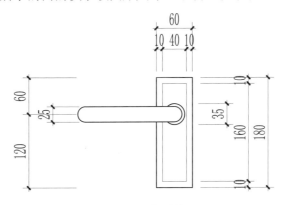

图 7-27   执手锁

① 执行"矩形"命令，在空白处绘制一个 60×180 的矩形。然后执行"偏移"命令，将矩形向内偏移 10。

② 执行"构造线"命令，捕捉矩形顶部绘制一条水平线；将该线向下移动 60，继续执行"构造线"命令，捕捉矩形顶部中点，绘制出一条垂直线。

以上操作结果如图 7-28（a）所示。

③ 执行"圆"命令，捕捉十字交点，绘制直径 35 的圆。

执行"偏移"命令，将圆向内偏移 5。执行"直线"命令，捕捉内圆象限点，绘制两条与圆相切的水平直线。执行"复制"命令，选择小圆向左侧复制（距离 150）。

以上操作结果如图 7-28（b）所示。

④ 执行"修剪"命令，修剪多余线段，同时删除所有辅助线。完成结果如图 7-28（c）所示。

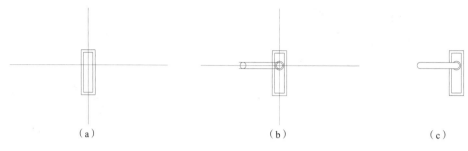

（a）　　　　　　　　　　　（b）　　　　　　　　　　　（c）

图 7-28　执手锁的绘制

6）在立面图的门扇上插入门执手锁。

① 选择绘制完成的执手锁矩形内框线，将颜色修改为 251 号，执行"创建块"命令，根据打开的"块定义"对话框的提示，选择执手锁图样，转换为"块"。

② 执行"插入块"命令，在打开的"插入"对话框中选择执手锁，插入门扇的右侧（执手锁距地面高度为 1000）。

7）绘制平开门开启线。

执行"直线"命令，在门扇上绘制平开门开启线。并将线型改为"DASH"（虚线），调整虚线显示比例。

8）绘制衣柜门和墙面饰面材料。

执行"填充"命令，在打开的"图案填充和渐变色"对话框中，选择"GRASS"图案为墙面壁纸材料；选择"HOUND"图案为衣柜门饰面材料，分别填充到图中所选范围。

以上操作结果如图 7-29 所示。

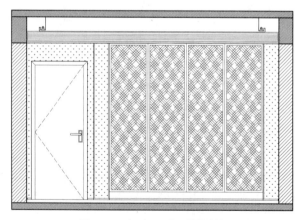

图 7-29　主卧 03 立面图图样

至此，主卧 03 立面图的图样绘制全部结束。尺寸、标高、文字等标注均在布局空间进行操作。

5. 绘制主卧 04 立面图图样

主卧 04 立面图与主卧 02 立面图在主卧房间的方向相反，两侧的墙体、地面和顶棚

的构造为镜像图形。因此，只要将 02 立面图复制并镜像，再对墙面进行相应的修改和
添加绘制即可得到 04 立面图。

1）执行"复制"命令，复制主卧 02 立面图到绘图区的空白处。

2）执行"镜像"命令，将复制的主卧 02 立面图进行水平镜像，同时删除墙面上的
壁纸图案。镜像后的结果如图 7-30 所示。

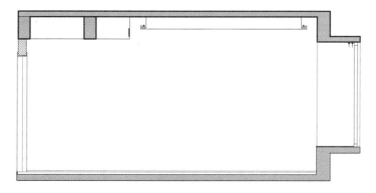

图 7-30　镜像后的主卧 02 立面图

3）绘制立面图轮廓辅助线。

① 执行"构造线"命令，在复制并旋转的主卧室平面布置图上依次捕捉左侧墙角、
卫生间门、衣柜侧墙、床靠背景墙、右侧墙角、窗等平面构造轮廓，画出立面图所需的
竖向轮廓辅助线，如图 7-31 所示。

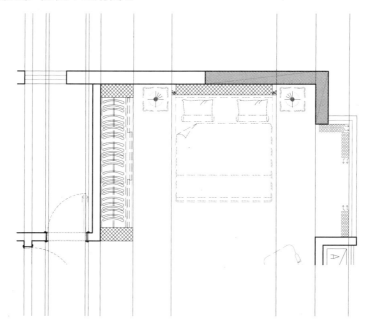

图 7-31　在主卧平面布置图上绘制立面图轮廓辅助线

② 执行"移动"命令，将如图 7-31 所示的辅助线，捕捉移至如图 7-30 所示的立面图上（可选择窗边轮廓线对齐），以确定立面图上的门套、衣柜侧面隔墙、床靠背景墙等构件方位，如图 7-32 所示。

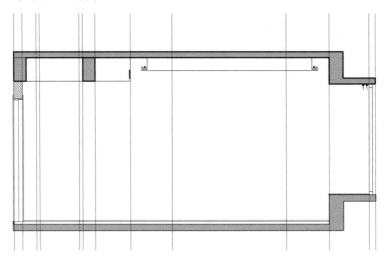

图 7-32　在立面图中绘制轮廓辅助线

4）绘制主卧 04 立面图轮廓线。

① 执行"复制"命令，将主卧 02 立面图中的门套及门扇轮廓线复制到绘图区的空白处，然后进行水平镜像，移至立面图中的门位辅助线上（门套线的下端与地面完成面对齐）；并通过"拉伸"命令调整门的宽度（700）。完成之后删除门位辅助线，修剪门套内的踢脚线，结果如图 7-33 所示。

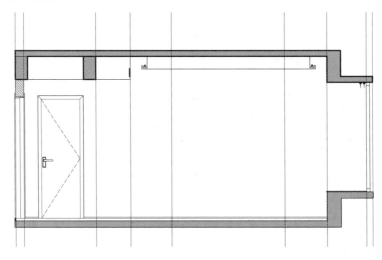

图 7-33　在立面图中插入卫生间门套及门扇轮廓线

② 执行"修剪"命令，对衣柜隔墙、背景墙等轮廓线进行修剪。

③ 执行"偏移"命令，将衣柜隔墙右侧轮廓辅助线向左偏移 10；将床靠背景墙左右两条轮廓辅助线分别以 25 的偏移距离向内偏移。继续执行"偏移"命令，将刚才偏移的线段向内偏移 50，然后将其线型改为"DASH"（虚线），并转换为多段线，设置其线宽为 40。

④ 以窗交模式选择所有多余的辅助线，按 Delete 键将其删除。

以上操作结果如图 7-34 所示。

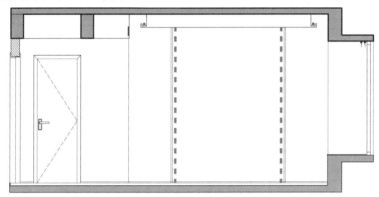

图 7-34　完成立面图中各部位构造轮廓线的绘制

5）绘制墙面壁纸、侧墙窗。

① 执行"填充"命令，在打开的"图案填充和渐变色"对话框中，选择"GRASS"图案对背景墙以外的墙面填充壁纸材料；选择"GROSS"图案对背景墙填充壁纸材料。

② 执行"矩形"命令，绘制飘窗侧墙窗框线，向内偏移 40 宽窗框；填充"AR-BRSTD"窗玻图案，并适当调试填充的比例。

6）插入家具、灯具图块。

执行"插入块"命令，在打开的"插入"对话框中单击"浏览"按钮，在打开的"选择图形文件"对话框中选择随书光盘中的"\图块文件\"目录下的"主卧立面床铺床头柜.dwg"和"主卧立面台灯.dwg"文件，分别插入立面图中。

以上操作结果如图 7-35 所示。

至此，主卧立面图的全部图样全部绘制完成。

6. 标注与注释

图样绘制完毕之后，便要对图样进行各种标注和注释，包括尺寸标注、文字注释、各种符号的绘制和插入等。这些操作在布局空间中进行，有着比模型空间操作更多的优势和便利。本书的教学，对标注和注释的操作，是针对布局空间进行讲解的。

1）单击"布局1"按钮，将操作界面切换到布局空间。

2）插入图框文件。布局空间中的各种幅面的图框，均是以图样的实际规格尺寸绘制而成的。为了便于管理，设计单位通常会预先制作专用的图框模板，连同标题栏中的注写内容做成可编辑修改的属性块，形成完整的一体。

① 执行"插入块"命令，打开"插入"对话框，如图7-36所示。

② 单击"浏览"按钮，在打开的"选择图形文件"对话框中找到"A3图框"图块，单击"打开"按钮，即可在布局空间中插入A3横式图幅的图框，如图7-37所示。

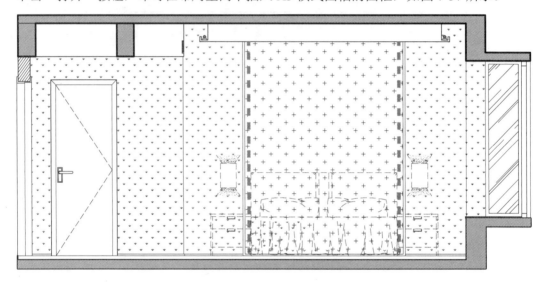

图7-35 在立面图中填充材质并插入家具、灯具图块

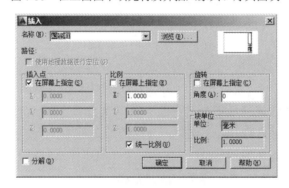

图7-36 "插入"对话框

图 7-37　在布局空间插入的图框图块

3）在图框中开设视口。执行"创建布局视口"命令，在图框绘图区中画出一个矩形框，即可开设一个视口，在新开设的视口中会显示模型空间中所有的图样。

也可以通过在任何一个工具栏上右击，在弹出的快捷菜单中选择"视口"选项，如图 7-38 所示，即可打开"视口"工具栏，如图 7-39 所示。

图 7-38　选择"视口"选项　　　　　图 7-39　"视口"工具栏

提示：图 7-39 所示的"视口"工具栏中有上下两个图标，其实是同一个。上面一个显示的"按图纸缩放"，可使被激活的视口中显示所有模型中的图样。下面一个显示的"1：40"，可使被激活的视口中选择的图样按此比例显示，此比例既可直接在文本框中输入，也可在下拉列表中选择，如图 7-40 所示。

工具栏的左侧有 5 个图标按钮，从左至右依次为显示"视口"对话框、单个视口、多边形视口、将对象转换为视口和裁剪现有视口。

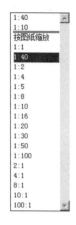

图 7-40 视口缩放控制

工具栏的右侧为视口缩放控制文本框，单击文本框右侧的下拉按钮，即可展开所有的比例控制参数选项，选择任何一个选项，被激活的视口中的图样随即按选项比例显示。

4）设置视口中的图样比例。

① 在创建的视口内双击，激活视口，进入模型空间。

② 在图样中找到主卧 01 立面图，滚动鼠标中键，将其调整到视口最大化。此时图样的比例并没有确定。

③ 在"视口"工具栏中的视口缩放控制下拉列表中，选择"1：40"选项，在视口中的图样即可自动缩放到设定的比例状态。

④ 在视口框外双击，退出视口。

提示：设置视口中图样比例的方法有 3 种：方法一，在"视口"工具栏的视口缩放控制文本框中直接输入比例；方法二，在"视口"工具栏的视口缩放控制下拉列表中选择比例；方法三，通过键盘输入比例，操作为在命令行中输入"Z"，按 Enter 键；在命令行中输入"1/nXP"，按 Enter 键。

5）锁定和控制视口。

① 锁定视口。单击视口线，使之呈被选择状态。右击视口线，在弹出的快捷菜单中选择"显示锁定"→"是"选项，如图 7-41 所示，将视口锁定。锁定后的视口，视口已设定比例显示的模型图样将不会被误操作而改变缩放比例。

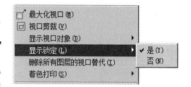

图 7-41 锁定视口

② 控制视口打印。将视口设为"Defpoints"非打印图层。

6）新建标注样式并设为当前。

① 执行"标注样式"命令，在打开的"标注样式管理器"对话框中单击"新建"按钮，在打开的"创建新标注样式"对话框中，输入新样式名称为"布局 1-40"。单击"继续"按钮，打开"新建标注样式：布局 1-40"对话框。对各选项卡中的修改设置如下。

a．"线"选项卡。将"尺寸线"和"尺寸界线"的颜色设为 251 号色；在"尺寸界线"选项组中，将"超出尺寸线"和"起点偏移量"设置为 2，选中"固定长度的尺寸界线"复选框，并将"长度"设置为 8，如图 7-42 所示。

b．"符号和箭头"选项卡。选择箭头样式为"建筑标记"；"箭头大小"设置为 1，如图 7-43 所示。

c．"文字"选项卡。将"文字外观"选项组中的"文字样式"设置为尺寸标注，"文字颜色"选择黄色，"文字高度"设置为 2.5；在"文字对齐"选项组中选中"与尺寸线对齐"单选按钮，如图 7-44 所示。

d．"调整"选项卡。选中"文字始终保持在尺寸界线之间"和"尺寸线上方，不带引线"单选按钮；在"标注特征比例"选项组中选中"使用全局比例"单选按钮，并将比例调整为 1 如图 7-45 所示。

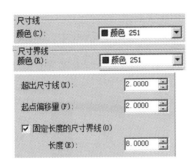

图 7-42 "线"选项卡的相关设置

图 7-43 "符号和箭头"选项卡的相关设置

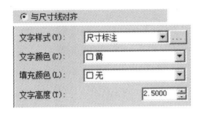

图 7-44 "文字"选项卡的相关设置

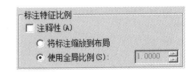

图 7-45 "调整"选项卡的相关设置

e. "主单位"选项卡。在"测量单位比例"选项组中的"比例因子"文本框中输入 40，如图 7-46 所示。

图 7-46 "主单位"选项卡的相关设置

② 完成各选项卡的设置之后，单击"确定"按钮返回"标注样式管理器"对话框，单击"置为当前"按钮，关闭对话框。

7）标注尺寸。

① 在"图层控制"中选择"02-标注"图层，使之成为当前操作图层。

② 修改系统变量。在命令行中输入"DIMASSOC"，按 Enter 键。将系统变量默认值的 2 修改为 1，按 Enter 键。由此，标注对象的关联性得以控制，使布局空间的尺寸标注准确无误。

③ 执行"标注"→"线性"和"连续标注"命令，对 01 主卧立面图的各部位尺寸进行标注。

尺寸标注结果如图 7-47 所示。

8）标注标高。

① 执行"插入"命令，在图中插入标高符号（预先制作的属性块）。

② 执行"移动"命令，将标高符号图块移动到地面完成面的尺寸界线位置。

③ 执行"复制"命令，"正交"模式下将标高符号分别复制到顶棚尺寸界线和楼顶

板尺寸界线的位置。

④ 双击最下面的标高符号，在打开的"增强属性编辑器"对话框中，修改标高值为±0.000，单击"确定"按钮。向上依次双击其他标高符号，分别改标高值为 2.580 和 2.800。

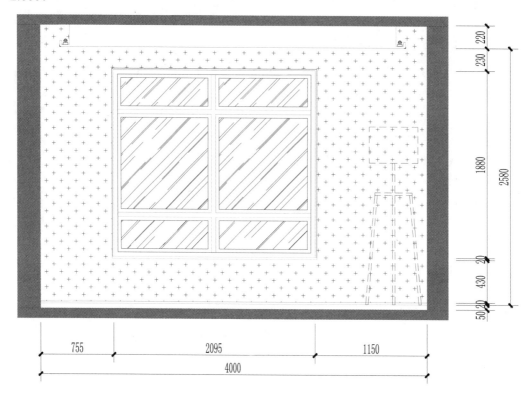

图 7-47　标注 01 主卧立面图尺寸

9）标注文字。

① 执行"引线"命令，开启"正交"模式，在图中分别捕捉吊顶灯槽灯具、墙面壁纸、建筑窗、窗台板、踢脚线等需要标注的图形部位单击，绘制引线至图外并注意尾端对齐。

② 执行"复制"命令，将前图中的文字注释（包括单纯文字注释和带有属性的文字图块）复制到本图中的引线尾端。双击复制的文字或属性块，对文字内容进行相应的修改。

③ 执行"复制"命令，将前图中的图名块复制到本图中。双击复制的图名块，在打开的"增强属性编辑器"对话框中设置图名为主卧立面图、比例为 1：40、编号为 01、图号为 P-02，单击"确定"按钮。完成结果如图 7-48 所示。

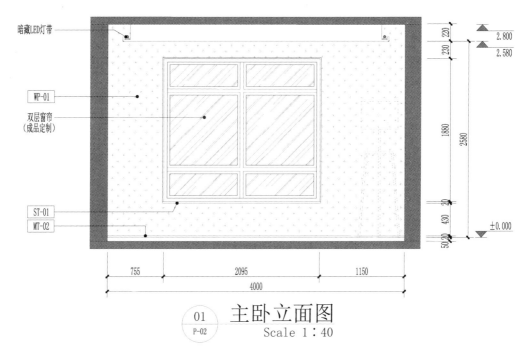

图 7-48 01 主卧立面图的最终绘制完成结果

以上是对主卧 01 立面图进行尺寸标注和文字注释的完成结果，对主卧其他 3 个立面标注的操作步骤和方法完全一样，这里不再赘述。对主卧其他 3 个立面的标注分别如图 7-49、图 7-50、图 7-51 所示。主卧 01～04 立面图的出图示意如图 7-52 和图 7-53 所示。

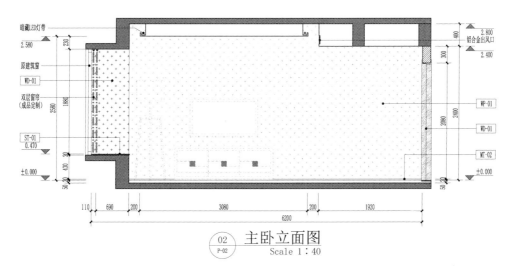

图 7-49 主卧 02 立面图的最终绘制完成结果

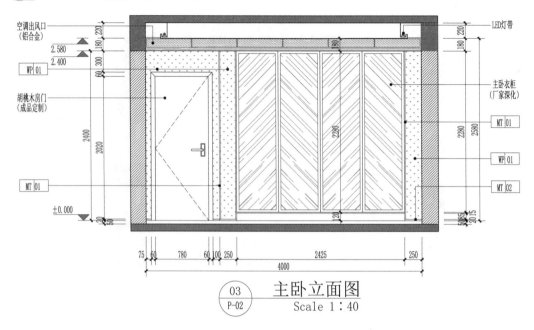

图 7-50   主卧 03 立面图的最终绘制完成结果

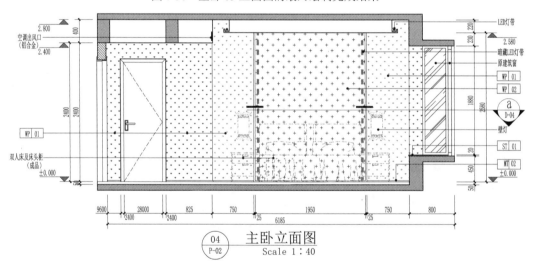

图 7-51   主卧 04 立面图的最终绘制完成结果

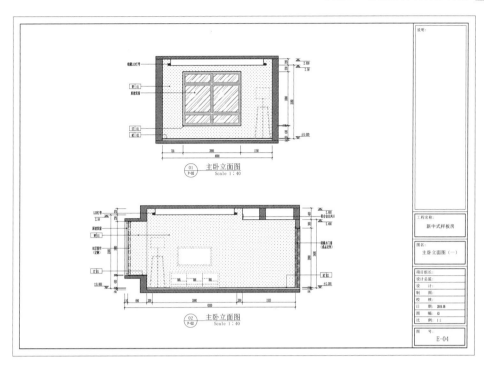

图 7-52　主卧立面图（一）：01 立面图、02 立面图

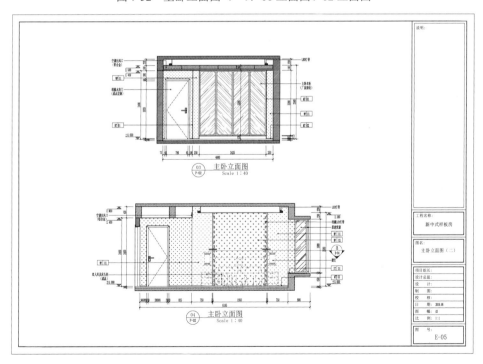

图 7-53　主卧立面图（二）：03 立面图、04 立面图

7.3.2 绘制厨房装饰立面图

绘制厨房立面图，也是先要对应平面布置图中的立面索引符号，了解各立面图的图示内容。厨房平面布置图的立面指向符号，如图7-54所示。

绘制餐厅立面1
（练习）

绘制餐厅立面2
（练习）

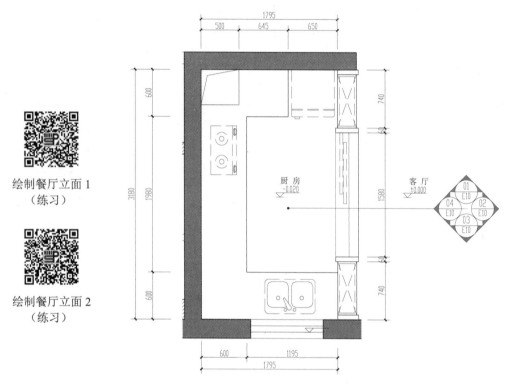

图7-54　厨房平面布置图及立面索引符号

根据图7-54所示的内容，厨房的4个立面按顺时针方向排列，依次编号为01、02、03、04，均绘制在图号为E-10的图纸中。

下面分别对4个立面图的绘制步骤和方法进行介绍。

1. 绘制厨房01立面图

在上述的主卧立面图绘制中，我们是以平面布置图和顶棚平面图作为绘制立面图轮廓线的辅助图，对于顶棚造型和墙面造型较为简单的空间，则可以直接按照平面图上的尺寸进行绘制。

厨房立面图的绘制仍然是在"E-01-立面"图层进行。

（1）绘制厨房01立面图轮廓辅助线

1）执行"构造线"命令，在绘图区的空白处绘制一条水平线和一条垂直线。

2）执行"偏移"命令，按照平面布置图中立面索引符号编号01指向的立面图形尺寸，将垂直构造线由左至右依次以 220（墙体厚度）、500（烟道宽度）、100（烟道与台面板距离）、540（地柜台面板转折）、630（地柜与门套间距）、300（门套板宽度）的距离偏移。

3）执行"偏移"命令，按照顶棚平面图的标高数据，将水平构造线由下至上依次偏移 100（建筑楼板厚度）、2570（地砖及砂浆厚度+吊顶高度）、300（吊顶与原建筑楼板垂直方向间距）、100（建筑楼板厚度）。

以上操作结果如图 7-55 所示。

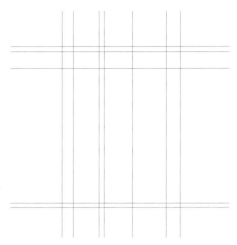

图 7-55　绘制厨房 01 立面轮廓基本辅助线

（2）绘制厨房 01 立面图建筑墙体及楼板轮廓线

1）执行"直线"命令，在辅助线的最右侧画出折断线。

2）执行"多段线"命令，从右侧底部外围辅助线与折断线的交点开始，向左、向上、向右依次捕捉外围辅助线交点，绘制线宽为 30 的 U 形线，如图 7-56 所示。

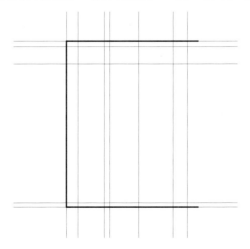

图 7-56　绘制厨房 01 立面轮廓辅助线

3）执行"偏移"命令，将绘制的多段线向内偏移 100。然后执行"拉伸"命令，窗交选择纵向右侧的线段，拉至右侧墙体辅助线上。

4）执行"修剪"命令，将楼板、墙体以外的辅助线段修剪掉，并保留墙体和楼板各一条辅助线，结果如图 7-57 所示。

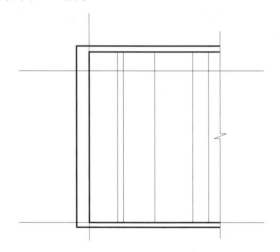

图 7-57　绘制厨房 01 立面墙体楼板轮廓线

（3）绘制厨房 01 立面图剖切柜体轮廓辅助线

在绘制厨房地柜之前，对地柜的构造形式和细部尺寸通过放大样剖切图示做一个了解，如图 7-58 所示。

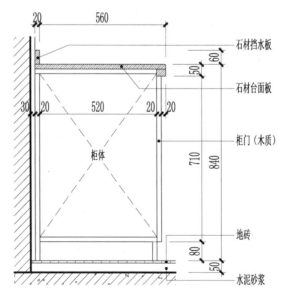

图 7-58　厨房地柜剖切详图

1）执行"偏移"命令，选择底部水平构造线，向上依次偏移 50（地砖及砂浆厚度）、80（地柜踢脚）、710（地柜柜体高度）、50（地柜台板立面厚度）、60（地柜台面挡水板）、560（地柜与吊柜垂直方向间距）。

为了避免线段过多而分辨不清，要及时对有些线段进行修剪和编辑夹点到适当位置。

2）执行"修剪"命令，修剪部分辅助线，如图 7-59 所示。

3）执行"偏移"命令，选择左侧垂直构造线，向右依次偏移 30（墙面砖厚度）、300（吊柜深度）、250（吊柜与地柜水平方向间距）。然后将最后偏移的这条线向左偏移 20（地柜退缩的踢脚线），结果如图 7-60 所示。

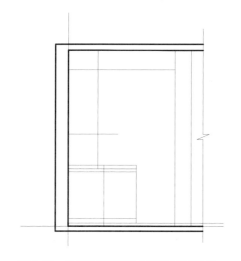

图 7-59 绘制橱柜剖切立面轮廓辅助线 1　　　图 7-60 绘制橱柜剖切立面轮廓辅助线 2

（4）绘制厨房 01 立面图剖切柜体轮廓线

1）执行"多段线"命令，由地面线与地柜踢脚辅助线交点开始，依次捕捉辅助线各交点，绘制地柜、墙砖、吊柜外围剖切立面图形轮廓线。

2）通过编辑线段的夹点、执行"多段线""修剪"等命令，对厨房门位地面和顶棚位置线等局部进行微小的调整。

3）选择多余辅助线，按 Delete 键删除。

以上操作结果如图 7-61 所示。

（5）绘制厨房 01 立面图正立面柜体轮廓线

厨房正立面门扇的构造尺寸，如图 7-62 所示。

1）执行"构造线"命令，捕捉正立面柜体内侧轮廓线，拉出辅助线。

2）执行"偏移"命令，选择构造线分别向内偏移 80（柜门框边线）。

3）执行"矩形"命令，捕捉偏移在内侧的构造线交点，绘制矩形。

绘制酒水柜立面（上）（练习）

绘制酒水柜立面（下）（练习）

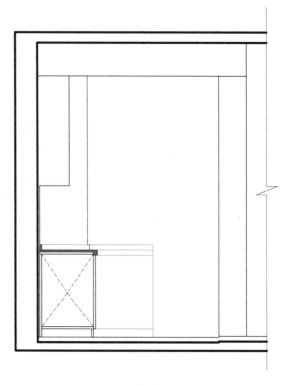

图 7-61　绘制橱柜剖面轮廓线

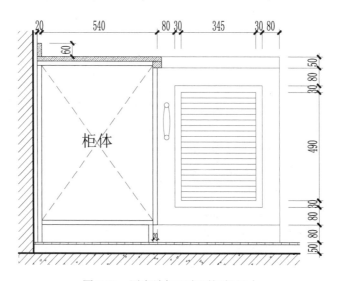

图 7-62　厨房地柜正立面细部尺寸

4）执行"偏移"命令，将矩形向内偏移 30。

5）执行"填充"命令，在打开的"图案填充和渐变色"对话框中选择"ANSI31"图案，角度为 45°，选择内矩形范围进行填充（百叶）。

6）执行"圆"和"圆弧"命令，复制和镜像图形，在柜门左侧绘制拉手，最后绘制门扇开启虚线，完成结果如图 7-63 所示。

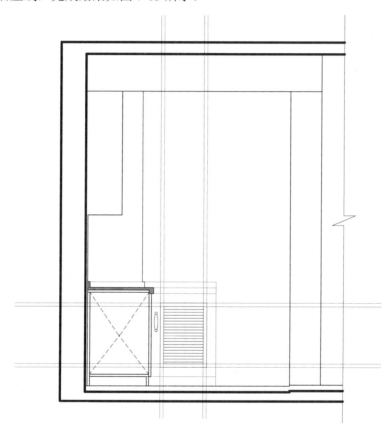

图 7-63 绘制橱柜正面轮廓线

（6）绘制厨房 01 立面图墙面砖分格线

1）选择多余辅助线，按 Delete 键删除。

2）执行"偏移"命令，捕捉门套左侧轮廓线，以 800 的距离向左偏移至烟道线附近结束（注意修改线的颜色为 251 号）。继续执行"偏移"命令，捕捉地面完成面轮廓线，以 400 的距离向上偏移至吊顶附近结束。

3）执行"修剪"命令，对多余线段进行修剪。完成结果如图 7-64 所示。

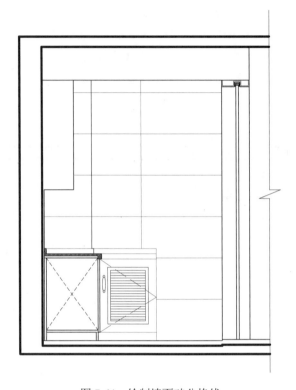

图 7-64　绘制墙面砖分格线

（7）绘制厨房吊滑推拉门断面

厨房吊滑推拉门断面详图及尺寸如图 7-65 所示。

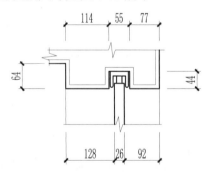

图 7-65　厨房吊滑推拉门断面详图

1）执行"偏移"命令，捕捉门套右侧轮廓线，分别以 107、26 的距离向左偏移。

2）执行"偏移"命令，选择吊顶水平线，向下偏移 64。

3）执行"偏移"命令，捕捉门扇轮廓线，分别以 18 的偏移距离向左右两侧偏移。

4）执行"偏移"命令，选择吊顶水平线，向下偏移 20。

5）执行"修剪"命令，修剪多余线段，完成吊滑推拉门滑槽及门扇的绘制。然后插入吊滑门滑轨图框（也可以当时画出）。完成结果如图 7-66 所示。

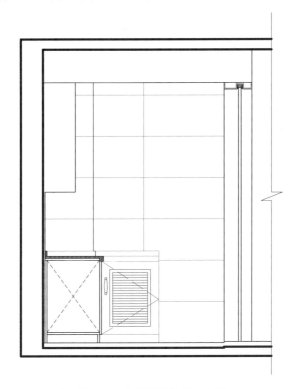

图 7-66 绘制吊滑门断面图形

（8）对墙体、楼板和门套填充材料

1）执行"填充"命令，在打开的"图案填充和渐变色"对话框中选择"SOLID"图案，单击墙体、楼板区域，在"颜色"下拉列表中选择 250 号色，单击"确定"按钮。

2）执行"填充"命令，在打开的"图案填充和渐变色"对话框中的"类型和图案"选项组中的"类型"下拉列表中选择"自定义"选项，在"图案"下拉列表中选择"木纹"选项，单击门套区域，单击"确定"按钮。

完成结果如图 7-67 所示。

（9）插入"冰箱"图块

执行"插入块"命令，在打开的"插入"对话框中，单击"浏览"按钮，打开"选择图形文件"对话框，选择需要的块图形文件，单击"打开"按钮。返回"插入"对话框中，单击"确定"按钮。"冰箱"图块随光标放置到图中，结果如图 7-68 所示。

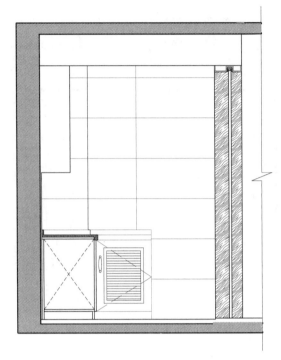

图 7-67　填充墙体、地板及门套板图案

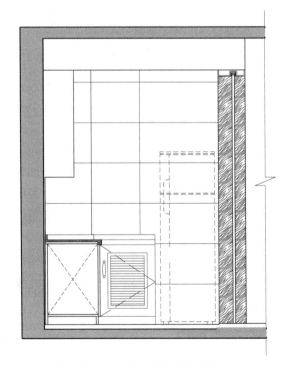

图 7-68　插入"冰箱"图块

至此，厨房 01 立面图的图样绘制全部完成。随后是在布局空间中进行图样比例的缩放和标注等。

2. 绘制厨房 02 立面图

（1）绘制厨房 02 立面图轮廓辅助线

1）执行"构造线"命令，在绘图区的空白处绘制一条水平线和一条垂直线，作为辅助线备用。

2）执行"偏移"命令，根据平面图所示的尺寸，选择垂直线分别以 220（墙体厚度）、740（墙面宽度）、60（门套线宽度）、790（推拉门扇宽度）、790（推拉门扇宽度）、60（门套线宽度）、160（门套线与地柜间距）、580（地柜深度）、220（墙体厚度）等尺寸依次向右偏移。

3）执行"复制"命令，复制厨房 01 立面图到绘图区附近，并移动该图使图中装修完成面地坪线与水平辅助线处于平行位置。

4）执行"构造线"命令，在厨房 01 立面图上依次捕捉立面各部位的轮廓线，绘制水平辅助线。

以上操作结果如图 7-69 所示。

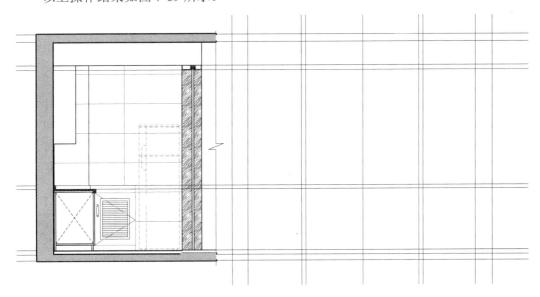

图 7-69 绘制厨房 02 立面图轮廓辅助线

（2）绘制厨房 02 立面图基本轮廓线

1）执行"矩形"命令，捕捉墙体和楼板对应的辅助线交点，绘制两个矩形框，如图 7-70 所示。

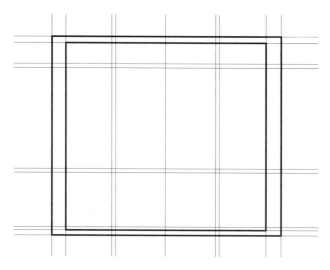

图 7-70　绘制墙体、楼板轮廓线

2）执行"修剪"命令，将各部位轮廓辅助线的多余线段进行修剪，如图 7-71 所示。

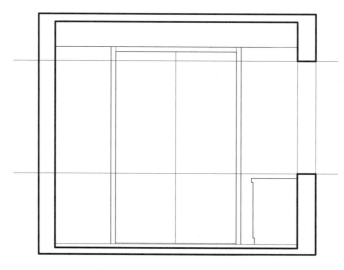

图 7-71　修剪辅助线

（3）精确绘制厨房 02 立面图轮廓线

厨房 02 立面图的难度，在于窗位与地柜（包括挡水板）之间的关系，绘制之前要了解这些构造形式。为了较为清楚地看到这部分的构造，我们用如图 7-72 所示的剖切大样详图来展现，有助于作图的准确性。

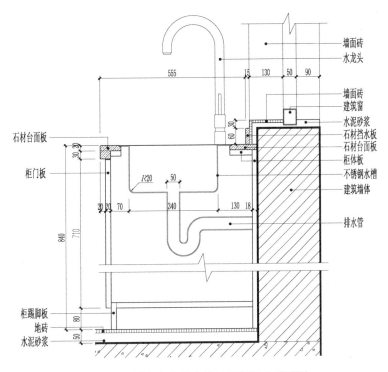

图 7-72　厨房窗台及水槽地柜剖切大样详图

1）绘制窗及窗台板、水槽地柜剖切轮廓线。

① 参照如图 7-72 所示的窗位节点和尺寸，执行"移动"命令，将窗洞左边线向左移动 30（墙面砖镶贴厚度）；然后执行"偏移"命令，再将此线往窗洞间分别偏移 130（窗与墙面砖的间距）、50（窗型材宽度），完成窗位轮廓辅助线的绘制。

② 执行"偏移"命令，将墙面砖辅助线向左偏移 15（石材挡水板厚度），再向左偏移 555（挡水板与台面板边缘的距离）。编辑线的夹点，将各交错、偏离的线段连接起来。

③ 执行"直线""圆角"等命令，绘制水槽及排水管，并将水槽与台面板轮廓线连接。

④ 执行"直线""圆角""修剪"等命令，绘制柜门、踢脚外围轮廓线。

窗台板、水槽地柜剖切轮廓各部位详细尺寸如图 7-73 所示。由于立面图的比例较小，不能像大样详图画出构造的细部，只需要将剖切的外围轮廓线用粗实线表示出来。

上述操作结果如图 7-74 所示。

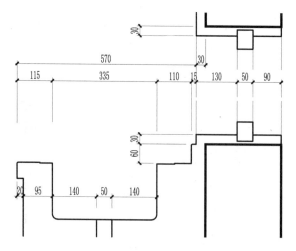

图 7-73　窗台、水槽及台柜细部尺寸

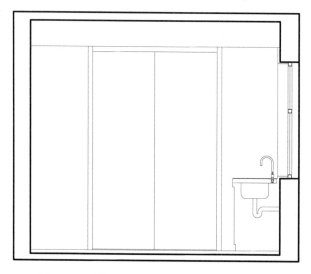

图 7-74　绘制完成窗台、水槽地柜剖面轮廓线

2）绘制厨房推拉门。

① 执行"矩形"命令，捕捉门套内框线的左上角交点到门中线下端点，绘制一矩形。

② 执行"偏移"命令，将矩形向内偏移 50（门扇外框）。

③ 执行"直线"命令，开启"正交"模式，捕捉矩形横线上的中点画一垂直线。

④ 执行"绘图"→"点"→"定距等分"命令，捕捉中垂线，在命令行中输入 3，按 Enter 键。在中垂线上显示 2 个等分点。

⑤ 执行"分解"命令，选择内侧矩形，按 Enter 键。

⑥ 执行"复制"命令，选择分解后的矩形水平线，捕捉线的中点复制到等分点位置。

⑦ 执行"偏移"命令，设定偏移距离为 10，分别对矩形内直线向两侧各偏移 10。

⑧ 选择各组中间线段，按 Delete 键删除。

⑨ 执行"修剪"命令，对各组双线交叉部位进行修剪。

⑩ 执行"填充"命令，在打开的"图案填充和渐变"对话框中选择"AR-BRST1"图案，设置"角度"为45°，比例根据预览反复调试。逐一选择门扇分格线各空白处进行填充。"自定义"选择"木纹"图案，对门套进行填充。

上述操作结果如图 7-75 所示。

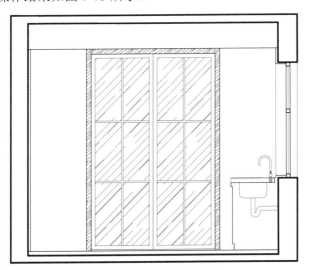

绘制大门立面
（练习）

图 7-75　绘制厨房门

3）绘制墙面砖分格线、填充建筑墙体及楼板。

① 执行"偏移"命令，捕捉地面完成面线，设置偏移距为400，向上偏移至吊顶结束。由于门两侧墙面的长度不足800，故不再做竖向分格线。

② 执行"修剪"命令，将门套线以内的墙砖线剪掉。

③ 执行"填充"命令，在打开的"图案填充和渐变"对话框选择"SOLID"图案，对墙体、楼板进行填充。

上述操作结果如图 7-76 所示。

至此，厨房 02 立面图的图样绘制全部完成。

3. 绘制厨房 03 立面图

厨房 03 立面图与厨房 01 立面图是同一轴线位置的相对面，绘制相对简单得多。只要镜像 01 立面图，略作简单调整即可完成厨房 03 立面图的绘制，下面介绍其画法。

（1）复制并镜像厨房 01 立面图

1）执行"复制"命令，选择厨房 01 立面图复制到绘图区的空白处。

2）执行"镜像"命令，将复制图形进行水平镜像，并删除"冰箱"图块和烟道轮廓线，结果如图 7-77 所示。

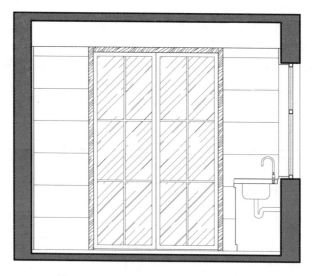

图 7-76 绘制墙面砖并填充墙体、楼板

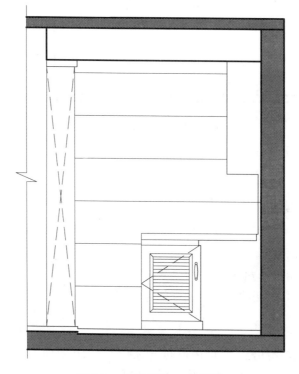

图 7-77 镜像厨房 01 立面图

（2）绘制建筑窗

1）绘制窗框。

① 执行"移动"命令，将镜像的图形与刚完成的厨房 02 立面图放在同一标高线上，

即两图的地面完成面均处于同一水平直线上。

② 执行"构造线"命令，捕捉厨房 02 立面图窗洞位置线画水平辅助线，随即捕捉立面图右侧墙边画垂直线。

③ 执行"移动"命令，将该线在"正交"模式下向左移动 650（根据平面布置图中所示尺寸）；然后执行"偏移"命令，将该线向左偏移 950（根据平面布置图中所示尺寸），完成窗洞辅助线的绘制。

④ 执行"矩形"命令，捕捉辅助线交点画矩形（建筑窗外框线），如图 7-78 所示。

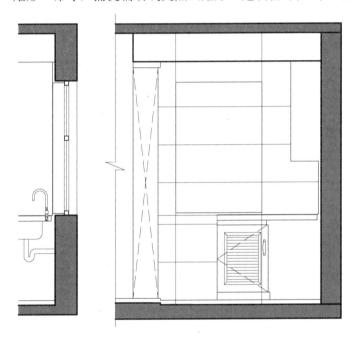

图 7-78 绘制建筑窗框线

⑤ 执行"偏移"命令，将矩形分别向内偏移 35、30（建筑窗内框线）。

⑥ 执行"矩形"命令，捕捉已完成的窗内框左下角交点，向右上方拉出矩形，捕捉到右边框上呈正方形位置单击结束。

2）绘制窗扇。

① 执行"偏移"命令，将新画矩形向内偏移 50（窗扇框），然后对窗扇外框线进行分解。

② 执行"偏移"命令，将窗扇外框上方横线向上偏移 50。

③ 执行"直线"命令，捕捉窗扇内框左下角交点、窗扇内框上方横线中点、窗扇内框右下角交点，绘制上悬窗开启线，并将线型修改为虚线。

④ 执行"修剪"命令，将窗框横线交错线段及窗内的墙砖线进行修剪。

⑤ 执行"填充"命令，在打开的"图案填充和渐变"对话框中选择"AR-BRST1"

图案，设置"角度"为 45°，比例根据预览调试。对窗框内空白处进行填充。

以上操作结果如图 7-79 所示。

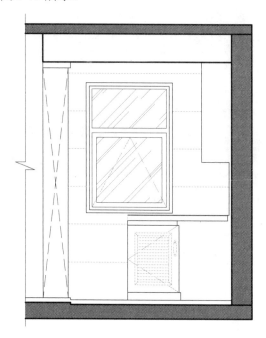

图 7-79　绘制完成建筑窗框及窗扇

（3）修改和补充其他图形

1）绘制地柜正立面图形。

① 执行"拉伸"命令，开启"正交"模式，窗交模式选择原正立面地柜的左端，水平方向拉至左侧的门套线上。

② 执行"直线"命令，从地柜正立面的左端至右端绘制一条水平直线。

③ 执行"定数等分"命令，单击直线，按 Enter 键，在命令行中输入 3，按 Enter 键。直线上显示 2 个等分点。

④ 执行"直线"命令，在捕捉等分点绘制直线并编辑夹点到位，将柜面分为三等分。

⑤ 执行"偏移"命令，选择右端等分线向右偏移 75，作为门扇框边辅助线。

⑥ 执行"拉伸"命令，窗交模式选择百叶窗的左侧图形，拉伸至门扇框边辅助线上，并编辑门扇开启线的夹点至门扇分隔线上。

⑦ 执行"镜像"命令，选择门扇开启线和拉手图形，捕捉百叶窗的水平线中点，在命令行中输入"Y"，按 Enter 键。将门扇开启线和拉手图形水平镜像到门扇的左侧。继续执行"镜像"命令，选择百叶窗、拉手和门开启线，捕捉门扇分隔线为镜像轴，将其镜像复制到左侧。

⑧ 执行"复制"命令,选择镜像的百叶窗、拉手和门开启线,复制到左侧门扇空白处。

2)绘制墙面砖分格线。

① 执行"构造线"命令,捕捉窗横线中点,绘制垂直线。

② 执行"镜像"命令,捕捉窗横线中点,以 400 的距离向两侧镜像。

③ 选择中间垂直线,按 Delete 键删除。执行"修剪"命令,将另外两条直线在窗口内的部分修剪掉。

以上操作结果如图 7-80 所示。

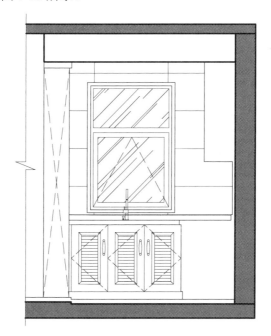

图 7-80 绘制墙砖分格线

至此,厨房 03 立面图的图样绘制全部完成。

4. 绘制厨房 04 立面图

厨房 04 立面图同样可以采用镜像的方法,将厨房 03 立面图复制并镜像,然后根据该立面的柜体设计进行适当的调整即可完成。鉴于篇幅的限制,仅将绘制步骤要点列出,不再详解画法,可参照上述内容进行操作。

1)复制并镜像厨房 03 立面图。

2)删除墙面推拉门及墙面砖。

3)镜像水槽地柜剖切图形至右侧墙位,并删除该墙位地柜上的水槽图形。

4)以厨房 02 立面图的吊柜剖面图为据,确定吊柜正立面高度位置。

5)采用"直线""偏移""复制""镜像""修剪"等命令,完成地柜和吊柜的门扇图形绘制。绘制结果如图 7-81 所示。

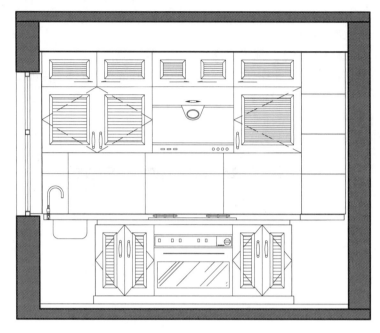

图 7-81　厨房 04 立面图图样绘制完成结果

5. 标注与注释

以上厨房各立面图图样绘制完成之后，即可对图样进行各种标注和注释，其操作在布局空间中进行。以下对操作步骤的要点进行介绍，操作方法参见上述相关内容，不再详解。

（1）创建视口并进行相关设置

1）操作界面切换到布局空间，复制前图图框到右侧空白处，删除图框中视口及标注等图示内容。

2）执行"视图"→"视口"→"四个视口"命令，在图框绘图区绘制一个矩形框，即可生成 4 个视口，如图 7-82 所示。

3）确定视口图样并设定图样比例。

双击视口，使视口中的选择图样最大化，并设置比例为 1∶40。各视口的显示内容分别如下：上排左侧视口设置为厨房 01 立面图图样，上排右侧视口设置为厨房 03 立面图图样；下排左侧视口设置为厨房 02 立面图图样，下排右侧视口设置为厨房 04 立面图图样。

4）将各视口的视口线放置到"Defpoints"非打印图层，并锁定视口。

5）执行"移动"命令，将 4 个视口的图样移至合适并互相对齐的位置。

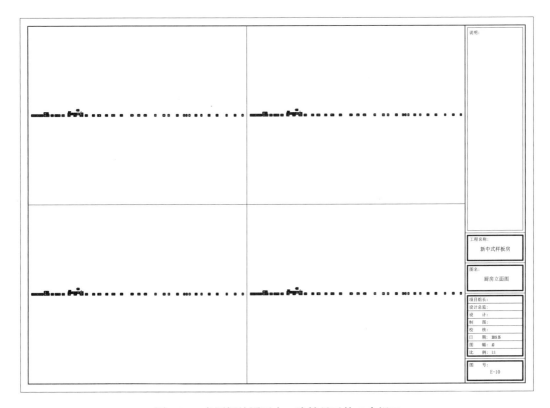

图 7-82　在图框绘图区中一次性显示的 4 个视口

（2）标注尺寸及标高

1）在"图层控制"窗口中选择"E-03-立面标注"图层，设为当前操作图层。

2）在标注样式控制窗中选择"布局样式 1-40"样式，将其设为当前标注样式。

3）执行"线性""连续"命令，分别对各立面图进行尺寸标注。

4）复制邻图标高符号，分别放置在地面完成面、吊顶、建筑原顶等尺寸界线尾部，根据实际标高修改标高数字，并注意上下标高位置的对齐。

（3）注释文字

1）执行"快速引线"命令，选择图样中需要注释的部位，水平拉出引线至图外。

2）在邻图中复制文字和材料编码符号至各引线尾端，并及时双击修改文字内容。

上述各立面图的标注操作结果分别如下。

厨房 01 立面图的标注与注释如图 7-83 所示。

厨房 02 立面图的标注与注释如图 7-84 所示。

厨房 03 立面图的标注与注释如图 7-85 所示。

厨房 04 立面图的标注与注释如图 7-86 所示。

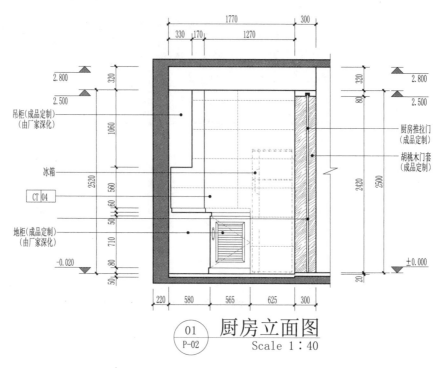

图 7-83　厨房 01 立面图标注完成结果

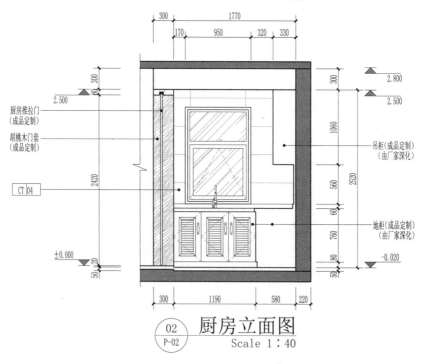

图 7-84　厨房 02 立面图标注完成结果

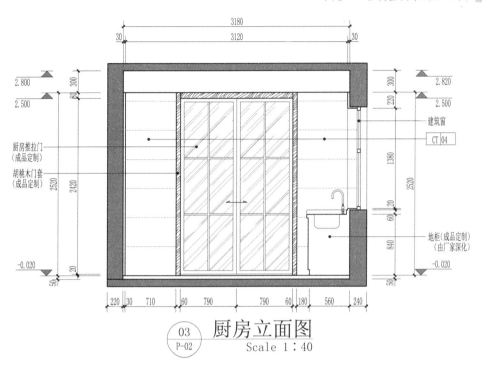

图 7-85　厨房 03 立面图标注完成结果

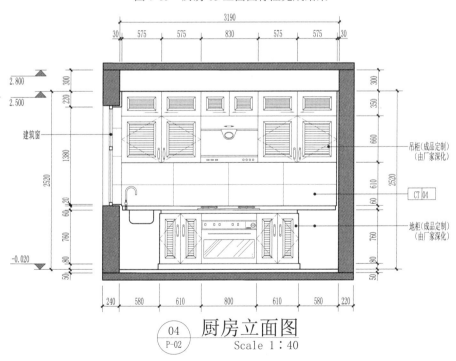

图 7-86　厨房 04 立面图标注完成结果

厨房立面图在同一幅图中编辑完成的最终效果如图 7-87 所示。

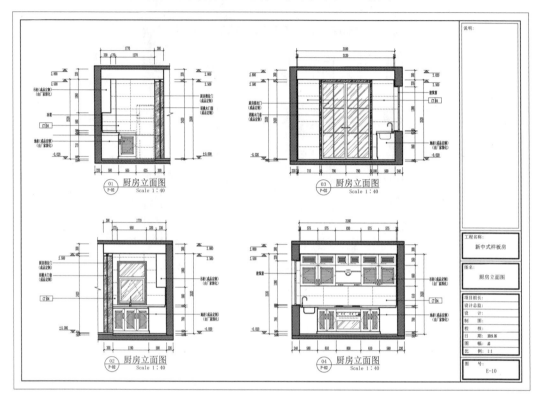

图 7-87　图号为 E-10 的厨房立面图最终完成效果

思考与练习

绘制室内立面
图（上）（练习）

绘制室内立面
图（下）（练习）

一、思考题

1．立面图与剖立面图有哪些异同？

2．室内装饰立面图是根据什么索引的？如何操作？

3．室内装饰立面图的图示内容有哪些？

4．室内装饰立面图的绘制为什么要基于平面布置图和顶棚平面图？如何操作？

二、选择题

1．室内装饰立面图在绘制顶界面时，要画出（　　）的断面。

　　A．墙体　　　　　　B．顶棚　　　　　　C．地面　　　　　　D．家具

2．立面图中标高符号是对（　　）进行标注的。

　　A．吊顶表面　　　　　　　　　　　B．地面装饰完成面

　　C．建筑楼板的顶部　　　　　　　　D．建筑楼板的底部

3．在室内装饰立面图中，如果要绘制活动家具，应用（　　）绘制。

　　A．细实线　　　　B．粗实线　　　　C．虚线　　　　D．单点长画线

三、实训操作

1．抄绘本书范例图样的装饰立面图。

2．尝试绘制本书范例图样的卫生间装饰立面图。

绘制装饰节点详图

- 装饰节点详图概述
- 装饰节点详图的绘制流程
- 装饰节点详图的绘制步骤与方法

8.1 装饰节点详图概述

装饰节点详图是室内装饰装修施工图中的重要组成部分，本单元教学将通过对室内装饰不同部位的细部构造进行绘制训练，熟悉和掌握应用 AutoCAD 软件绘制装饰节点大样详图的程序和方法。

8.1.1 装饰节点详图的作用

在施工图的平面图、立面图和剖面图中，一般采用较小的比例绘制，对于装饰装修的细部或装饰构件、配件和剖面节点等细部样式、连接组合方式及详细尺寸、做法和用料等，均不能表达清楚。因此，采用较大比例（1∶1、1∶2、1∶5、1∶10、1∶20、1∶25）绘制图样，才能将详细的用材、构造、做法及尺寸等内容在图上表达清楚。

装饰详图又称为大样图，是装饰装修工程制图中表现细部形态的图样，是对物体的细部或构件、配件用较大的比例将其形状、大小、材料和做法详细表示的图样。节点图则是在装饰装修设计中表示物体重点部位构造做法的图样，通常需要对物体的内部构造进行剖切并进行放大表现，从而清晰地展现装饰内部层面的材料、工艺和结构关系。

装饰详图的特点：一是比例较大，二是图示内容详尽（材料的规格及做法、构件组合方式及定位等），三是尺寸标注详细、文字注释完备。

8.1.2 装饰节点详图的图示内容

装饰节点详图的图示内容按装修部位可分为如下几类。

1. 墙、柱面装饰节点详图

墙、柱面装饰节点详图是指采用较大比例绘制的表现墙柱面细部形态的图样，采用剖面图或断面图的形式，表达室内墙柱面的构造、做法，重点反映墙柱面在分层构造的材料、工艺等详尽内容。

2. 顶棚装饰节点详图

顶棚装饰节点详图是指采用较大比例绘制的表现顶棚细部形态的图样，即表现吊顶构造、做法的平面图或断面图。

3. 楼地面装饰节点详图

楼地面装饰节点详图是指采用较大比例绘制的表现楼地面细部形态的图样，反映地面的艺术构造和工艺做法等内容。其用剖面图或断面图表现。

4. 门窗装饰节点详图

门窗装饰节点详图是指采用较大比例绘制的表现门窗及门窗套细部形态的剖面图或断面图，反映门窗及门窗套的构造特点、材料应用和工艺做法。

5. 家具节点详图

家具节点详图是指采用较大比例绘制的剖面图或断面图，反映家具的结构关系、材料应用和工艺做法。

6. 其他装饰构造节点详图

其他装饰构造指现场制作的各种独立或依附于墙柱面的装饰构造、造型，如装饰隔断、屏风、背景墙、壁龛、窗帘盒、栏杆、花台等。其他装饰构造节点详图采用较大比例绘制，反映装饰造型的构造、材料和工艺做法。

8.2　装饰节点详图的绘制流程

绘制装饰节点详图，要对照平面图上的详图索引符号，根据被索引的装饰部位，分析装饰构造的分层内容，明确该部位的装饰材料规格尺寸、构造关系和工艺做法，从基层到面层逐层进行详尽的绘制。

8.2.1　绘制基层、基础构件

装饰工程的各项施工，多是依附于建筑主体结构，装饰基层一般是指建筑的主体构件，如建筑墙、柱、梁、板、地基等基础构件。相对独立的装饰造型，其基础构件包括各种找平层的胶凝材料、龙骨架和基层板，如顶棚装饰的基础构件有吊筋、承载龙骨、

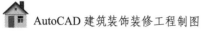

覆面龙骨；墙体装饰的基础构件有各种材质的龙骨架、基层板；地面装饰的基础构件有水泥砂浆找平层、各种材质的龙骨架、基层板。

各基层的构造，应如实表现基层的厚度、骨架的断面形状、规格、间距、纵横构造关系等。

8.2.2 绘制装饰面层

装饰面层包括各种规格、质地的板材、片材、卷材和涂饰，如胶合板、细木工板、密度板、刨花板、纸面石膏板、矿棉纤维吸声板、木地板、玻璃板、金属板、铝塑板、塑料板、地毯，以及附着在面层的涂料、壁纸、壁布等。绘制时重点要表现材料的厚度，并填充材料的断面图例。

提示： 上述两个绘制程序的先后并非固定，也可以先从装饰面层画起，然后逐层向内部基础绘制。

8.2.3 绘制收边线

在装饰面层的关键部位（如各种造型的转折、不同材料的拼接）常常用各种装饰线条进行收边，详图中要画出这些收边线的断面图形。

8.2.4 按比例放大图样

装饰节点详图在模型空间绘制完成后，在布局空间的图框中开设视口，对图样进行放大。同一图框中，可以并置多个大样节点图，并根据图样内容的大小和繁杂程度设置不同的比例。每个节点大样图均应绘制详图符号，其编号及图号要与详图索引符号相对应，便于详图与被索引图之间的查对。

8.2.5 标注尺寸及文字

装饰节点详图的尺寸标注应该更加详细，对材料的规格、构造层的厚度等标注细部尺寸。

文字标注包括的内容有对材料的名称、规格、工艺做法等较为详尽的说明，以及详图符号的绘制。

8.3 装饰节点详图的绘制步骤与方法

装饰节点详图的绘制仍然是在模型空间操作的，本书的范例施工图中有若干节点详图内容，仅以较为典型的装修部位为例，介绍装饰节点详图的绘制步骤和方法。

8.3.1　设置绘图环境

1. 打开"平面图"文件

打开计算机，在图样文件中，找到"平面图"文件，双击该文件打开平面图。

2. 另存"大样图"文件

执行"文件"→"另存为"命令，在打开的"图形另存为"对话框中的"文件名"文本框中输入文件的名称"大样图"，如图 8-1 所示，单击"保存"按钮。

3. 创建新图层并设置图层特性

1）单击"图层"工具栏中的 按钮，在打开的"图层特性管理器"窗口中，单击"新建图层"按钮 ，创建"D-01-大样""D-02-大样标注"图层，并对图层颜色进行修改。结果如图 8-2 所示。

2）将"D-01-大样"图层设为当前操作图层。

图 8-1　"图形另存为"对话框

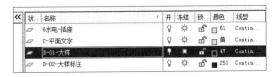

图 8-2　新建"大样"图层

8.3.2　绘制顶棚装饰节点详图

顶棚装饰节点详图的内容较多，本单元仅以主卧室吊顶节点详图为例介绍其绘制步骤和方法。

1. 绘制主卧顶棚节点详图

（1）视图分析

1）顶棚平面标高。

主卧顶棚节点详图是由顶棚平面图索引而来的，在如图 8-3 所示的主卧顶棚平面图中，顶棚平面上的标高注释如下：飘窗原顶标高为 2.480、沿墙边原顶标高为 2.800、吊顶标高为 2.580、衣柜顶部标高为 2.400。

2）详图索引符号的剖切位置及剖视方向。

图 8-3 中标识的详图索引符号，其剖切位置线从衣柜墙位至飘窗窗边墙位，剖视方向线位于剖切位置线的左侧，索引符号的指向箭头也是指向左侧。

由此规定了顶棚详图的剖切范围及视图方向。

（2）绘制详图剖切范围轮廓辅助线

1）执行"旋转"命令，选择顶棚平面图中的视口线，顺时针方向旋转 90°，使顶棚平面图旋转到如图 8-4 所示的位置。

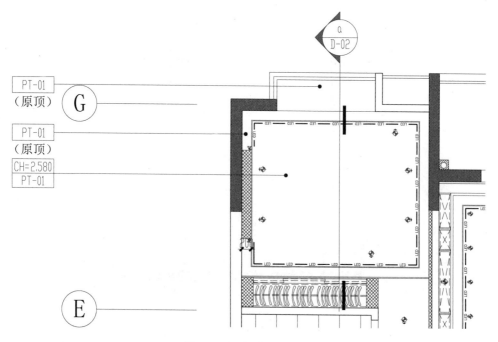

图 8-3　主卧顶棚平面图

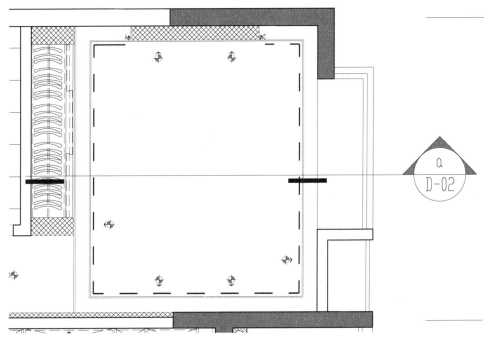

图 8-4 顺时针方向旋转 90° 的主卧顶棚平面图

2）双击视口线进入模型空间，滚动鼠标中键放大屏幕图样，使图形线条清晰可见。

3）执行"构造线"命令，开启"正交"模式和"对象捕捉"模式，从衣柜背面墙体轮廓线开始，依次捕捉左侧墙体轮廓线、衣柜外轮廓线、顶棚左侧吊顶轮廓线、顶棚右侧吊顶轮廓线、右侧墙体轮廓线，如图 8-5 所示。

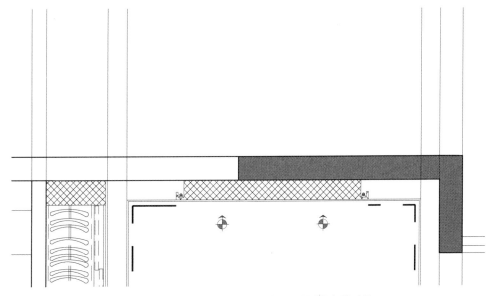

图 8-5 利用顶棚平面图绘制剖切详图轮廓辅助线

4）退出视口，切换到模型空间。执行"移动"命令，选择构造线移出平面图之外。

5）执行"矩形"命令，画矩形框在构造线的两侧外围；执行"修剪"命令，将矩形框外的线段修剪掉，然后删除矩形，结果如图 8-6 所示。

图 8-6　修剪构造线（辅助线）端头

6）执行"构造线"命令，捕捉纵向构造线上部端点绘制水平线；执行"复制"命令，选择水平构造线，向下复制 100，绘制楼板厚度轮廓辅助线；继续执行"复制"命令，选择第二条水平构造线，向下复制 300，确定梁线位置。修剪水平构造线两端的延长线，结果如图 8-7 所示。

图 8-7　绘制水平构造线（辅助线）

（3）绘制建筑楼板及梁的断面图形

1）执行"多段线"命令，捕捉辅助线上的交点，在命令行中输入"W"，按 Enter 键，在命令行中输入起点宽度和端点宽度"6"，绘制梁板和墙体剖切图形轮廓线（做成封闭图形，便于填充图案），如图 8-8 所示。

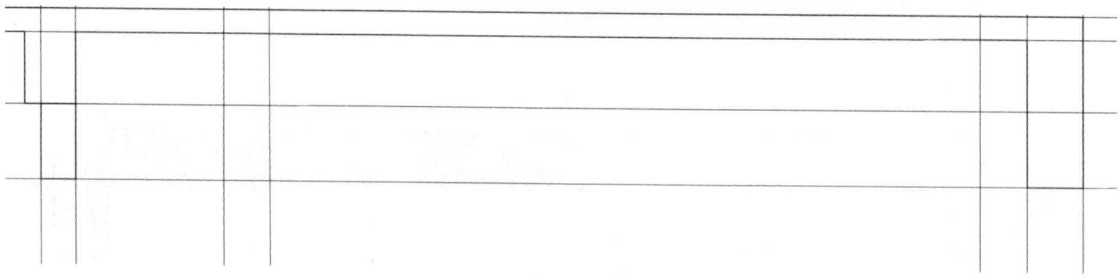

图 8-8　绘制梁板和墙体剖切轮廓线

2）在"选择颜色"对话框中修改当前操作图层的颜色为 251 号。执行"填充"命令，分别对梁板和墙体填充图例，如图 8-9 所示。

图 8-9 填充梁板和墙体剖切图例

（4）绘制衣柜上部吊顶断面图形基本构架

根据如图 8-10 所示的内容，首先分析这一部分吊顶的材料、构造。从饰面层至内部骨架依次为表面批刮腻子刷白色乳胶漆（1mm 厚）、纸面石膏板罩面（10mm 厚）、基层阻燃胶合板（10mm 厚）、木龙骨（断面 30mm×40mm）。绘制时可以先从饰面层开始逐层向内部进行。

绘制步骤和方法如下。

1）执行"移动"命令，将原梁位辅助线向下移动 100，作为吊顶装饰完成面线，如图 8-11（a）所示。

2）执行"偏移"命令，将纵横辅助线以 10 个单位分别向内偏移复制 3 条线，如图 8-11（b）所示。

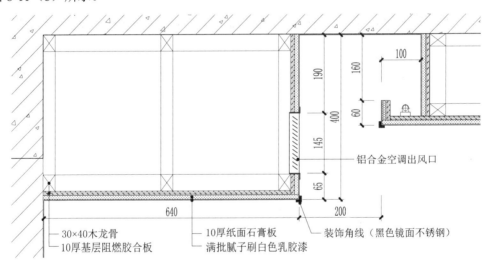

图 8-10 卧室衣柜顶部吊顶断面大样图

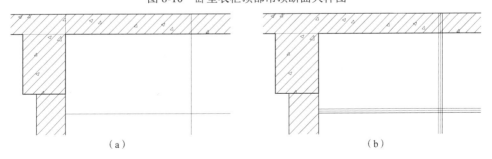

（a）   （b）

图 8-11 绘制吊顶装饰面板各层图线

3）执行"偏移"命令，将最上面的一条水平辅助线以 40 个单位向上复制一条线（木龙骨断面高度），将最左侧一条垂直辅助线以 30 个单位向左复制一条线（木龙骨断面宽度），如图 8-12（a）所示。

4）执行"圆角"命令和"修剪"命令，对辅助线进行倒角和修剪，如图 8-12（b）所示。

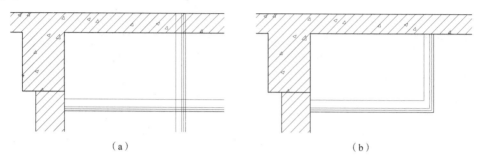

（a）　　　　　　　　　　　　　　　（b）

图 8-12　绘制吊顶木龙骨辅助线

5）执行"矩形"命令，捕捉直线转角处交点绘制矩形；执行"直线"命令，在矩形内画对角线，完成木龙骨断面图形的绘制；执行"复制"命令，复制木龙骨断面图形，如图 8-13（a）所示。

6）执行"复制"命令，完成衣柜吊顶全部木龙骨断面图形和直线的绘制，如图 8-13（b）所示。

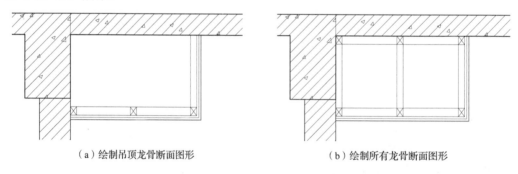

（a）绘制吊顶龙骨断面图形　　　　　　（b）绘制所有龙骨断面图形

图 8-13　绘制吊顶木龙骨

7）执行"直线"命令，捕捉吊顶底部平面绘制一段水平线；执行"复制"命令，选择辅助线向上复制 65，再向上复制 149，作为绘制空调风口部位的修剪辅助线，如图 8-14（a）所示。

8）执行"修剪"命令，将吊顶立面面板轮廓线修剪掉，然后删除辅助线，如图 8-14（b）所示。

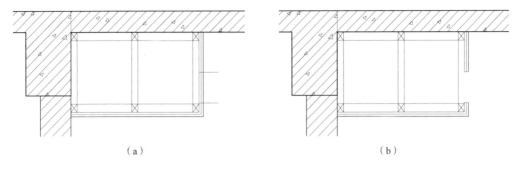

（a）　　　　　　　　　　　　　（b）

图 8-14　开设吊顶立面空调风口洞口

9）绘制如图 8-15 所示的空调风口断面图形，创建为"块"。

10）执行"移动"命令，将如图 8-15 所示的空调风口断面图形移至吊顶立面开口处。完成结果如图 8-16 所示。

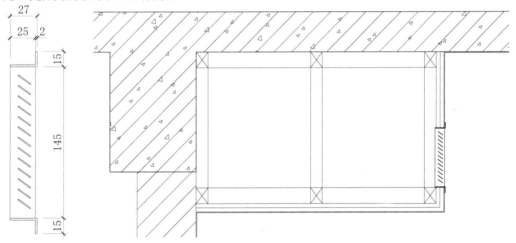

图 8-15　空调
出风口大样

图 8-16　绘制空调出风口

（5）绘制衣柜上部吊顶断面图形材料图例

1）执行"直线"命令，对各填充区域进行封闭。

2）绘制纸面石膏板材料图例。

① 执行"填充"命令，在打开的"图案填充和渐变色"对话框中，单击"添加：拾取点"按钮，在图中的石膏板线框范围内单击，按 Enter 键，返回"图案填充和渐变色"对话框。

② 单击"图案"文本框右侧的按钮，打开"填充图案选项板"对话框，选择"CROSS"填充图案，单击"确定"按钮，返回"图案填充和渐变色"对话框，在"比例"文本框中输入 0.5，单击"预览"按钮，查看填充效果，如图 8-17 所示，按 Enter 键，然后单击"确定"按钮。

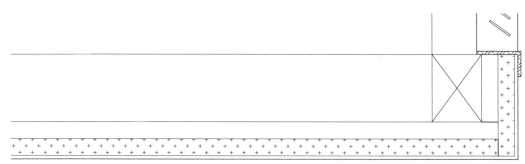

图 8-17　填充纸面石膏板材料图案

3）绘制阻燃胶合板材料图例。

① 执行"填充"命令，在打开的"图案填充和渐变色"对话框中，单击"添加：拾取点"按钮，在图中的水平方向的阻燃胶合板线框范围内单击，按 Enter 键，返回"图案填充和渐变色"对话框。

② 单击"图案"文本框右侧的按钮，打开"填充图案选项板"对话框，选择"CORK"填充图案，单击"确定"按钮，返回"材料填充和渐变色"对话框，在"比例"文本框中输入 0.7，单击"预览"按钮，查看填充效果，按 Enter 键，然后单击"确定"按钮。

③ 再次打开"图案填充和渐变色"对话框，在垂直方向的阻燃胶合板线框范围内单击，按 Enter 键。返回"图案填充和渐变色"对话框，在"角度"文本框中输入 90，单击"预览"按钮，查看填充效果，如图 8-18 所示，按 Enter 键，然后单击"确定"按钮。

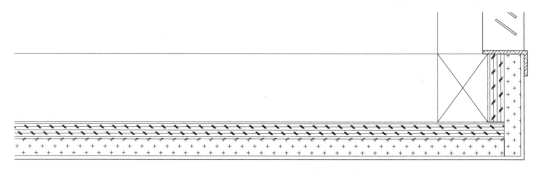

图 8-18　填充阻燃胶合板材料图案

（6）绘制衣柜上部吊顶转折装饰角线

1）执行"多段线"命令，绘制如图 8-19 所示的镜面不锈钢装饰线条的断面大样，创建为"块"。

2）执行"移动"命令，将装饰线条移至衣柜上部吊顶的转折处，完成结果如图 8-20 所示。

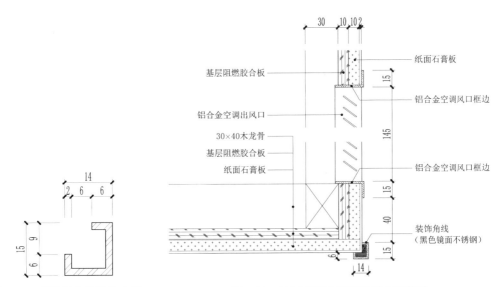

图 8-19　不锈钢装饰线条大样　　　　　图 8-20　绘制衣柜上部吊顶转折装饰线

（7）绘制主卧中央吊顶剖切详图

主卧中央吊顶断面图的构造做法及细部尺寸如图 8-21 所示。

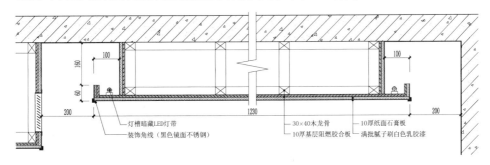

图 8-21　主卧中央吊顶断面图的构造做法及细部尺寸

从如图 8-21 所示的内容中，我们可以发现这一部分吊顶的材料应用及构造方法，均与衣柜上部的吊顶一致。略有不同的是在吊顶的边缘转折处设有灯槽，故吊顶面板、龙骨的绘制过程不做深入展开，可参照上述衣柜上部吊顶剖切详图的绘制步骤和方法。这里仅介绍基本步骤，如下。

1）执行"直线""复制"命令，按照如图 8-21 所示的尺寸，绘制吊顶外轮廓辅助线，如图 8-22 所示。

图 8-22　绘制卧室中央吊顶详图外轮廓辅助线

2）执行"圆角""修剪"命令，编辑外轮廓辅助线。然后执行"偏移"命令，分别以 2、10、10 的距离将外轮廓线向内偏移，如图 8-23 所示。

图 8-23 绘制卧室中央吊顶详图外轮廓辅助线

为了清楚地看到绘制情况，下面以灯槽右侧的局部放大进行讲解。如图 8-24 所示是修剪后的卧室中央吊顶详图外轮廓辅助线的放大图形。

3）执行"矩形""直线"命令，绘制木龙骨断面图形，并进行复制，如图 8-25 所示。

4）执行"填充"命令，分别以"CROSS"图案和"CORK"图案，绘制纸面石膏板和阻燃胶合板断面材料图例，如图 8-26 所示。

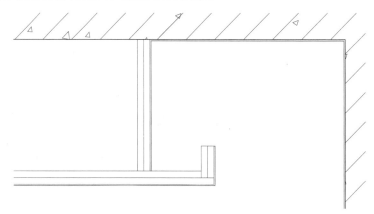

图 8-24 修剪后的卧室中央吊顶详图外轮廓辅助线的放大图样

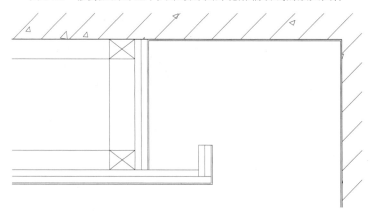

图 8-25 绘制木龙骨断面图形

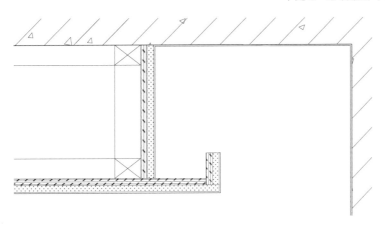

图 8-26　绘制罩面板断面材料图例

5）执行"圆"和"直线"命令，绘制直径为 12、16、20 的同心圆、十字中心线和相切直线，完成灯管和灯架的绘制；执行"矩形"命令，绘制矩形灯台；然后创建为"块"，插入灯槽内，如图 8-27 所示。

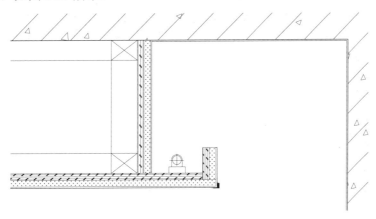

图 8-27　绘制灯槽灯带

6）执行"复制"命令，将前面绘制的黑色镜面不锈钢装饰线条复制到灯槽挡板的转折处，如图 8-28 所示。然后连同灯带图样镜像到左侧的对应部位。

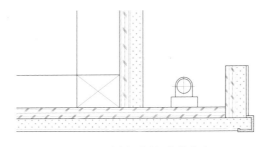

图 8-28　绘制不锈钢装饰线条

至此，主卧吊顶剖切图样在模型空间中全部绘制完成。全部完成结果如图 8-29 所示。

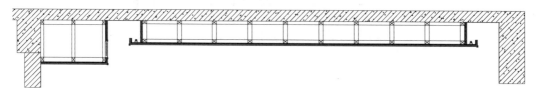

图 8-29　主卧吊顶剖切图样完成结果

2. 设置详图比例

在模型空间中完成吊顶剖切图样之后，切换到布局空间，将图样在视口中进行比例放大和编辑。

1）执行"视图"→"视口"→"一个视口"命令，在图框绘图区的上部绘制一个视口（矩形框），如图 8-30 所示。

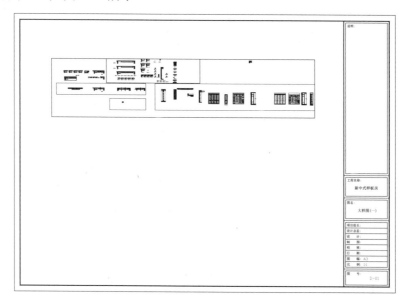

图 8-30　在图纸中创建视口

2）双击视口区域，激活视口进入模型空间，将主卧吊顶详图调整到视口最大化，如图 8-31 所示。

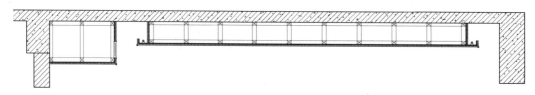

图 8-31　被选图样在视口中最大化

3）在命令行中输入"Z"，按 Enter 键；在命令行中输入"1/10XP"，按 Enter 键。此时，视口中的图样按比例显示，如图 8-32 所示。

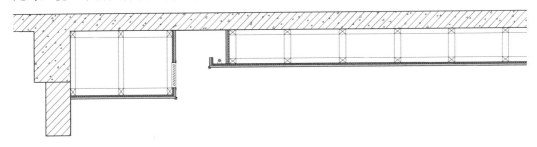

图 8-32 将视口中的图样按 1∶10 比例放大

4）锁定视口，编辑视口夹点，缩短视口长度，使图样右侧部分在视口中消失，如图 8-33 所示。

5）复制视口于原视口的右侧，编辑夹点并拉至右侧，使图样全部显示，并再次编辑夹点缩短视口长度，使图样的左侧部分在视口中消失。然后移动右侧视口与左侧视口相邻，如图 8-34 所示。

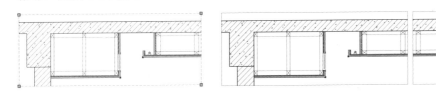

图 8-33 编辑视口夹点　　　　　图 8-34 复制视口并编辑图样在视口中的显示效果

6）锁定视口，执行"矩形"命令，沿视口边界绘制虚线框；执行"直线"命令，在视口相邻边界绘制折断线，完成结果如图 8-35 所示。

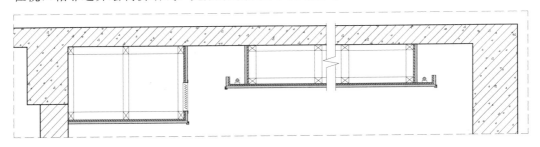

图 8-35 主卧吊顶详图在视口中的编辑完成结果

3．标注详图尺寸

（1）新建标注样式

标注样式的设置在单元 3 之后的各单元教学中均有介绍。为了进一步熟悉和巩固这个环节的操作技能，还需做重点讲解。

1）执行"格式"→"标注样式"命令，在打开的"标注样式管理器"对话框中单击"新建"按钮。在打开的"创建新标注样式"对话框中新建"布局样式 1-10"，单击"继续"按钮。打开"新建标注样式：布局样式 1-10"对话框，仅对"主单位"选项卡进行设置。

2）由于视口中的图样比例为 1∶10，因此在"主单位"选项卡中，修改"比例因子"为 10，依次单击"确定"按钮。要想使尺寸标注数字得到正确的反映，前提是在此前要将系统变量"DIMASSOC"的默认值 2 修改为 1。

3）完成新建标注样式的设置之后，将该样式设为当前样式。

（2）标注详图尺寸及标高

1）将"D-02-大样标注"图层设为当前操作图层。

2）执行"线性"命令和"连续"命令，对图中细部尺寸进行标注。

3）执行"插入块"命令，在打开的"插入"对话框中单击"浏览"按钮，在打开的"选择图形文件"对话框中选择标高符号，单击"打开"按钮，将标高符号插入图中，并修改标高数字。

完成结果如图 8-36 所示。

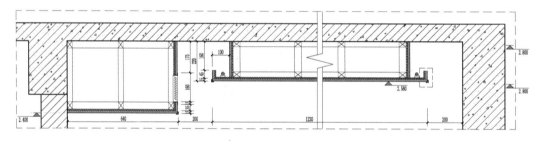

图 8-36　标注主卧吊顶详图尺寸和标高

4. 注释详图文字说明及图名

1）执行"快速引线"命令，由各部位材料层面所在位置拉出引线至图外，注意行距的齐律性。

2）执行"单行文字"命令，设置文字高度为 3、旋转角度为 0，然后输入文字内容。

3）执行"移动"命令，将文字移至引线尾部。然后执行"复制"命令，复制文字至各引线尾部，并根据引线指向的材料部位及时修改文字内容。

4）注释图名。复制前图图名文字，对图名内容及比例进行修改。

完成结果如图 8-37 所示。

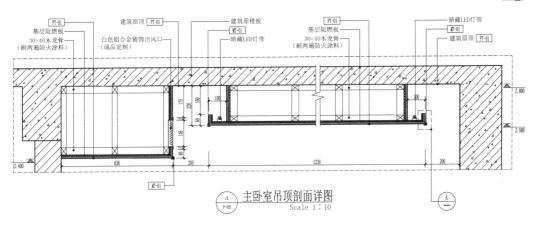

图 8-37 注释主卧吊顶详图文字

8.3.3 绘制墙面装饰节点详图

本节以客厅沙发背景墙为例，通过绘制墙面水平方向的剖切视图，了解墙面装饰构造的形式及特点。

1. 绘制客厅沙发背景墙实木花格立面大样图

1）在客厅沙发背景墙立面图中，以粗虚线框选大样图索引范围，并标注索引符号，如图 8-38 所示。

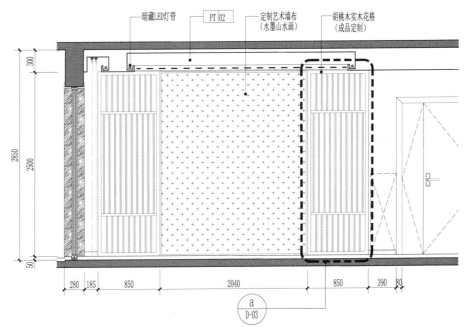

图 8-38 绘制立面图上的索引范围及索引符号

2）绘制客厅沙发背景墙实木花格立面大样图。

① 将"D-01-大样"图层设为当前操作图层。

② 执行"复制"命令，在模型空间中将客厅沙发背景墙立面图上的胡桃木花格复制到空白处。

③ 执行"直线"和"填充"命令，对胡桃木花格立面图样进行结构细部描绘。

3）绘制剖切符号。

① 将操作界面切换到布局空间，在图纸框内的左侧拉出视口，将绘制的胡桃木花格立面大样图移到视口中并全部显示。设置图样的视口比例为1∶10。

② 执行"直线"和"多段线"命令，在图样中部的水平方向绘制剖切位置线和剖视方向线，并在引线右侧端部插入剖切索引符号。

4）标注尺寸及文字。

① 执行"线性"和"连续"命令，对花格细部构造尺寸进行标注。

② 插入图名并修改图名及编号等内容。在打开的"增强属性编辑器"对话框中做如下修改：修改图名为客厅沙发背景墙花格立面详图，修改编号为a，修改图号为E-01（由图号为E-01的立面图索引而来），修改比例为1∶10。

以上操作结果如图8-39所示。

2. 绘制客厅沙发背景墙实木花格横向剖切详图

（1）绘制断面图样

1）将操作界面切换到模型空间，执行"构造线"命令，捕捉花格中部纵向木格轮廓线拉出垂直方向辅助线。

2）执行"构造线"命令，在立面图上方绘制水平线。

3）执行"偏移"命令，分别以10、30、10的距离向上复制水平直线。

以上操作如图8-40所示。

4）执行"矩形"命令，捕捉辅助线的交点，分别绘制大小木格断面图形；执行"填充"命令，在断面图形线框内绘制木纹图案，结果如图8-41所示。

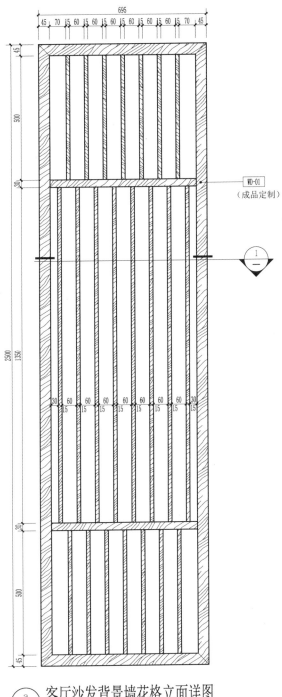

a 客厅沙发背景墙花格立面详图
E-01
Scale 1∶10

图 8-39　客厅沙发背景墙花格立面详图

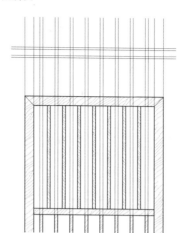

图 8-40   绘制实木花格剖切详图辅助线

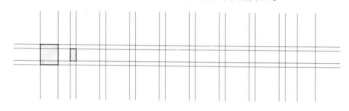

图 8-41   "矩形"绘制实木花格断面图形

5）执行"复制"命令，将绘制的大小木格断面图形分别复制到辅助线相应的交点位置。同时删除所有纵向辅助线和中间横向辅助线，并修剪最下面一条横向辅助线，结果如图 8-42 所示。

图 8-42   "复制"所有实木花格断面图形

6）执行"矩形"命令，在木格断面图形上部的横向辅助线位置绘制一个矩形，并在矩形内填充图案样式"ANSI"，结果如图 8-43 所示。

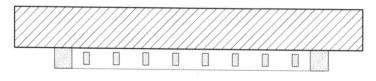

图 8-43   花格背景墙体断面图形

7）执行"复制"命令，将墙体与木花格交接处的水平辅助线向下复制 2 个单位，并修剪花格内的线段。执行"直线""圆角""填充"命令，在花格左侧绘制壁纸收边木角线断面图形，结果如图 8-44 所示。

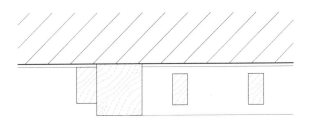

图 8-44 绘制壁纸线和花格侧面木角线断面图形

（2）标注尺寸及文字

1）将操作界面切换到布局空间，在图样框内的右上方绘制一个视口，设定图样的视口比例为 1∶10。

2）执行"线性"和"连续"命令，对花格断面的细部构造尺寸进行标注。

3）执行"快速引线"和"单行文字"命令，标注文字说明。

4）插入图名并修改图名及编号等内容。在打开的"增强属性编辑器"对话框中做如下修改：修改图名为客厅沙发背景墙花格横向剖面详图，修改编号为 1，修改图号为一条水平短线（详图与索引图在同一图样内），修改比例为 1∶4。

上述操作结果如图 8-45 所示。

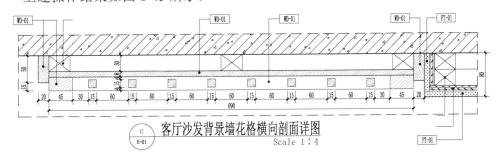

图 8-45 客厅沙发背景墙花格横向剖面详图

8.3.4 绘制其他装饰构造节点详图

本节内容以范例图样中的餐厅窗位立面图上所示的纵向剖切索引符号为依据，绘制该墙面窗帘盒及窗台等部位的剖切详图。

1. 绘制剖切节点详图

（1）复制立面图

在模型空间中执行"复制"命令，在编号为 01 的客餐厅立面图中选择左侧餐厅的剖切墙体及附属构造图形，复制到空白处，保留剖切图形轮廓线，删除多余无关的立面

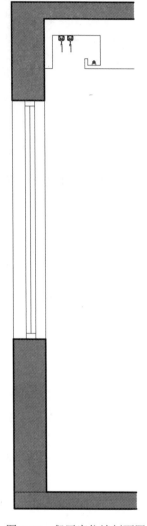

图 8-46 餐厅窗位墙剖面图

图形轮廓线，以此作为详图绘制的基础，如图 8-46 所示。

（2）视图分析

在如图 8-46 所示的剖面图中，我们看到的仅仅是物体剖切的外轮廓线，了解到墙体的厚度、窗台和窗洞的高度、顶棚的高度和暗藏窗帘盒的断面形状等基本情况，而对于剖切图样的内部构造情况一无所知，这样的基本图形内容在立面图中是足够的，但在详图中就需要详尽地描绘出来，如吊顶的吊挂、龙骨、基层板、饰面板及与窗帘盒连接的构造关系等。

根据之前绘制的顶棚平面图和客餐厅立面图的图示内容，我们可以了解这些构造情况，并根据自己的理解来绘制。

（3）绘制窗帘盒节点详图

为了更加清楚地看到绘制前后图形的对比情况，首先将窗帘盒及吊顶部分的图形放大，如图 8-47 所示。

在画之前，我们先来对窗帘盒的构造及吊顶灯槽做一个材料分析。

通过读图，根据我们的理解，整个窗帘盒和吊顶的表面均为乳胶漆，涂刷在批刮有腻子的基层上。腻子下面是一层 10mm 厚的纸面石膏板，安装在 10mm 厚的胶合板上。再往里去，就是木龙骨架，由断面为 30mm× 40mm 的木方条构成。

鉴于上述分析，我们的绘图思路就会变得清晰了，具体的绘图步骤如下。

1）执行"偏移"命令，将窗帘盒外侧轮廓线向内偏移 2。这是腻子层，包括乳胶漆。

2）执行"偏移"命令，将内侧图线向内偏移 10 两次，分别为石膏板层和胶合板层。

3）执行"偏移"命令，将窗帘盒顶部的图线向上偏移 30，将灯槽立面内侧的图线向右偏移 40，这是按照木龙骨的断面尺寸绘制的，结果如图 8-48 所示。

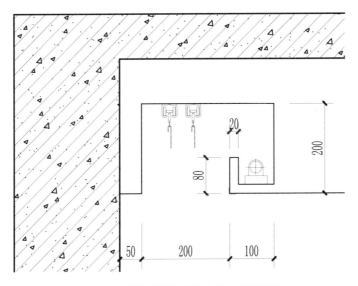

图 8-47　原立面图所示的窗帘盒剖面图形

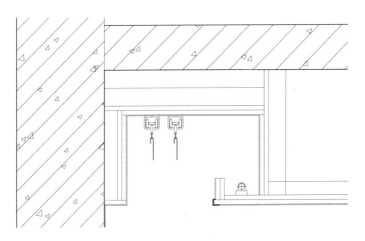

图 8-48　绘制各层面板、木龙骨分界线

4）执行"延伸""修剪"等命令，对图线进行编辑。

结果如图 8-49 所示。

5）执行"填充"命令，对石膏板和胶合板层面进行材料图例的填充，结果如图 8-50 所示。

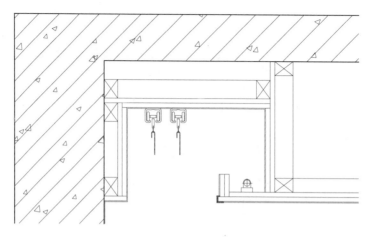

图 8-49 绘制木龙骨断面图形

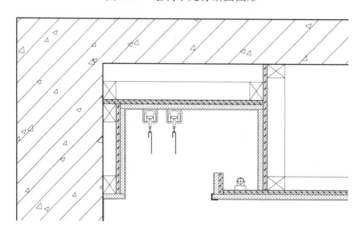

图 8-50 窗帘盒剖切节点详图绘制完成结果

至此，窗帘盒剖切节点详图的图样绘制完毕。

提示：绘制大样图是在规定的图层"D-01-大样"中操作的，该图层的色号为 145 号，为了对图线的线宽加以区别，可在"选择颜色"对话框中选择其他颜色。可随时更改对象的颜色。原则上，填充图案、纹理线、分格线、引线、尺寸线等非实物线，均以细线表现；次要轮廓线以中线表示；主要轮廓线、断面图形的剖切轮廓线，均以粗线表示。而这些线宽都是通过颜色来控制的。

上述图形在绘制过程中，将对象分为 3 类，按图线的粗中细归于 3 种不同的颜色。具体做法是，在操作图层不变的前提下，根据绘制的对象，在"选择颜色"对话框中选择其他颜色。例如，墙体、楼板轮廓线选择 4 号色（青色）；填充图案、木龙骨断面图形内的对角线选择 251 号色；物体的外轮廓线选择 26 号色；其他图线均随层图为 145 号色。这样在以后打印时，就可方便地根据颜色来调整和控制线宽了。

（4）绘制窗台节点详图

为了更加清楚地看到绘制前后图形的对比情况，我们同样首先将原窗台部分的图形放大，如图 8-51 所示。

通过对图示内容的理解，我们知道窗台板为天然爵士白大理石，采用瓷砖胶或水泥砂浆安装在建筑窗前，结构并不复杂。建筑窗通常为铝合金推拉窗或平开窗，可以示意的形式绘制，也可将铝合金窗型材的断面图形绘制出来。其绘图步骤如下。

1）在原图石材与建筑窗的分界线位置，重新绘制铝合金推拉窗断面图（铝合金推拉窗型材较多，可任意选择），并删除原窗台板图形，如图 8-52 所示。

2）执行"直线"命令，在原建筑窗台位置绘制水平直线，然后执行"移动"命令，将该水平直线向上移动 15；执行"修剪"命令，将该直线在越过铝合金窗之间的线段修剪掉。执行"偏移"

图 8-51 原窗台剖面图

命令，将铝合金窗右侧的水平直线向上偏移 15，向下偏移 10，再向下偏移 15；然后将窗台上右侧垂直线向右偏移 25，再将垂直边线和水平边线分别向内偏移 5，完成石材窗台板断面图辅助线的绘制。结果如图 8-53 所示。

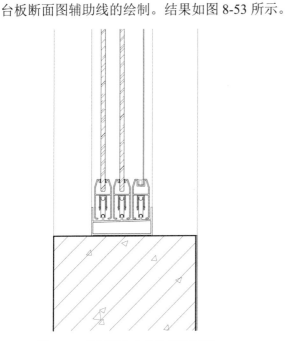

图 8-52 绘制铝合金推拉窗断面图

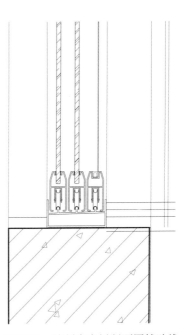

图 8-53 绘制窗台板断面图辅助线

3）执行"多段线"命令，捕捉辅助线节点，绘制窗台板断面图并修剪和删除辅助线，如图 8-54 所示。

4）执行"填充"命令，选择"ANSI33"和"AR-SAND"图案填充窗台板和砂浆层，如图 8-55 所示。

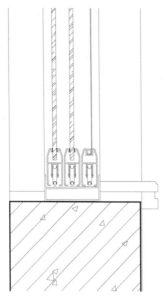

图 8-54　绘制窗台板断面图形

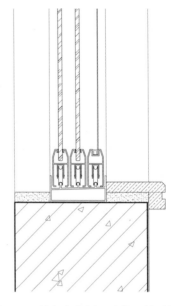

图 8-55　填充窗台板及砂浆层材质图例

（5）绘制窗下地面及踢脚板剖切详图

结合地面铺装平面图和立面图对材质的标注，了解踢脚板的做法：基层 12mm 厚胶合板，面饰 1.5mm 黑色拉丝不锈钢板；地面做法：仿古陶瓷地砖，水泥砂浆黏结层。在餐厅窗位墙剖面图的基础上，绘制地面和踢脚的剖切详图，绘图步骤如下。

1）执行"偏移"命令，将墙线向外偏移 15。将地面向上偏移 60，向下偏移 10、15，完成辅助线的绘制。执行"多段线"命令，捕捉踢脚板位置辅助线，绘制 U 形槽；执行"偏移"命令，将多段线向内偏移 1.5，完成踢脚板饰面不锈钢板的绘制。然后删除多余辅助线，如图 8-56 所示。

2）执行"填充"命令，在踢脚板基层胶合板位置填充"CORK"图案；在陶瓷地砖位置填充"ANSI31"图案；在地砖下层水泥砂浆位置填充"AR-SAND"图案。完成结果如图 8-57 所示。

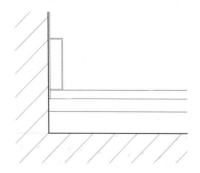

图 8-56　绘制踢脚板和地板剖面图辅助线

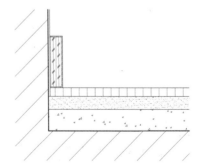

图 8-57　填充剖切材质图例

至此，餐厅窗位墙各部位的剖切节点详图均已绘制完毕，完整的剖切详图如图8-58所示。我们在布局空间将以此进行进一步的操作。

下面将会在布局空间进行设置图样的比例、标注尺寸、标注文字等操作。

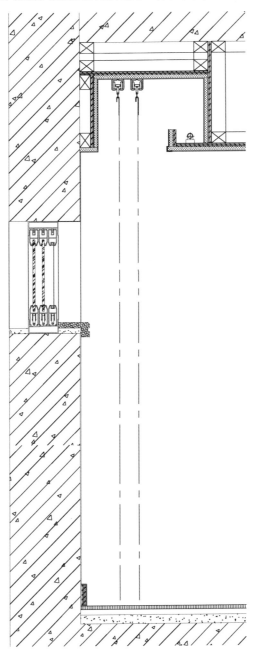

图8-58 绘制完成的餐厅窗位墙剖面图

2. 设置图样比例并调整视口中的图样显示内容

1）将操作界面切换到布局空间，绘制一个矩形视口，设置图样的视口比例为 1∶10，并锁定视口。

2）编辑视口夹点，将窗帘盒部位的剖切图形完整地显示于视口内。结果如图 8-59 所示。

3）执行"复制"命令，开启"正交"模式，向下复制一个视口。

4）编辑新视口的夹点，将窗台板部位的剖切图形完整地显示于视口内。结果如图 8-60 所示。

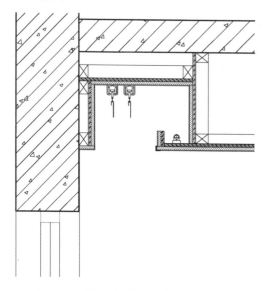

图 8-59 视口显示窗帘盒剖切节点详图

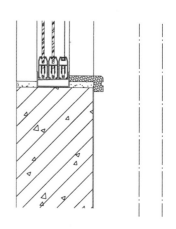

图 8-60 视口显示窗台板剖切节点详图

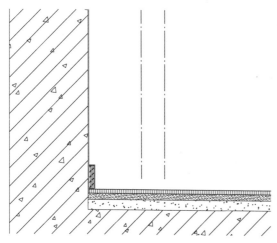

图 8-61 视口显示踢脚板及地砖剖切节点详图

5）再次执行"复制"命令，继续向下复制一个视口。

6）编辑新视口的夹点，将地脚板及地砖部位的剖切图形完整地显示于视口内。结果如图 8-61 所示。

提示： 在布局空间中放大图样，由于图纸范围的限制而不能显示全部图形，可以分段重点在多个视口中显示，这种做法是符合制图规范的。首先确定图样在视口中的比例，然后确定第一个关键图样在视口中的位置。在"正交"

模式下复制视口，使每个视口的图样均处于同一直线方向，编辑各视口的夹点，使各段图样在视口中得到显示。原则上，各分段的图样比例不变，方位对齐，断开的图形之间尺寸按实际标注。

3. 标注尺寸

在完成节点详图的放大和布局之后，接下来是对细部尺寸进行标注，步骤如下。

1）执行"格式"→"标注样式"命令，在打开的"标注样式管理器"对话框中选择"布局样式 1-10"样式作为当前样式。

2）执行"线性"和"连续"命令，对构件的细部尺寸和总体尺寸进行详尽的标注。需要注意的是，本详图由上、中、下 3 段组成，3 段之间的距离通过折断的形式被缩短，但标注尺寸时仍然要注写实际尺寸，方法是，必须采用"线性"标注命令，在拉出尺寸线之后不要单击，在命令行中输入"T"，按 Enter 键；在命令行中输入实际尺寸数字，按 Enter 键即可显示正确的尺寸数字。

4. 标注文字

1）执行"快速引线"命令，在需要注释的图形上单击并向右移动鼠标指针拉出引线。

2）执行"单行文字"命令，在引线的尾端之后，注写材料名称或编码。其他文字注释，均执行"复制"命令，将文字复制到各引线的尾端，然后双击文字进行修改。

3）复制图名属性块至详图下方，双击图名属性块，在打开的"增强属性编辑器"对话框中修改图名、比例、图号及编号。

5. 标注大样索引符号

放大的详图有可能在局部图形和尺寸上仍然不能显示清楚，还可以继续框选需要放大比例的局部图形进行索引，另外制作大比例的大样图。本详图中有两处需要再次放大，操作如下。

1）执行"矩形"命令，在窗台板和踢脚线的部位，分别绘制矩形虚线框。

2）执行"快速引线"命令，在虚线框的适当位置单击并拉出引线，然后插入详图索引符号。

3）双击详图索引符号，编辑编号内容。其中，在圆的下半部中用水平短线标识，说明放大的详图在本图中。

以上操作结果如图 8-62 所示。

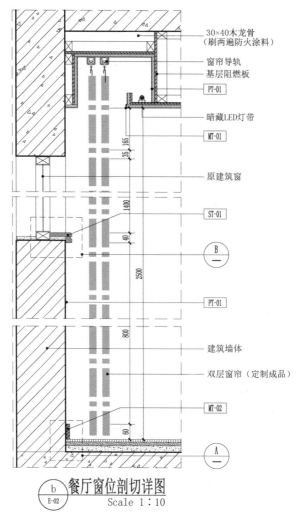

30×40木龙骨
（刷两遍防火涂料）

窗帘导轨

基层阻燃板

PT-01

暗藏LED灯带

MT-01

原建筑窗

ST-01

B
—

PT-01

建筑墙体

双层窗帘（定制成品）

MT-02

A
—

b 餐厅窗位剖切详图
E-02 Scale 1：10

图 8-62　餐厅窗位墙剖切详图

6. 绘制窗台大样节点图

1）在命令行中输入"MV"，在餐厅窗位墙剖切详图的右侧上方绘制一个视口，双击视口区激活视口，进入模型空间。将详图中的窗台部位调整到视口最大化，设置视口的图样比例为1：3，在视口外双击，退出视口。锁定视口并编辑视口夹点对视口区域进行调整。

2）执行"线性"和"连续"命令，对构件的细部尺寸和总尺寸进行详尽的标注。

3）执行"快速引线"命令，对所示材料进行引线；随后执行"单行文字"命令，在引线的尾端注写材料名称或编码。

4）复制图名属性块至大样节点图的下方，双击图名属性块，在弹出的"增强属性编辑器"对话框中修改图名、比例、图号及编号。

完成结果如图 8-63 所示。

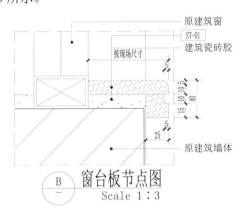

图 8-63 窗台板节点图

7. 绘制踢脚板大样节点图

1）执行"复制"命令，选择窗台大样节点图视口复制到下方空白处，双击视口区激活视口，进入模型空间，将详图中的踢脚板部位调整到视口最大化，设置视口的图样比例为 1：3，在视口外双击，退出视口，锁定视口并编辑视口夹点对视口区域进行调整。

2）执行"线性"和"连续"命令，对构件的细部尺寸和总尺寸进行详尽的标注。

3）执行"快速引线"命令，对所示材料进行引线；然后执行"单行文字"命令，在引线的尾端注写材料名称或编码；最后编辑图名属性块。

完成结果如图 8-64 所示。

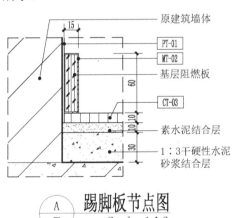

图 8-64 踢脚板节点图

图样最终的完成结果如图 8-65 所示。

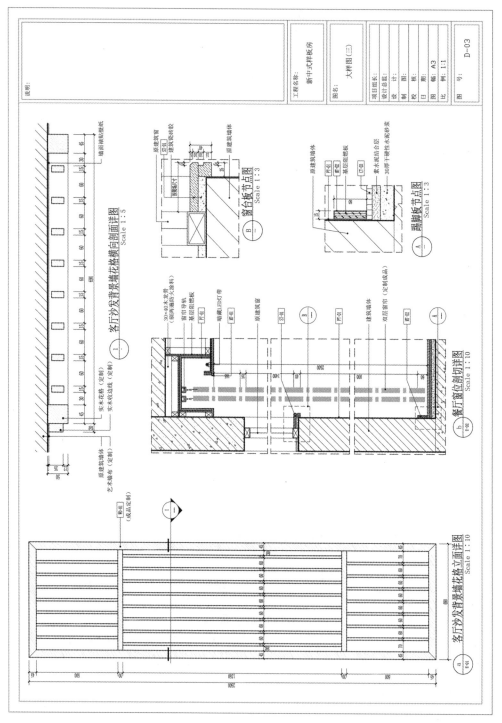

图 8-65 图号为 "D-03" 的大样图样

以上详图内容编辑在同一幅图纸中，是通过在布局空间中的图框内建立多个视口来实现的，视口中图样的显示比例，决定图样的清晰程度。图样的比例设定之后，调整好图样的位置，最后标注尺寸、文字，注写图名和标题栏等。

思考与练习

一、思考题

　　1. 什么是节点图？什么是详图？它们有哪些异同？

　　2. 详图与被索引的图样在同一图纸内，索引符号中的图号应如何注写？

　　3. 在布局空间标注图样的尺寸，如何做到符合规范且准确无误？

　　4. "定义属性"有什么作用？图样中哪些内容需要"定义属性"？如何操作？

二、选择题

　　1. 对视口可以进行（　　）操作。

　　　A. 移动、复制、拉伸、偏移、镜像、删除

　　　B. 移动、复制、拉伸、修剪、镜像、编辑夹点

　　　C. 移动、复制、拉伸、延伸、镜像、编辑夹点

　　　D. 移动、复制、拉伸、旋转、镜像、删除、编辑夹点

　　2. 精确复制对象时，应开启（　　）模式。

　　　A. 正交　　　　　　B. 捕捉　　　　　　C. 对象捕捉　　　　D. 对象捕捉追踪

　　3. 在 AutoCAD 中，正负号的键盘输入是（　　）。

　　　A. %%c　　　　　　B. %%d　　　　　　C. %%p　　　　　　D. %%60

三、实训操作

　　1. 抄绘本书范例图样的装饰大样详图。

　　2. 尝试绘制轻钢龙骨纸面石膏板吊顶大样节点图。

图纸的编制和打印

- 图纸的排序和编号
- 图表类图纸的编制
- 图纸的打印

9.1 图纸的排序与编号

任何装饰装修工程项目都必须有施工图纸，工程项目的规模大小和繁简程度决定了图量的多少，但无论多大的项目，都必须遵循统一的规定，按照图纸的类别和一定的规律、顺序对图纸进行编排和整理。

9.1.1 图纸的类别与排序

1. 图纸的类别

工程图纸在绘制过程中和后期的编制整理时应予以分类。

宏观上，图纸是按照设计内容的建筑空间类别来划分的，如宾馆酒店空间、办公会议空间、餐饮娱乐空间、住宅别墅空间、文化体育空间、商业购物空间等。

而针对一个分项工程的图纸，通常是按照图纸内容的表达形式来划分，可以分为以下几种。

1）图表类图纸：包括图纸的封面、目录、施工图设计说明、表格等。

2）平面类图纸：包括建筑平面图、平面布置图、隔间尺寸平面图（又称为墙体定位图）、地面铺装平面图、顶棚平面图、灯具定位平面图等。

3）立面类图纸：包括各分区、房间的立面或剖立面图等。

4）大样类图纸：包括各装饰部位的大样图、剖切节点图等。

5）配套专业类图纸：包括水施平面图、电气平面图等。

2. 图纸的排序

按照上述图纸分类的做法，一套完整的工程图纸的排序也应该符合分类的做法。图纸排列的顺序及详细内容如下。

1）封面：项目名称、业主名称、设计单位、设计日期等。各设计、施工单位的图纸封面在内容和形式上有所差异。

2）目录：项目名称、序号、图纸名称、图号、图幅等。

3）设计（施工）说明：工程项目名称、工程项目概况、设计范围、常规施工规范、特殊材料及施工工艺说明、防火和环保要求等。

装饰工程施工
图概述（练习）

4）图表：材料表、门窗表、家具表、设备表、灯具表等。

5）平面图：建筑平面图、平面布置图、墙体定位图、地面铺装平面图、顶棚平面图、灯具定位平面图、给水平面图、电气平面图等。

6）立面图：各分区、房间的装修、家具等立面图或剖立面图等。

7）节点大样详图：各装饰部位的构造详图、节点图等。

8）配套专业图纸：水、电、风等相关配套的专业图纸。

9.1.2 图纸的编号

图纸编号简称为图号，也是图纸的页码。每一幅图在一套图纸中的所在位置，是按照上述图纸的分类顺序和内容所编写的图号来排列的。

1. 图号的编写规定

（1）图号的格式

国家制图标准对工程图纸的编号有所规定，本书单元 1 对此有过说明。

图纸编号的格式可参见本书单元 1 中的图 1-12 所示，表达形式如 P-01。其中，"P"为图纸类别（代码），"01"为图样类别序号，图纸类别和图样类别序号之间用连接符"-"连接。

（2）图纸类别（代码）的规定

图纸类别统一用代码表示，参照表 9-1 的内容选用。

表 9-1 图纸类别及代码

序号	图纸类别	代码	序号	图纸类别	代码
1	图纸目录	图表-0n	5	电施图	DS
2	施工图设计说明	图表-0n	6	平面图	FP
3	表格	图表-0n	7	立面图	EL
4	水施图	SS	8	详图、节点图	DT

注：图表-0n 中的"n"，用阿拉伯数字顺序改写如"图表-01"。

连字符用短横线表示，置于前后代码之间。

图样类别序号在同一类图纸中按先后顺序排列，由 01～99 之间的任意 2 位数字组成。

（3）图号编排的一般规定

1）图表类的编号，按照目录、设计（施工）说明、材料表、门窗表、家具表顺序依次编号。

2）平面图类的编号，按照建筑平面图、隔墙尺寸平面图、平面布置图、地面铺装平面图、顶棚平面图、灯具定位平面图、开关插座平面图、给水排水点位平面图、空调位置平面图、立面指向平面图等顺序依次编号。

3）立面类的编号，按照立面指向平面图中的立面索引符号的编码顺序进行编号。

4）大样类的编号，按照详图索引符号的编码先后顺序进行编号。

5）配套专业类的编号，按照不同专业归档进行顺序编号。

2. 图号编辑的方法

图号在 CAD 电子文件中的编写，应采用"定义属性"制作"图块"的方式，便于统一管理和修改。

图号的"定义属性"块制作，是连同标题栏中的"工程名称""图名""日期""比例"等内容一并操作，其操作方法如下。

1）根据需要的图幅在布局中绘制 A3 图框，其形式如图 9-1 所示。右图为标题栏放大显示。

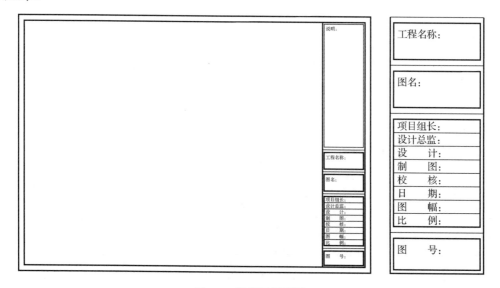

图 9-1 图框及标题栏

2）对标题栏中的文字定义属性。

① "图号"属性的定义。

a. 执行"绘图"→"块"→"定义属性"命令，在打开的"属性定义"对话框中对"属性""文字设置"选项组中的各选项进行设置，如图 9-2 所示。

b．单击"确定"按钮，拖动属性标记至标题栏的图号框中，如图 9-3 所示。

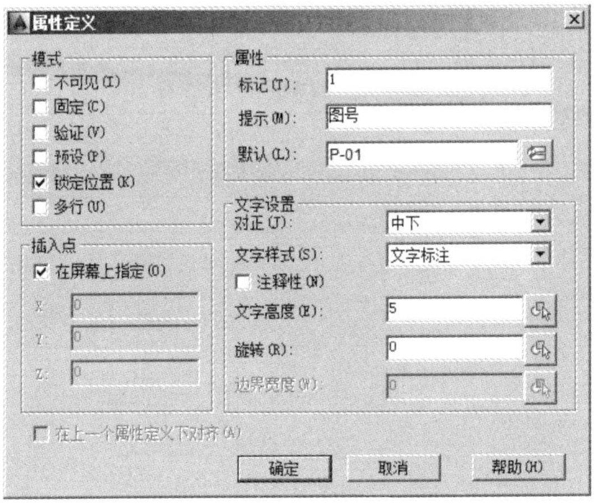

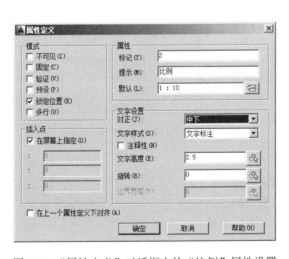

图 9-2 "属性定义"对话框中的"图号"属性设置

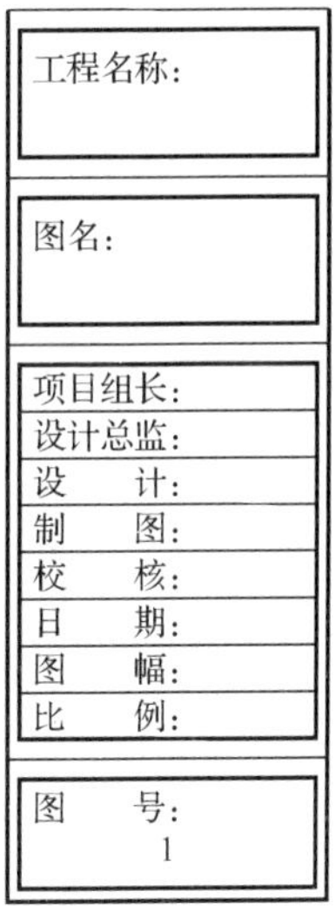

图 9-3 图号标记置入标题栏中

② "比例"属性的定义。

a．执行"定义属性"命令，在打开的"属性定义"对话框中对"属性"选项组中的各选项进行设置，如图 9-4 所示。

b．单击"确定"按钮，拖动属性标记至标题栏的"比例"框中，如图 9-5 所示。

图 9-4 "属性定义"对话框中的"比例"属性设置

图 9-5 比例标记置入标题栏中

③ "图幅"属性的定义。

a．执行"复制"命令，将标题栏中的"比例"框中的标记复制到"图幅"框中。

b．双击复制的标记，在打开的"编辑属性定义"对话框中进行如图 9-6 所示的修改，单击"确定"按钮。

④"日期"属性的定义。

a．执行"复制"命令，将标题栏中的"图幅"框中的标记复制到"日期"框中。

b．双击复制的标记，在打开的"编辑属性定义"对话框中进行如图 9-7 所示的修改，单击"确定"按钮。

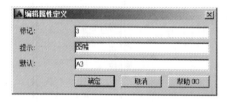

图 9-6　图幅标记在"编辑属性定义"
对话框中的修改

图 9-7　日期标记在"编辑属性定义"
对话框中的修改

⑤"图名"属性的定义。

a．执行"复制"命令，将标题栏中的"图号"框中的标记复制到"图名"框中。

b．双击复制的标记，在打开的"编辑属性定义"对话框中进行如图 9-8 所示的修改，单击"确定"按钮。

⑥"工程名称"属性的定义。

a．执行"复制"命令，将标题栏中的"图名"框中的标记复制到"工程名称"框中。

b．双击复制的标记，在打开的"编辑属性定义"对话框中进行如图 9-9 所示的修改，单击"确定"按钮。

图 9-8　图名标记在"编辑属性定义"
对话框中的修改

图 9-9　工程名称标记在"编辑属性定义"
对话框中的修改

以上操作完成了对图号、比例、图幅、日期、图名、工程名称各项文字属性的定义，如图 9-10 所示。但此时并没有真正起到"属性"的作用，下一步还需要将定义的文字属性与图框合在一起创建为"属性块"，然后在应用"属性块"时，才可以显示"属性块"的作用。

3）创建"属性块"。

① 执行"写块"命令，打开"写块"对话框，如图 9-11 所示。

图 9-10　各标记在标题栏中的显示

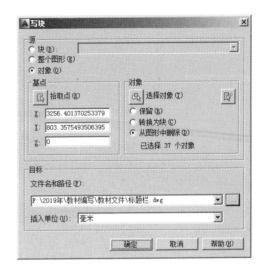

图 9-11　"写块"对话框

② 单击"文件名和路径"文本框右侧的"浏览"按钮，打开"浏览图形文件"对话框，如图 9-12 所示。在对话框中的"文件名"文本框中输入标题栏，单击"确定"按钮。

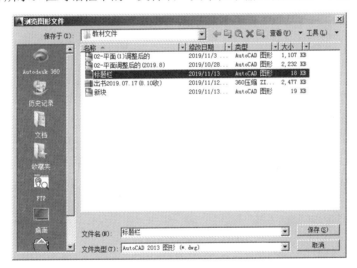

图 9-12　"浏览图形文件"对话框

③ 执行"插入块"命令，打开"插入"对话框，如图 9-13 所示。

④ 单击"名称"文本框右侧的"浏览"按钮，打开"选择图形文件"对话框，如图 9-14 所示。选择"标题栏"文件，单击"打开"按钮。

⑤ 返回"插入"对话框，单击"确定"按钮，打开"编辑属性"对话框，如图 9-15 所示，单击"确定"按钮。此时，一个具有"属性块"的图框被插入绘图区，如图 9-16 所示。

图 9-13　"插入"对话框

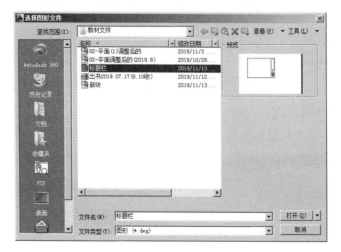

图 9-14　"选择图形文件"对话框

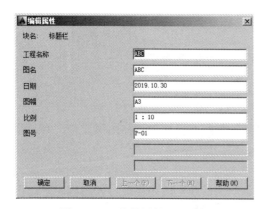

图 9-15　"编辑属性"对话框

图 9-16　修改前的标题栏

4）修改属性值。

① 在插入的图框中，双击标题栏中的任何一项属性块文字，即可打开"增强属性编辑器"对话框，如图 9-17 所示。

② 在"增强属性编辑器"对话框中，可分别对"属性""文字选项""特性"选项卡进行修改。修改后的标题栏文字内容如图 9-18 所示。

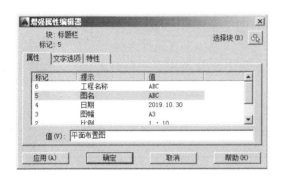

图 9-17　"增强属性编辑器"对话框

图 9-18　修改后的标题栏

图号与图框中的标题栏有关内容在完成了"属性块"的制作之后，即可连同图框在布局空间复制多个，然后可根据图框中的图样内容修改图号等文字内容。

3. 图号编写的注意事项

1）图样在图框中编辑完成之后，应及时对标题栏中的图号等相关内容进行修改。

2）图号的编写应严格检查图纸之间的关系：一是立面图所在的图纸编号，应与立面指向图中索引符号的图纸编号相对应；二是大样节点图所在的图纸编号，应与索引符号的图纸编号相对应。

3）图纸目录中的图名编号，应与图纸中的图号相对应。

9.2　图表类图纸的编制

图表类的图纸包括封面、目录、设计说明、表格等内容，这些内容的工作，可以在完成了图纸中各类图样的绘制之后来做，也可以事先做出，然后根据图纸的最终结果进行修改、调整。应该说，图表类的图纸是整个工程图纸的纲要性文件，同时是对图样文件内容的补充。

图纸封面
（练习）

9.2.1 图纸封面

1. 图纸封面的内容

图纸封面的内容应包括项目名称、业主名称、设计单位、设计日期等。各设计、施工单位的图纸封面在内容和形式上会略有差异。

图纸封面的样式如图 9-19 和图 9-20 所示，仅作参考。

2. 图纸封面的形式

1）图纸封面的幅面应与图纸中的各类图样文件的幅面一致。

2）图纸封面采用黑白的形式，宜简洁、大方、明了。

3）图纸封面的内容以文字为主，可以配上设计单位的标志。

4）图纸封面中的文字，宜为黑体和宋体，字体不宜超过 3 种。

5）图纸封面的字高最大宜为 28mm，最小宜为 4mm。一般是将项目名称的字号设为最大，并放在图面的中心位置。

6）图纸封面的文字可采用中英文对照，每一行的中英对照文字，中文在上、英文在下。

×××××装饰设计工程有限公司
×××××DECORATIVE DESIGN ENGINEERING GO.LTD

××××××生态度假酒店
×××××× ECOLOGICCAL RESORT HOTEL

一层大堂施工图
First floor lobby drawing

日期：2018年12月22日
DATE OF ISSUE:22th，DECEMBER，2018

图 9-19　图纸封面（样式 1）

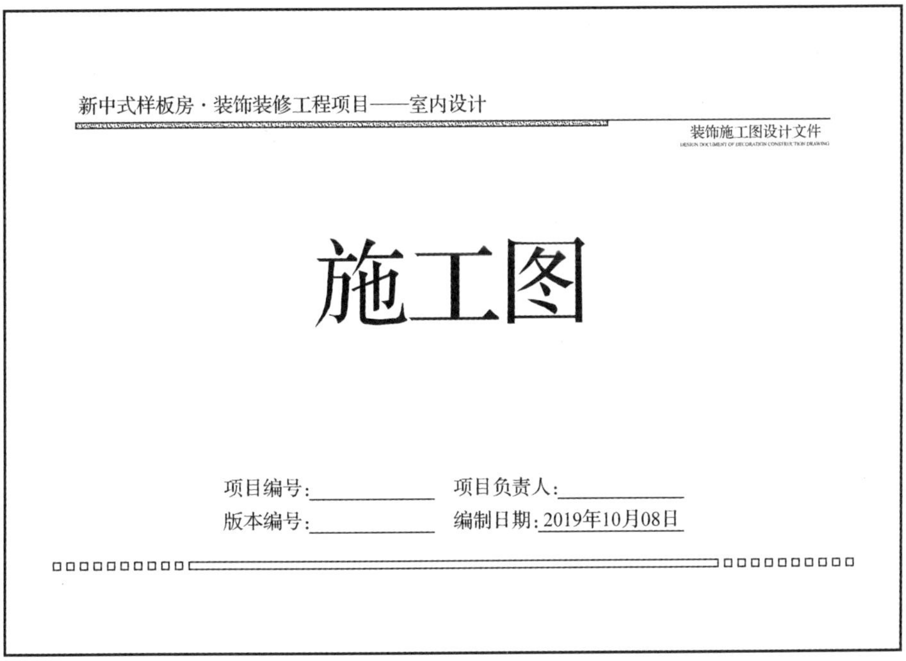

新中式样板房·装饰装修工程项目——室内设计

装饰施工图设计文件
DESIGN DOCUMENT OF DECORATION CONSTRUCTION DRAWING

施工图

项目编号：＿＿＿＿＿　　项目负责人：＿＿＿＿＿

版本编号：＿＿＿＿＿　　编制日期：2019年10月08日

图 9-20　图纸封面（样式 2）

9.2.2　图纸目录

图纸目录表
（练习）

1. 图纸目录的内容

图纸目录的内容应包括项目名称、序号、图纸名称、图号、图幅等。

2. 图纸目录的形式

图纸目录的幅面宜与图纸中的各类图样文件的幅面保持一致，并采用横式排版。

3. 图纸目录的绘制

图纸目录采用表格的形式绘制，绘制方法有两种，一种是应用 AutoCAD 软件中的"表格"命令进行绘制，其特点是将"创建表格"和"填充表格文字"两种功能结合在一起，快速且方便。另一种是采用"直线"或"构造线"命令，并使用"偏移""复制""修剪"等修改命令绘制编辑表格，然后执行"单行文字"命令在表格中输入文字。下面重点介绍执行"表格"命令的制表方法。

（1）执行"表格"命令创建表格

1）执行"绘图"→"表格"命令，打开"插入表格"对话框，在"列和行设置"选项组中的"列数"和"行数"文本框中输入数值，如图 9-21 所示。单击"确定"按钮，返回绘图区，在命令行"指定插入点"的提示下，拾取图框中的一点插入表格。同时修改标题栏中的图名、图号等内容，如图 9-22 所示。

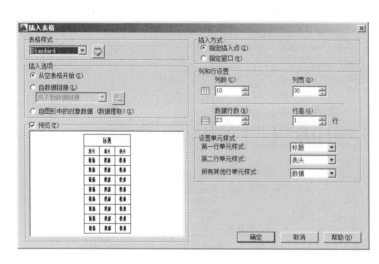

图 9-21　"插入表格"对话框　　　　　　　　　图 9-22　"目录"图纸标题栏

2）打开"文字格式"编辑器，用于设置表格内容，如图 9-23 所示。

图 9-23　"文字格式"编辑器

3）在表格中输入"图纸目录"（可设置为宋体和粗体），然后按 Tab 键，此时光标跳至左下侧的列标题栏中，继续输入"序号"，结果如图 9-24 所示。

图 9-24　输入"图纸目录"

4）重复按 Tab 键，分别在右侧列标题栏中继续输入文字，结果如图 9-25 所示。

图纸目录									
序号	图纸名称	图号	图幅	备注	序号	图纸名称	图号	图幅	备注

图 9-25　在标题栏中输入的文字

提示： 在 AutoCAD 中的默认状态下创建的表格不仅包含标题行，还包含表头行、数据行，用户可以根据实际情况进行取舍。

5）在无任何命令执行的情况下，选择表格使其夹点显示，然后单击第二个夹点使其转换为夹基点，如图 9-26 所示。

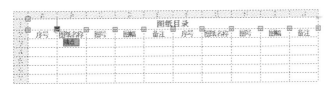

图 9-26　编辑表格夹点

6）将序号列右上侧夹点（第二个夹点）拖到第一个夹点上，并以同样的方法将第二个序号列右上侧夹点（第七个夹点）拖到左上侧夹点上，结果如图 9-27 所示。

图纸目录									
序号	图纸名称	图号	图幅	备注	序号	图纸名称	图号	图幅	备注

图 9-27　编辑夹点后的表格

7）以同样的方法依次在表格中输入相关的文字内容，结果如图 9-28 所示。

图纸目录									
序号	图纸名称	图号	图幅	备注	序号	图纸名称	图号	图幅	备注
1	图纸封面	图表-00	A3						
2	图纸目录	图表-01	A3						
3	施工图设计说明	图表-02	A3						
4	材料表	图表-03	A3						
5	建筑平面图	P-01	A3						
6	平面布置图	P-02	A3						

图 9-28　输入表栏中的各项文字内容

（2）执行"构造线"命令绘制表格

1）执行"构造线"命令，开启"正交"模式，在图框空白区绘制水平线和垂直线各一条。

2）在确定了表格的行数和列数之后，确定各列和行间距离，执行"偏移"命令，按照计算的行距和列距偏移线段。

3）执行"修剪"命令，对表格外多余的线段进行修剪，完成表格的绘制。

4）执行"单行文字"命令，在表格中输入样板文字。然后通过"复制"命令，将样板文字复制到各栏中，双击文字可修改文字内容。

以上两种方法，各有利弊，可根据表格内容的复制程度选择应用。

9.2.3 施工图设计说明

施工图设计说明是完全以文字形式编制的图纸文件。下面简单介绍基本内容及操作方法。

设计说明
（练习）

1. 施工图设计说明的文字内容

施工图设计说明的文字内容如图 9-29 所示（仅供参考）。

```
一、工程项目概况
    （一）工程名称
    （二）设计依据
        1. 本项目原有的建筑施工图纸；
        2. 业主意向；
        3. 国家或地方现行的有关标准及规范。
二、设计范围
三、图纸标注单位及尺寸
四、施工做法及选材要求
    （一）施工工艺要求
        1. 墙面；
        2. 楼地面；
        3. 顶棚；
        ……
五、防火要求
六、环保要求
七、其他说明
```

图 9-29　施工图设计说明的文字内容

2. 输入、编辑文字

1）执行"复制"命令，复制"目录"图纸的图框至右侧，双击标题栏中的图名、图号等文字，及时进行修改。

2）执行"多行文字"命令，在图框空白处拾取两点拖出一个矩形边界框。在打开的"文字格式"编辑器中设置字体为"宋体"、文字高度为"6"，然后输入"施工图设计说明"，单击"确定"按钮关闭"文字格式"编辑器。执行"移动"命令，将"施工图设计说明"移动到图框的上部中央位置。

提示：也可以执行"单行文字"命令，单行文字的字体需要事先在"文字样式"中设置。

3）执行"复制"命令，开启"正交"模式，选择上述编辑的正文内容文字，复制到上排文字的下方合适位置。双击该文字，在打开的"文字格式"编辑器中修改文字内容，单击"确定"按钮结束文字编辑。

余下内容的操作同上，不再赘述。

提示：需要注意的是，第一次复制的行距确定之后，以后复制的文字均保持行距一致。

材料表命名规则　　材料表（练习）
讲解（练习）

9.2.4　材料表

材料表的编制，应根据确定后的初步设计方案，在深化施工图设计方案开始前进行，作为指导图样材料标注的依据。

1. 材料表的基本内容

材料表应从如下几个方面列项：序号、材料编号、材料名称、颜色、规格、施工部位、备注。

各种材料应分类并按照编号的顺序排列。材料表的基本格式如图 9-30 所示。

装饰材料终饰范例表
TYPES OF FINISH LEGEND

序号 NO.	材料编号 NO.	材料名称 DESCRIPTION	材料规格 SPECIFICATIONS	施工部位 POSITION	备注 REMARK
01	PT-01	白色乳胶漆		吊顶、墙面	
02	PT-02	米黄色乳胶漆		墙面	
03	WD-01	胡桃木饰面（木器漆）		客厅、餐厅墙面	
04	CT-01	仿大理石灰色抛光砖	800×800	客厅、餐厅、过道、厨房地面	
05	CT-02	土黄色仿古地砖	500×500	阳台地面	
06	CT-03	米黄色仿古地砖	300×300	卫生间地面	
07	CT-04	米黄色抛光砖	800×400	卫生间、厨房墙面	800×800地砖1开2，倒斜边，定制

图 9-30　材料表的基本格式

2. 材料表的编制

材料表的编制方法可参照图纸目录表的编制操作，这里不再赘述。

9.3　图纸的打印

打印是使用 AutoCAD 绘图的最后环节，也是最重要的操作环节。本节将针对打印样式、线宽的设置和布局空间的打印方法进行重点讲解。

9.3.1 打印图纸的准备

1. 配置绘图仪

1）执行"文件"→"绘图仪管理器"命令，打开如图 9-31 所示的"Plotters"窗口。

图纸的打印输出
（练习）

图 9-31 "Plotters"窗口

2）双击窗口中的"添加绘图仪向导"图标，打开如图 9-32 所示的"添加绘图仪-简介"对话框。

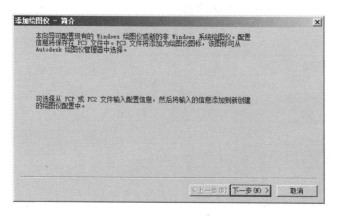

图 9-32 "添加绘图仪-简介"对话框

3）单击"下一步"按钮，打开如图 9-33 所示的"添加绘图仪-开始"对话框。

4）单击"下一步"按钮，打开如图 9-34 所示的"添加绘图仪-绘图仪型号"对话框，选择型号。

5）单击"下一步"按钮，打开如图 9-35 所示的"添加绘图仪-输入 PCP 或 PC2"对话框。

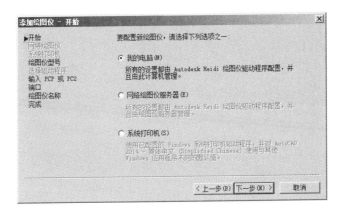

图 9-33 "添加绘图仪-开始"对话框

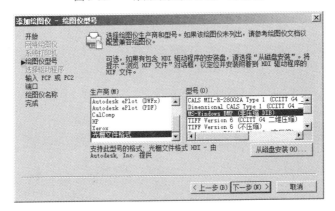

图 9-34 "添加绘图仪-绘图仪型号"对话框

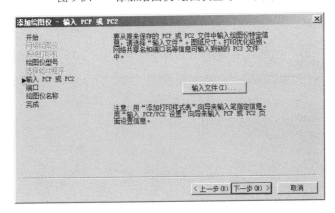

图 9-35 "添加绘图仪-输入 PCP 或 PC2"对话框

6）单击"下一步"按钮，打开如图 9-36 所示的"添加绘图仪-端口"对话框。

图 9-36 "添加绘图仪-端口"对话框

7）单击"下一步"按钮，打开如图 9-37 所示的"添加绘图仪-绘图仪名称"对话框。

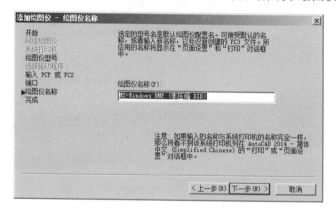

图 9-37 "添加绘图仪-绘图仪名称"对话框

8）单击"下一步"按钮，打开如图 9-38 所示的"添加绘图仪-完成"对话框。

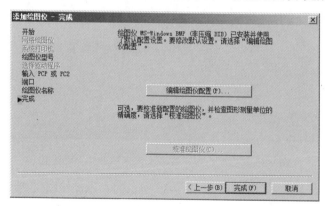

图 9-38 "添加绘图仪-完成"对话框

9）单击"完成"按钮，在打开的"Plotters"窗口中添加了"MS-Windows BMP（非压缩 DIB）"型号的绘图仪，如图 9-39 所示。

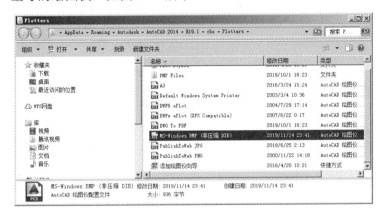

图 9-39　添加绘图仪完成

提示：上述操作添加的绘图仪，同时会添加到"打印-布局 1"对话框中的"打印机/绘图仪"选项组中。

2. 配置打印样式

打印样式是一种对象特性，如同颜色、线型、线宽或图层一样，它决定了对象的打印效果。打印样式保存在打印样式表中，它是可以创建和编辑的文件。打印样式的创建操作如下。

1）单击"打印"按钮 ◫（或按 Ctrl+P 组合键），打开如图 9-40 所示的"打印-布局 1"对话框。

图 9-40　"打印-布局 1"对话框

2）单击对话框右下角的展开按钮 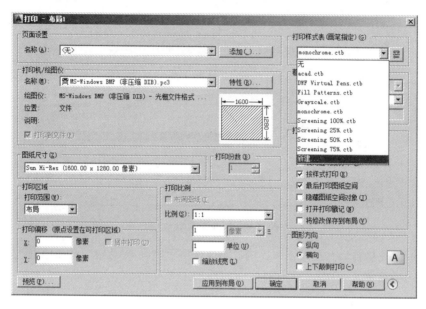，在"打印样式表"下拉列表中选择"新建"选项，如图 9-41 所示。

图 9-41 选择"新建"选项

3）在打开的"添加颜色相关打印样式表-开始"对话框中选中"创建新打印样式表"单选按钮，如图 9-42 所示，单击"下一步"按钮。

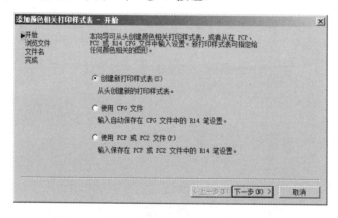

图 9-42 选中"创建新打印样式表"单选按钮

4）在打开的"添加颜色相关打印样式表-文件名"对话框中，设置"文件名"为"平面图"，如图 9-43 所示，单击"下一步"按钮。

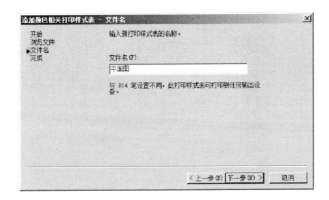

图9-43 输入文件名"平面图"

5）在打开的"添加颜色相关打印样式表-完成"对话框中，单击"打印样式表编辑器"按钮，如图9-44所示。

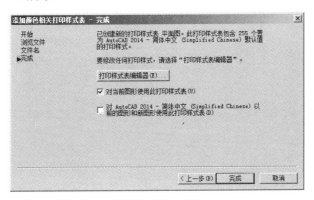

图9-44 单击"打印样式表编辑器"按钮

6）打开"打印样式表编辑器-平面图"对话框，如图9-45所示，在"打印样式"列表框中选择所有颜色，然后在"颜色"下拉列表中选择"黑"选项。随后在"打印样式"列表框中选择在绘图中所用到的颜色，并在"线宽"下拉列表中选择相应的线宽。完成所有的设置后，单击"保存并关闭"按钮。

7）返回"添加颜色相关打印样式表-完成"对话框，单击"完成"按钮。返回"打印-布局"对话框，此时"平面图"样式在"打印样式表"文本框中显示，如图9-46所示，单击"应用到布局"按钮。

图 9-45　"打印样式表编辑器-平面图"对话框

图 9-46　打印样式表设置完成

提示：AutoCAD 的打印样式有两种类型，一种是颜色相关的打印样式，另一种是命名打印样式。

使用颜色相关打印样式，是基于对象颜色来指定打印特性，保存在颜色相关打印样式表中，其扩展名为.ctb。使用命名打印样式允许用户不以颜色来设置对象的打印特性，其扩展名为.stb。

打印样式表中的打印样式，还可以在打印样式表编辑器中重新编辑和修改。

施工图的图样黑白分明，没有彩色。图面的物象是由轮廓线、纹理线和各种标识线组成的，因此，图线的线宽对于图面的视觉效果显得尤为重要。打印样式的设置，就是预先做出一个线宽控制计划，然后在制图中遵循线宽的规定，方能在打印时不乱套。下面针对线宽的内容进行讲解。

3. 设置线宽

（1）线宽的概念

线宽的概念在单元 1 中的相关内容有过叙述，可参阅，这里不再赘述。

图样的线宽显示在图纸中的作用不可小觑。线宽应用得当，有助于图纸的查看和阅读。可以想象，当图样的线宽粗细不分，或该细的不细，该粗的不粗时，必然造成视觉上的一片混乱。再好的设计意图，终将因为一团糟的图线而令人看不下去。

图线的宽度是在打印时予以控制的。在 AutoCAD 的"打印样式表编辑器"中，对线宽的设置有两种。一种是使用对象线宽，即对象在打印之前设置的线宽。这种线宽是在"图层特性管理器"窗口中的"线宽"选项卡的线宽表中选择确定的，或在"线宽控制"窗口中的线宽表中选择确定的。这种线宽称为绝对线宽，它不会因为对象在显示屏中的大小或图样的缩放而改变线宽。另一种是根据对象的颜色选择线宽，也就是说，根据对象的颜色来决定打印的线宽。因此，当确定用颜色来控制线宽时，在绘制图样的过程中就不再设置对象的线宽，而是设置对象的颜色。只要确定哪些颜色是粗线，哪些颜色是中线，哪些颜色是细线，就能够通过"打印样式"来控制对象的打印线宽了。

另外有一种特殊情况，就是利用"多段线"命令绘制的图线，这种线具有自行设置线宽的功能。当多段线的线宽被设置为大于 0 的情况下，就不再因为颜色和线宽控制而改变自行设置的线宽。只有在多段线的线宽被设置为 0 时，才能被打印颜色控制。这种线宽会随着图样的缩放而改变线宽的显示，称为相对线宽。

（2）线宽的设置

AutoCAD 中的线宽设置范围为 0.00～2.11mm，共有 24 种宽度值的选择，如图 9-47 所示。而我们在工程图纸中能用到的线宽类型不会超过 10 种。正常情况下，0.09mm 以下的线宽，其显示效果几乎没有区别，制图最大的线宽一般不会超过 1.00mm。

AutoCAD 对象颜色设置及打印线宽设置参照表 9-2 所示的内容。

图 9-47　线宽控制菜单

表 9-2　AutoCAD 对象颜色及打印线宽设置

线宽类型		色号（颜色）	打印线宽/mm	绘制对象和范围
粗线	极粗线	1 号（红色）	1.00	用于绘制节点大样索引范围框线（粗虚线）和剖切符号，可采用直线、矩形或多段线绘制
	较粗线	4 号（青色）	0.50	① 用于绘制建筑承重构造剖切轮廓线，如建筑平面图的承重墙线等；② 用于绘制立面物体剖切轮廓线，如剖立面图的外边缘剖切构造轮廓线（包括地面、墙体、顶棚、门洞、窗洞等剖切轮廓线）
	次粗线	12 号（深红色）	0.35	用于绘制建筑非承重构造轮廓线，如轻质隔墙线等

续表

线宽类型		色号（颜色）	打印线宽/mm	绘制对象和范围
中线	偏粗中线	2号（黄色）	0.25	用于绘制灯具轮廓线、文字等
		7号（白色）		用于绘制相对靠前的物体轮廓线
	中线	113号（绿灰色）	0.20	用于绘制建筑平面图中的窗户构造线
		53号（棕灰色）		用于绘制平面图中的门扇构造线
	次中线	8号（灰色）	0.18	用于绘制相对靠后的物体轮廓线和物体轮廓以内的构造线
细线	较细线	9号（灰色）	0.13	用于绘制物体细部分割线，或较为狭小的物体轮廓线，如玻璃门、风口叶片等
	细线	251号（灰色）	0.09	① 用于绘制尺寸线、引线、轴线、门扇开启线、十字对中线等非实物线； ② 用于绘制装饰表面分格线，如装饰表面的材料拼接分格线或分缝线等
	极细线	250号（灰色）淡显（50%）	0.05	① 用于绘制玻璃或镜子表面折光等非实物线； ② 用于图案填充和绘制装饰表面材质纹理等极细线

注：图表中的色号并非统一规定，仅作参考。一旦确认，制图过程和打印样式表均应参照执行。

9.3.2 在布局中打印图纸

在 AutoCAD 中绘制施工图，首先是在模型空间操作，完成所有图样的绘制之后，切换到布局中进行图纸的编辑整理。完成之后进入图纸的打印环节。后续的打印工作在布局空间中进行。

怎样在布局中创建视口（练习）

1. 添加打印样式

1）执行"文件"→"打印样式管理器"命令，打开"Plot Styles"对话框，选择"添加打印样式表向导"选项，如图 9-48 所示。

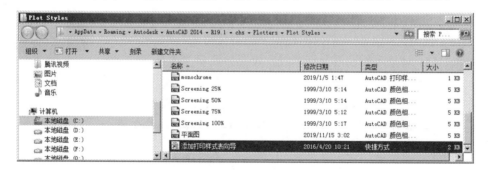

图 9-48 "Plot Styles"对话框

2）在打开的"添加打印样式表"对话框中，单击"下一步"按钮，如图 9-49 所示。

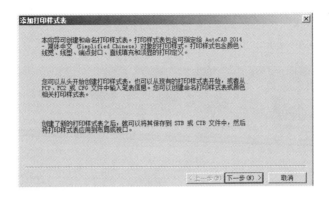

图 9-49　"添加打印样式表"对话框

3）在打开的"添加打印样式表-开始"对话框中，选中"使用现有打印样式表"单选按钮，如图 9-50 所示，单击"下一步"按钮。

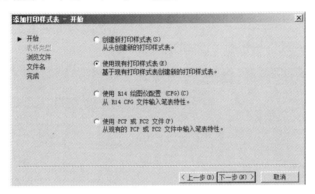

图 9-50　"添加打印样式表-开始"对话框

4）在打开的"添加打印样式表-浏览文件名"对话框中，单击"浏览"按钮，在打开的对话框中选择预先编制的打印样式文件，双击该文件，文件出现在文本框中，如图 9-51 所示，单击"下一步"按钮。

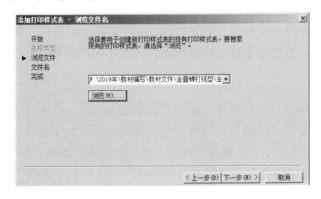

图 9-51　"添加打印样式表-浏览文件名"对话框

5）在打开的"添加打印样式表-文件名"对话框中的"文件名"文本框中输入"平面图打印"，如图 9-52 所示，单击"下一步"按钮。

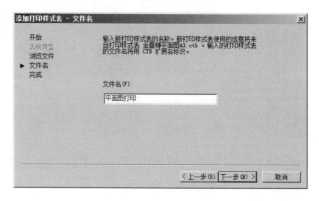

图 9-52　"添加打印样式表-文件名"对话框

6）在打开的"添加打印样式表-完成"对话框中，无须再单击"打印样式表编辑器"按钮，直接单击"完成"按钮即可，如图 9-53 所示。

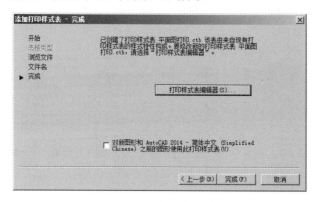

图 9-53　"添加打印样式表-完成"对话框

此时，该打印样式便添加到打印样式表中。

提示： 添加打印样式是针对没有安装到打印样式表中的文件，与前面介绍的配置打印样式的结果一样，最终都会将打印样式添加到打印样式表中。

2. 打印图纸

执行"文件"→"打印"命令（或按 Ctrl+P 组合键），或单击标准工具栏中的"打印"按钮，打开"打印-布局 1"对话框。在对话框中进行如下操作。

1）在"打印样式表"下拉列表中选择"平面图打印"选项。

2）在"打印机/绘图仪"选项组中的"名称"下拉列表中选择"DWG To PDF.pc3"选项。

提示："DWG To PDF.pc3" 是一款电子打印设备，在没有实体打印设备的情况下，可以通过这一类电子模拟打印机来打印电子文件。在 AutoCAD 中，有很多这样的电子打印设备可供选择，如 "DWF6 eplot.pc3" "Publish To web JPG.pc3" 等。

3）在"图纸尺寸"下拉列表中选择"ISO full bleed A3(420.00×297.00 毫米)"选项。

4）在"打印范围"下拉列表中选择"窗口"选项，单击"窗口"按钮，即可切换到布局空间。

5）选择图框左上角向右下方拉出选择框至图框右下角，框选图纸打印范围，返回对话框。

6）在"打印比例"选项组中选中"布满图纸"复选框；在"打印偏移"选项组中选中"居中打印"复选框；在"图形方向"选项组中选中"横向"单选按钮。

以上在"打印-布局 1"对话框中的操作结果如图 9-54 所示。

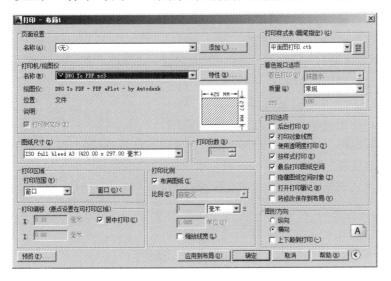

实操：绘制 A3
图纸模板并打印
输出（练习）

图 9-54　"打印-布局 1"对话框

单击"预览"按钮，查看模拟打印图纸正确无误之后，单击"确定"按钮。在打开的"浏览打印文件"对话框中选择保存路径和文件夹，单击"保存"按钮即可完成图纸的打印。

图纸的打印效果在前面工程图绘制的几个单元中均有图例，此处不再展示。

思考与练习

一、思考题

1．"多段线"的线宽如何设置？设置线宽的"多段线"能在"打印样式表编辑器"

中得到修改吗？

    2．模型空间与布局空间的打印操作有何区别？

    3．打印图纸时，一般应设置哪些打印参数？如何设置？

    4．图表文件包括哪些内容？如何绘制？尝试用"直线"命令和"单行文字"命令绘制表格。

二、选择题

    1．AutoCAD 的线宽有（　　　）控制方法。

        A．按颜色设置线宽   B．使用对象线宽

        C．使用对象线型   D．利用多段线设置线宽

    2．视口不被打印的方法有（　　　）。

        A．将视口的颜色设置为 255 号

        B．将视口放置在"Defpoints"图层

        C．将视口放置在不被打印的图层，即将该图层的打印机图标设置为禁止打印状态

        D．关闭或冻结视口所在图层

    3．使对象的打印显示为灰色应采用（　　　）方式。

        A．将对象所在的图层颜色设置为灰色系列颜色

        B．将对象的颜色在"选择颜色"对话框中设置为灰色系列颜色

        C．设置对象的线宽为 0

        D．在"打印样式表编辑器"中将对象颜色的"淡显"值设为小于 100%

三、实训操作

    1．练习绘制一个标题栏，并对标题栏中的文字定义属性。

    2．创建一个打印样式表，并以该样式打印一份平面布置图电子文件。

附录 1　AutoCAD 快捷键

附表 1-1　AutoCAD 功能键

序号	功能键	功能说明	序号	功能键	功能说明
1	F1	获取帮助	9	F9	"捕捉"开关
2	F2	作图窗口与文本窗口切换	10	F10	"极轴"模式控制
3	F3	"对象捕捉"开关	11	F11	"对象追踪"模式控制
4	F4	数字化仪控制	12	F12	"动态输入"模式控制
5	F5	等轴测平面切换	13	Delete	删除
6	F6	"动态 UCS"开关	14	Esc	中止正在执行的命令
7	F7	"栅格"显示模式控制	15	Enter	激活/结束/重复命令
8	F8	"正交"模式控制			

附表 1-2　AutoCAD 功能组合键

序号	功能组合键	功能说明	序号	功能组合键	功能说明
1	Ctrl+A	一次选择当前图形文件中的所有对象	18	Ctrl+X	剪切选择的对象
2	Ctrl+B	栅格捕捉模式控制	19	Ctrl+Y	重做
3	Ctrl+C	将选择的对象复制到剪切板	20	Ctrl+Z	取消前一步操作
4	Ctrl+F	控制是否实现对象自动捕捉（同 F3）	21	Ctrl+Q	退出 AutoCAD
5	Ctrl+G	"栅格"显示模式控制（同 F7）	22	Ctrl+0	清屏
6	Ctrl+J	重复执行上一次命令（Enter）	23	Ctrl+1	打开"特性"窗口
7	Ctrl+K	超级链接	24	Ctrl+2	打开"设计中心"窗口
8	Ctrl+L	切换"正交"模式（同 F8）	25	Ctrl+3	打开"工具选项板"窗口
9	Ctrl+N	新建图形文件	26	Ctrl+4	打开"图纸集管理器"窗口
10	Ctrl+M	打开"选项"对话框	27	Ctrl+5	打开"信息选项板"窗口
11	Ctrl+O	打开图像文件	28	Ctrl+6	打开"数据库链接"窗口
12	Ctrl+R	在布局视口之间循环	29	Ctrl+7	打开"标记集管理器"窗口
13	Ctrl+P	打开"打印"对话框	30	Ctrl+8	打开"快速计算器"窗口
14	Ctrl+S	保存文件	31	Ctrl+9	打开或关闭命令行
15	Ctrl+U	极轴模式控制	32	Ctrl+Shift+S	另外保存文件
16	Ctrl+V	粘贴剪贴板上的内容	33	Ctrl+Shift+C	带基点复制对象
17	Ctrl+W	"对象追踪"模式控制（同 F11）	34	Ctrl+Shift+V	粘贴为块

附表 1-3 AutoCAD 特殊字符快捷键

序号	字符	快捷键	序号	字符	快捷键
1	直径（ϕ）	%%C	5	小于（<）	%%60
2	度（°）	%%D	6	等于（=）	%%61
3	正负号（±）	%%P	7	小于等于（≤）	%%146
4	大于（>）	%%62	8	大于等于（≥）	%%147

附表 1-4 AutoCAD 常用命令快捷键

文件菜单			
序号	中文命令	英文命令	快捷键	功能说明
---	---	---	---	---
1	新建	NEW	Ctrl+N	新建图形文件
2	打开	OPEN	Ctrl+O	打开图像文件
3	关闭	CLOSE	Ctrl+9	关闭当前文件
4	保存	SAVE	Ctrl+S	保存当前文件
5	另存为	SAVEAS	Ctrl+Shift+S	以新的文件名保存当前文件的副本
6	输入	IMPORT	IMP	将各种格式的文件输入当前文件中
7	输出	EXPORT	EXP	将图形中的对象保存为其他文件格式
8	页面设置管理器	PAGESETUP	PAG	控制每一个新布局的页面布局、打印设备、图纸尺寸等
9	打印样式管理器	STYLESMANAGER	—	打开一个文件夹，在其中添加或编辑打印样式表
10	打印预览	PREVIEW	PRE	显示图形的打印效果
11	打印	PLOT	Ctrl+P	将图形打印到绘图仪、打印机或文件
12	图形实用工具>清理	PURGE	PU	删除图形中未使用的命名项目，如块定义和图层等
13	退出	QUIT	EXIT	退出应用程序
14	剪切	CUTCLIP	Ctrl+X	将选择的对象复制到剪贴板并将其从图形中删除
15	复制	COPYCLIP	Ctrl+C	将选择的对象复制到剪贴板
16	带基点复制	COPYBASE	Ctrl+Shift+C	将选定的对象与指定的基点一起复制到剪贴板
17	粘贴	PASTECLIP	Ctrl+V	将剪贴板上的对象粘贴到当前图形中
18	粘贴为块	PASTEBLOCK	Ctrl+Shift+V	将剪贴板上的对象作为块粘贴到当前图形中
19	删除	ERASE	E	删除选择的对象
20	全部选择	AL_SELALL	Ctrl+A	一次全选所有未隐藏的对象
21	查找	FIND	—	查找、替换、选择或缩放到指定的文字

续表

视图菜单				
序号	中文命令	英文命令	快捷键	功能说明
1	重画	REDRAWALL	RA	刷新所有视口的显示
2	重生成	REGEN	RE	从当前视口重新生成整个图形
3	全部重生成	REGENALL	REA	重新生成图形并刷新所有视口
4	缩放	ZOOM	Z	放大或缩小显示当前视口中的对象（滚动鼠标中键）
5	缩放（全部）	ZOOM（ALL）	Z/A	将所有对象全部显示在当前屏幕
6	平移	PAN	P	在当前视口中移动视图，即实时移动（按住鼠标中键）
7	创建一个视口	MVIEW	MV	在布局空间拉出一个矩形框开设视口
8	视口>对象	_VPORTS	—	将闭合的多段线、圆、椭圆、样条曲线转换为视口
9	返回布局空间	PSPACE	PS	从模型空间退出视口切换到布局空间
10	进入模型空间	MSPACE	MS	在布局空间激活视口切换到模型空间

插入菜单				
序号	中文命令	英文命令	快捷键	功能说明
1	插入块	INSERT	I	将图形或命名块插入当前图形中
2	DWG 外部参照	XATTACH	XA	插入 DWG 文件作为外部参照
3	布局>新建布局	LAYOUT	—	创建和修改图形的布局选项卡

格式菜单				
序号	中文命令	英文命令	快捷键	功能说明
1	图层特性管理器	LAYER	LA	管理图层和图层特性
2	图层状态管理器	LAYERSTATE	LAS	保存、恢复和管理命名的图层状态
3	图层工具>将对象的图层置为当前图层	LAYMCUR	LAYM	将当前图层设置为选定对象所在的图层
4	文字样式	STYLE	ST	打开"文字样式"对话框，创建、修改或设置命名文字样式
5	标注样式	DIMSTYLE	D	打开"标注样式管理器"对话框
6	表格样式	TABLESTYLE	TS	打开"表格样式"对话框，创建、修改或指定表格样式
7	多重引线样式	MLEADERSTYLE	MLS	打开"多重引线样式管理器"对话框
8	多线样式	MLSTYLE	MLST	打开"多线样式"对话框
9	点样式	DDPTYPE	DDP	打开"点样式"对话框，指定点对象的显示样式和大小
10	打印样式	PLOTSTYLE	—	设置新对象的当前打印样式，或向选定对象指定打印

续表

序号	中文命令	英文命令	快捷键	功能说明
		工具菜单		
1	查询（距离、半径等）	MEASUREGEOM	MEA	测量两点之间的距离、圆或圆弧半径、角度、面积等
2	块编辑器	BEDIT	BE	打开"编辑块定义"对话框
3	选项	OPTIONS	OP	打开"选项"对话框

序号	中文命令	英文命令	快捷键	功能说明
		绘图菜单		
1	直线	LINE	L	绘制直线
2	构造线	XLINE	XL	绘制无限延长的直线
3	多线	MLINE	ML	绘制多条平行线
4	多段线	PLINE	PL	绘制二维多段线
5	多边形	POLYGON	POL	绘制等边闭合多边形
6	矩形	RECTANG	REC	绘制矩形
7	圆弧	ARC	A	用三点绘制圆弧
8	圆	CIRCLE	C	用圆心和半径或半径绘制圆
9	椭圆	ELLIPSE	EL	用指定的中心点绘制椭圆
10	圆环	DONUT	DO	绘制实心圆或空心圆环
11	样条曲线	SPLINE	SPL	使用拟合点或控制点绘制样条曲线
12	块>创建	BLOCK	B	对选定对象创建块定义
13	写块	WBLOCK	W	对选定对象定义外部块
14	块>定义属性	ATTDEF	AT	打开"属性定义"对话框，对块中的存储数据进行属性定义
15	表格	TABLE	TAB	打开"插入表格"对话框，创建空的表格对象
16	点>单点	POINT	PO	绘制单点
17	点>定数等分	DIVIDE	DIV	沿对象的长度或周长绘制等间隔排列的等分点
18	点>定距等分	MEASURE	ME	沿对象的长度或周长绘制按指定间隔排列的等分点
19	图案填充	HATCH	H	为封闭区域或选定对象填充图案、实体填充或渐变填充
20	修订云线	REVCLOUD	—	绘制修订云线
21	文字>多行文字	MTEXT	T	创建多行文字
22	文字>单行文字	TEXT	DT	创建单行文字

序号	中文命令	英文命令	快捷键	功能说明
		标注菜单		
1	快速标注	QDIM	QD	快速创建一种定义的标注
2	线性	DIMLINEAR	DLI	创建线性标注
3	对齐	DIMALIGNED	DAL	创建对齐线性标注
4	弧长	DIMARC	DAR	创建圆弧长度标注

续表

序号	中文命令	英文命令	快捷键	功能说明
				标注菜单
5	坐标	DIMORDINATE	DOR	创建坐标标注
6	半径	DIMRADIUS	DRA	创建圆和圆弧的半径标注
7	直径	DIMDIAMETER	DDI	创建圆和圆弧的直径标注
8	折弯	DIMJOGGED	JOG	创建折弯半径标注
9	角度	DIMANGULAR	DAN	创建角度标注
10	基线	DIMBASELINE	DBA	从上一个标注或选定标注的基线做线性、角度或坐标标注
11	连续	DIMCONTINUE	DCO	创建从上一次标注的延伸线处开始的标注
12	多重引线	MLEADER	—	创建多重引线对象
13	快速引线	QLEADER	LE	创建快速引线对象
14	距离	DIST	DI	测量两点之间的距离和角度
15	标注样式	DIMSTYLE	D	创建和修改标注样式

修改菜单

序号	中文命令	英文命令	快捷键	功能说明
1	特性	PROPERTIES	PR	打开"特性"选项板
2	特性匹配	MATCHPROP	MA	将选定表格单元的特性应用到其他表格单元
3	对象>图案填充	HATCHEDIT	—	修改现有的图案填充对象
4	对象>多段线	PEDIT	PE	修改多段线和三维多边形网络
5	对象>多线	MLEDIT	—	编辑多线
6	删除	ERASE	E	删除选定对象
7	复制	COPY	CO	复制对象到指定方向的指定位置
8	镜像	MIRROR	MI	创建对象的镜像副本
9	偏移	OFFSET	O	创建同心圆、平行线和等距曲线
10	阵列	ARRAY	AR	按任意行、列或某个中心点组合或环绕分布源对象
11	移动	MOVE	M	移动对象到指定方向的指定位置
12	旋转	ROTATE	RO	绕基点旋转对象
13	缩放	SCALE	SC	放大或缩小对象
14	拉伸	STRETCH	S	移动或拉伸对象
15	拉长	LENGTHEN	LEN	修改对象的长度和圆弧的包含角
16	修剪	TRIM	TR	按其他对象定义剪切边修剪对象
17	延伸	EXTEND	EX	将对象延伸到另一对象
18	打断	BREAK	BR	在两点之间打断选择的对象
19	合并	JOLN	J	合并相似对象以形成一个完整的对象
20	倒角	CHAMFER	CHA	给对象加倒角
21	圆角	FILLET	F	给对象加圆角
22	分解	EXPLODE	X	将复合对象分解为单个对象

附录 2　AutoCAD 常见问题及解决方法

1．如何改变屏幕背景颜色？

执行"工具"→"选项"命令，在打开的"选项"对话框中选择"显示"选项卡，单击"颜色"按钮，在打开的"图形窗口颜色"对话框中的"颜色"下拉列表中选择需要的颜色，然后单击"应用并关闭"按钮。

2．如何改变拾取光标的大小？

执行"工具"→"选项"命令，在打开的"选项"对话框中选择"选择集"选项卡，调整"拾取框大小"滑块即可。

3．如何改变十字光标的大小？

执行"工具"→"选项"命令，在打开的"选项"对话框中选择"显示"选项卡，调整"十字光标大小"滑块即可。

4．如何改变自动捕捉标记的大小？

执行"工具"→"选项"命令，在打开的"选项"对话框中选择"绘图"选项卡，调整"自动捕捉标记大小"滑块即可。

5．如何改变靶框的大小？

执行"工具"→"选项"命令，在打开的"选项"对话框中选择"绘图"选项卡，调整"靶框大小"滑块即可。

6．如何将消失的"命令行"找回来？

按 Ctrl+9 组合键，命令行即可出现。如果要将"命令行"隐藏起来，则按 Ctrl+9 组合键，在打开的"命令行-关闭窗口"对话框中，单击"是"按钮。

7．如何添加"自定义"填充文件？

将下载的自定义填充文件复制到 AutoCAD 中安装文件下的 support 文件夹下即可。本书随书附赠的电子版文件中就有各种自定义的填充文件，大家可以直接复制添加。

8．为什么文件中不能显示汉字或汉字变成了问号？如何添加 AutoCAD 字体？

不能正常显示汉字的原因是对应的字型没有使用汉字字体，如"HZTXT""SHX"等。或者是当前系统中没有汉字字体文件。

将下载的 AutoCAD 字体文件复制到 AutoCAD 中安装文件下的 fonts 文件夹下即可。本书随书附赠的电子版文件内就有 AutoCAD 字体文件，大家可以直接复制添加。

9．感觉绘图区太小，能否将所有的工具条都隐藏起来？

按 Ctrl+0 组合键，即可清除屏幕上的所有工具条。如果要将工具栏全部召回，还是按 Ctrl+0 组合键，即可恢复。

10．一些图纸中的尺寸标注的数字是"EQ"，表示什么意思？

"EQ"表示等分。当对两个以上并排相等的距离进行标注时，不必标出具体数据，只用"EQ"表示。

11．图案填充不了怎么办？

图案不能填充有以下几种情况。

1）填充的区域没有完全封闭，放大视图仔细检查图形的每一处转折连接的部位，使之完全闭合。

2）在 OP 选项中检查，执行"工具"→"选项"命令，在打开的"选项"对话框中选择"显示"选项卡，选中"显示性能"选项组中的"应用实体填充"复选框。

3）在较为复杂的图形中，系统识别可能会出现问题。可以用"多段线"命令沿着需要填充区域的边界画出封闭图形，然后移出到图样外的空白区，填充完成后，将填充的图案移动到图中的区域。

12．绘制的圆怎么线形不圆滑了？看上去变成了多边形，如何恢复原形？

这是系统显示的问题，只要在命令行中输入"RE"（重生成），按 Enter 键，即可恢复原状。

13．为什么在布局空间标注尺寸会出现错误？如何改正？

我们的图样是在模型空间绘制的，当切换到布局空间进行尺寸标注时，如果没有对系统变量进行调整，标注的关联性便会产生误差。

纠正的方法是，在进入布局空间后，在命令行中输入系统变量"DIMASSOC"（控制标注对象的关联性），然后输入"2"（当"DIMASSOC"为 1 时，布局与模型不关联；当"DIMASSOC"为 2 时，布局与模型关联，所标注的尺寸随着模型空间的改动而变化）。与此同时，在"新建标注样式"对话框中针对视口比例新建标注样式，并对"主单位"选项卡中的"测量单位比例"选项组中的"比例因子"进行设置。

14．为什么在模型空间绘制的虚线在布局空间变成了实线？如何使模型空间和布局空间的线型显示一致？

这是因为一个名为"线型比例"的参数所致。在 AutoCAD 中，线型的比例参数默认的是与放大或缩小比例一样的数值，所以显示的效果往往不是我们所需要的。解决的办法是，进入布局空间后，在命令行中输入"PSLTSCALE"，然后输入参数为 0（默认值为 1）。激活视口，在"视图"菜单中选择"重生成"或"全部重生成"选项即可。

其原理是，当系统变量的参数为 0 时，布局中的线型比例将不随布局相对于模型的比例变化而改变，会自动调整布局中的线型比例，以达到期望的显示和打印效果。而当系统变量的参数为 1 时，布局的线型比例将保持模型空间中设置的线型比例不变，因此在布局中显示的线型就会过大或过小而显示为实线。

15．如何在布局空间建立圆形视口？

执行"圆"命令，在布局空间绘制圆；然后执行"视图"→"视口"→"对象"命令，单击绘制的圆，即可转换为视口。

如果要使视口线为虚线，应在转换为视口之前，先将圆形转换为虚线并调整线型比例，否则在转换为视口之后就不能调整了。

16．在布局空间的视口中进入模型空间操作之后，视口线不在屏幕范围内，如何退出视口？

方法一：单击屏幕右下方状态栏的"模型或图纸空间"按钮，即可切换到布局空间。

方法二：在命令行中输入"PS"，按 Enter 键即可从模型空间切换到布局空间；反之，从布局空间切换到模型空间，则在命令行中输入"MS"，按 Enter 键。

17．为什么有些图形在屏幕上可以显示，打印时却没有显示？如何改变？

这个问题只有在两种情况下才会出现，一是打印的对象处于"Defpoints"图层，这个图层是在标注尺寸时 AutoCAD 系统自动生成的一个非打印图层，可以用来存放一些不需要打印的对象。二是在每个图层都有一个打印的控制图标，如果将这个图标设置为禁止打印状态，这个图层的所有图元都是不被打印的。了解了这些，就知道如何改变了。

18．为什么不能加选对象？如何改变？

不能加选对象的原因是，在"选项"对话框中的"选择集"选项卡中，选中了"用 Shift 键添加到选择集"复选框，只要取消选中此复选框即可。

19．文件的扩展名为.bak，是一种什么格式？有何作用？

.bak 文件是一种备份文件，是由 AutoCAD 系统自动生成的。如果我们的 AutoCAD 文件遭到破坏或丢失，只要.bak 文件还在，就可利用它恢复文件。恢复文件的方法是将扩展名.bak 修改为.dwg。

20．当.dwg 文件损坏之后，如何修复找回？

方法一：执行"文件"→"图形实用工具"→"修复"命令，在打开的"选择文件"对话框中选择需要恢复的文件即可。

方法二：启用.bak 备份文件，将扩展名.bak 修改为.dwg 即可。

21．为什么屏幕视图在操作时会受到限制，如何让绘图区不受限制？

AutoCAD 的绘图区实际上是一个无限的空间，默认的 AutoCAD 图形界限是以 A3 的图幅尺寸即 420×297 为界，作图前通常需要重新设定。方法是执行"格式"→"图形界限"命令，在命令行中输入屏幕左下角点的坐标值（0,0）和右上角点的坐标值［默认状态是（420,297）］，可以将其扩大 100 倍，即 42000,29700。

但实际操作中可不必设图形界限。当操作空间受限时，可单击"缩小"按钮，将视图范围扩大。

22．"阵列"对话框不见了，如何找回来？

1）打开 CAD"工具"菜单栏自定义编辑程序参数（acad.pgp）。

2）在自动打开的"acad-记事本"文本框中，下拉找到 AR 项。

3）将 AR 项后面的文字内容 ARRAY 改为：ARRAYCLASSIC。

4）保存关闭这个文件，关闭 CAD 软件。

5）重新打开 CAD 软件，即可正常打开"阵列"命令对话框。

附录 3 图层颜色与线宽设置参考

附表 3-1 图层与颜色设置

图层名称	颜色	主要用途	备注
0	7 号（白色），图层色	用于创建图块	默认图层，用于图块制作
DYFPOINTS	250 号（深灰），图层色	非打印图层，用于不打印的图元	系统自动生成图层
01-图签	7 号（白色），图层色	图框线	线宽 0.35mm
	8 号（灰色），特性修改	表格或标题栏外框线	线宽 0.25mm
	250 号（深灰），特性修改	表格或标题栏分格线	线宽 0.10mm
02-标注	8 号（灰色），图层色	尺寸标注、各种符号	文字或数字可设为 2 号色
	2 号（黄色），特性修改	各种文字注释、图名注写	线宽 0.25mm
	250 号（深灰），特性修改	各种引线	线宽 0.10mm
03-轴线	250 号（深灰色），图层色	轴线	线宽 0.10mm
04-墙体	4 号（青色），特性修改	平面图最外轮廓线	线宽 0.5mm
	7 号（白色），特性修改	平面图非承重墙线、轻质隔墙线、主要饰面的最终外轮廓线	线宽 0.35mm
	250 号（深灰），特性修改	图例填充	线宽 0.10mm
05-门	65 号，图层色	平面图门扇、各种精细图形轮廓线、图形分格线	线宽 0.18mm
	7 号（白色），特性修改	立面图门外轮廓线	线宽 0.35mm
06-窗	161 号，图层色	平面图窗线	线宽 0.25mm
07-吊顶	8 号（灰色），图层色	顶棚平面造型外轮廓线	线宽 0.25mm
	250 号（深灰），特性修改	灯槽虚线、顶棚分格线、灯具内饰线	线宽 0.10mm
	2 号（黄色），特性修改	各种灯具外轮廓线	线宽 0.25mm
	65 号，特性修改	灯具次要轮廓线	线宽 0.18mm
08-地面	8 号（灰色），图层色	地面平面外轮廓线	线宽 0.25mm
	250 号（深灰），特性修改	地面纹理及分格	线宽 0.10mm
09-立面	8 号（灰色），图层色	立面图各图形一般轮廓线	线宽 0.25mm
	4 号（青色），特性修改	立面图最外轮廓线	线宽 0.5mm
	250 号（深灰），特性修改	立面图各图形内饰线、图例填充	线宽 0.10mm
10-家具	8 号（灰色），图层色	家具、洁具一般轮廓线	线宽 0.25mm
	7 号（白色），特性修改	立面图中家具、洁具最外轮廓线	线宽 0.35mm
	250 号（深灰），特性修改	家具、洁具内饰线、图例填充	线宽 0.10mm

附表 3-2　颜色与线宽设置

序号	颜色	打印设置线宽	用途
1	4 号（青色）	0.5	平面图承重墙线、剖面图或大样图的剖切轮廓线、其他需要突出表现的物体轮廓线
2	7 号（白色）	0.35	平面图轻质隔墙线、图样主要外轮廓线、立面图中家具、洁具最外轮廓线
3	8 号（灰色）	0.25（默认）	图样次要轮廓线、各种尺寸标注、各种符号
	161 号		平面图窗线
	2 号（黄色）		文字注释、灯具外轮廓线
4	65 号	0.13	平面图门扇、各种精细图形轮廓线、图形分格线
5	250 号（深灰色）	0.10	立面窗玻璃（镜）表面斜线、轴线、各种物体内饰线、填充图例线、门扇开启线、引线及各种非实物线
6	8 号（灰色）	0.8	剖切位置线、其他需强调的线（注：该线用"多段线"命令绘制，线宽在布局中设定为 0.8mm）

应 用 说 明

一、图层的应用

1）为了简化图层数量，从实战的角度可设置为 10 个图层，其中不包括系统固有的 0 图层和自动生成的 DYFPOINTS 非打印图层，这两个图层除特殊需要外，图样的绘制原则上不在其中操作。

2）每个图层分别设置了随层固有的颜色，同时在图层归类的原则下，可对图层的颜色特性根据对象进行修改。故每一个图层，除了规定随层的颜色外，还可以根据特性修改为其他颜色。

二、线宽的应用

1）按照图线粗、中、细的原则，线宽的设置分别为粗线 0.5mm、次粗线 0.35mm、中线 0.25mm、细线 0.13mm、最细线 0.10mm 等 5 种线宽。另外，剖切位置线和其他需强调的线用"多段线"命令绘制，线宽在布局中设定为 0.8mm。

2）各种线宽的应用参照附表 3-2 的用途，并结合附表 3-1 的图层操作灵活应用。

三、应用原则

为了在实际工作中协调配合，每一个绘图员都必须熟悉和掌握设定的图层及线宽，在绘制中强化熟记，确保制图操作有条不紊。

参 考 文 献

张付花，2016．AutoCAD 室内装饰施工图教程[M]．北京：中国轻工业出版社．

赵晓飞，2007．室内设计工程制图方法及实例[M]．北京：建筑工业出版社．

中华人民共和国住房和城乡建设部，2011．房屋建筑室内装饰装修制图标准：JGJ/T 244—2011[S]．北京：中国建筑工业出版社．

中华人民共和国住房和城乡建设部，2017．房屋建筑制图统一标准：GB/T 50001—2017[S]．北京：中国建筑工业出版社．

周芳，2014．中文版 AutoCAD 2014 技术大全[M]．北京：人民邮电出版社．

高等职业教育建筑装饰工程技术专业系列教材

AutoCAD 建筑装饰装修工程制图图集

娄开伦　主编

黄武亮　钟继敏　王唯佳　副主编

科学出版社

北　京

内 容 简 介

本图集以某室内居室空间装饰装修施工图为主要内容，是《AutoCAD建筑装饰装修工程制图》一书中单元3～9内容的配套图集，以便于教学过程中对学生识读、绘制施工图进行操作指导和学生课后自学练习。

本图集既可作为大专院校建筑、室内设计及相关专业的学生用书，也可作为从事室内设计工作、初学施工图绘制和深化设计阶段的人员的参考用书。

图书在版编目（CIP）数据

AutoCAD建筑装饰装修工程制图图集/娄开伦主编.—北京：科学出版社，2020.9

（高等职业教育建筑装饰工程技术专业系列教材）

ISBN 978-7-03-065566-0

Ⅰ.①A… Ⅱ.①娄… Ⅲ.①室内装饰设计-计算机辅助设计-AutoCAD软件-高等职业教材-教材 Ⅳ.①TU238.2-39

中国版本图书馆CIP数据核字（2020）第106362号

责任编辑：万瑞达 / 责任校对：马英菊
责任印制：吕春珉 / 封面设计：曹来

*科学出版社*出版
北京东黄城根北街16号
邮政编码：100717
http://www.sciencep.com
天津市新科印刷有限公司 印刷
科学出版社发行 各地新华书店经销

*

2020年9月第 一 版 开本：787×1092 1/8
2022年12月第三次印刷 印张：24 1/4
字数：560 000

定价：59.00元（共两册）
（如有印装质量问题，我社负责调换〈新科〉）

销售部电话 010-62136230 编辑部电话 010-62130874（VA03）

前　言

　　本图集为《AutoCAD 建筑装饰装修工程制图》一书的配套图集，用于辅助课程教学，是教材不可或缺的教学载体文件。

　　编者基于国家制图标准和施工规范，综合借鉴了国内装饰行业设计界优秀施工图中较为合理的图示方法，以某室内居室空间装饰装修为主要内容，从便于教学指导的角度出发，绘制了这套相对具有规范性、典型性的施工图集。

　　本图集的绘制由广西南宁金壹蝉装饰设计工程有限公司李晓明等人完成，南宁职业技术学院娄开伦老师全面审阅并统稿。在编制本图集过程中，编者根据教学的需求对图纸的页面、内容作了一些修改和调整，但原则上不违背施工图的基本规定和要求。

　　限于编者水平，书中难免存在疏漏和不妥之处，恳请各位读者不吝批评指正。

编　者

2020年1月

新中式样板房 · 装饰装修工程项目——室内设计

装饰施工图设计文件
DESIGN DOCUMENT OF DECORATION CONSTRUCTION DRAWING

施 工 图

项目编号: 项目负责人:

版本编号: 编制日期: 年 月 日

图纸目录
DRAWING CONTENTS

说明：

序号 NO.	图号 SHEET NO.	图名 DESCRIPTION	修正 REVISON				图幅 SHEET	备注 REMQRK
01	图纸-01	图纸目录					A3	
02	图纸-02	施工图设计总说明(一)					A3	
03	图纸-03	施工图设计总说明(二)					A3	
04	图纸-04	施工图设计总说明(三)					A3	
05	MT-1	装饰材料终饰范例表					A3	
06	P-01	建筑平面图					A3	
07	P-02	平面布置图					A3	
08	P-03	墙体定位图					A3	
09	P-04	地面铺装平面图					A3	
10	P-05	顶棚平面图					A3	
11	P-06	顶棚尺寸图					A3	
12	P-07	灯具定位图					A3	
13	DS-01	照明控制平面图					A3	
14	DS-02	电气平面图					A3	
15	DS-03	弱电平面图					A3	
16	E-01	客厅、餐厅立面图（一）					A3	
17	E-02	客厅、餐厅立面图（二）					A3	

序号 NO.	图号 SHEET NO.	图名 DESCRIPTION	修正 REVISON				图幅 SHEET	备注 REMQRK
18	E-03	过道立面图					A3	
19	E-04	主卧立面图（一）					A3	
20	E-05	主卧立面图（二）					A3	
21	E-06	书房立面图（一）					A3	
22	E-07	书房立面图（二）					A3	
23	E-08	次卧立面图（一）					A3	
24	E-09	次卧立面图（二）					A3	
25	E-10	厨房立面图					A3	
26	E-11	主卫立面图					A3	
27	E-12	公卫立面图					A3	
28	E-13	公卫、过道立面图					A3	
29	D-01	大样图（一）					A3	
30	D-02	大样图（二）					A3	
31	D-03	大样图（三）					A3	
32	D-04	大样图（四）					A3	

REVISION DATES
修正日期

REVISION DATES
修正日期

工程名称：
新中式样板房

图名：
图纸目录

项目组长：
设计总监：
设　计：
制　图：
校　核：
日　期：
图　幅：A3
比　例：1:1

图　号：
图纸-01

施工图设计总说明（一）
CONSTRUCTION DRAWING DESIGN

一、工程项目概况

1. 项目名称：新中式样板房装饰装修工程
2. 项目地点：中国·广西·南宁
3. 本工程建筑面积：140m²
4. 图纸范围：根据设计合同为准的内部装修施工图
5. 设计阶段：室内装修施工图
6. 室内装饰装修设计单位：广西南宁金壹蝉装饰设计工程有限公司
7. 设计标高：本图纸中±0.000为本层建筑完成面标高

二、设计依据

装饰装修工程设计应执行的主要规范、标准：
（1）《房屋建筑制图统一标准》（GB/T50001-2001）。
（2）《房屋建筑室内装饰装修制图标准》（JGJ/T244-2011）。
（3）《建筑设计防火规范》（GBJ16-87）。
（4）《民用建筑隔声设计规范》（GB50118-2010）。
（5）《建筑照明设计标准》（GB50034-2004）。
（6）《民用建筑工程室内环境污染控制规范》（GB50325-2001）。
（7）《建筑装饰装修工程质量验收规范》（GB50210-2001）。
（8）《建筑内部装修防火施工及验收规范》（GB50354-2005）。
（9）相关建筑设计规范是指与装饰装修工程性质和用途相关的建筑设计规范。
（10）行业和地方的相关规定。
注：国家规范和相关规定不断修改、更新，设计和施工一定要按最新版本执行。

三、一般说明

1. 本设计为新中式风格。
2. 本设计所注装修尺寸单位为毫米（mm），标高单位为米（m）。
3. 本装修设计充分考虑建筑结构体系和承载能力，不影响结构安全。
4. 本室内装修设计严格执行防火规范，所有装修材料均应采用不燃或难燃材料，木材必须采用防火处理，埋入结构的部分应采用防腐处理，类似的材料应严格按照国家规范进行处理。
5. 本室内装修设计严格执行《民用建筑工程室内环境污染控制规范》（GB50325-2001）。
6. 本设计说明如与设计图纸有出入，应以本说明为准。如设计图纸交代不够详细，可以按本设计说明做适当调整，但是应由驻现场设计人员做修改或补充设计。施工现场对设计的变更或补充设计，均需得到授权的设计师签字方为有效，必要时须得到甲方和监理方的书面认可。

四、设计说明

（一）内隔墙工程设计

1. 建筑装饰装修施工图设计中新增加的墙体和改动的墙体，见墙体定位图，墙体材料的类型、材质详图中说明。建筑设计的墙体维持不变的部分定位尺寸、构造做法详建筑设计施工图。
2. 常用承自重砌块墙如加气混凝土砌块墙、陶粒空心砌块墙等，应注意以下问题：
（1）砌块的强度等级不宜低于MU5.0，轻集料砌块的强度等级不宜低于MU2.5,砌筑砂浆一般不低于MU6.0。
（2）墙长大于5m，或大型门窗洞口两边应同梁或楼板拉结或加构造柱。
（3）墙高大于4m时，应在墙高的中部加设圈梁或钢筋混凝土配筋带。
（4）窗间墙宽不宜小于600mm。
（5）墙与柱子交接处应设拉结钢筋网片，沿高度每0.6m设6钢筋网片，伸入墙内不小于70～1000mm。后置拉结筋的锚固长度不小于60mm。
（6）非承重砌块墙的厚度：外墙和楼梯间墙不小于190mm厚，住宅分户墙、宾馆客房与客房间隔墙厚度和隔声要求较高的房间的隔墙不应小于140mm，其余房间的隔墙厚度不应小于90mm，并应砌到顶。管道穿墙处的洞口应堵严；
（7）加气混凝土墙体用于厨房、卫生间等多水房间时，根部宜做C15现浇混凝土墙基，高度不小于100mm。
（8）非承重砌块墙应采用配套的砌筑砂浆和抹面砂浆，并按《非承重砌块墙体设计规范》（SJG 13-2004）或《蒸压加气混凝土砌块建筑构造》（03J104）的规定执行。
（9）高湿度房间(如卫、浴间及厨房)的墙应做墙面防水层，一般在墙身找平层表面用防水性能较好的PA-A型高分子益胶泥等聚合物水泥基做2～3mm厚的防水层，或用掺有有机硅防水剂的防水砂浆15～20mm厚做墙面找平层。
（10）轻钢龙骨石膏板（或硅酸镁板、硅钙板墙等其他轻型板材）构造做法可选用和参照国家标准图集《轻钢龙骨内隔墙》（03J111-1），或广东省推荐建筑标准设计《轻钢龙骨纸面石膏板隔墙》（GJT002）。

（二）顶棚工程设计

1. 顶棚的材料的选用应满足空间的装饰效果和使用功能的要求，灯具、风口、喷淋头、感烟或感温探头、广播喇叭、检修孔等设施的位置，应与各专业工种协调配合。材料及构造措施应安全可靠。具体构造做法可选用或参照国家建筑设计标准图集《内装修－室内吊顶》（03J502-2）。轻钢龙骨石膏板吊顶可参照广东省推荐建筑标准设计《轻钢龙骨纸面石膏板吊顶》（GJT001）。
2. 顶棚设计详见顶棚平面图及天花节点详图。
3. 有洁净要求的房间（如厨房），表面要平整、光滑、不发尘、不集尘。
4. 吊顶内所填充的隔热、保温材料应用塑料薄膜包裹，防止受潮影响其性能和造成环境污染。吊顶覆面材料的选用，应符合《民用建筑工程室内环境污染控制规范》（GB 50325-2001）的要求，不应因材料选择不当对室内环境造成短期和长期的污染。也不应采用燃烧时会释放浓烟、有毒气体的材料。
5. 顶棚不宜设置散发大量热能的灯具。顶棚照明灯具的高温部位，应采取隔热、散热等防火保护措施。灯饰所用的材料不应低于吊顶的燃烧等级。
6. 可燃气体管道不得在封闭的吊顶内敷设。
7. 顶棚装排风机时，应将排风管直接和排风竖管相连，使潮湿气体不经过顶棚内部空间。
8. 顶棚内的上水管道应做保温隔汽处理，防止产生凝结水。
9. 用钢筋混凝土屋面板底或楼板底面为顶棚面时，不宜在钢筋混凝土板底做抹灰层，宜用清水模板现浇钢筋混凝土，其面层处理可用表面刮浆、喷涂或其他便于施工又牢固的装饰做法。
10. 多雨潮湿地区或潮湿房间的顶棚（如卫生间），应采用耐水材料。如为石膏板吊顶应采用防水石膏板。
11. 整体无缝的轻钢龙骨石膏板吊顶应采取可靠的防开裂措施：

说明：

工程名称：
新中式样板房

图名：
施工图设计总说明（一）

项目组长：
设计总监：
设　计：
制　图：
校　核：
日　期：
图　幅： A3
比　例： 1:1

图　号：
图纸-02

施工图设计总说明（二）
CONSTRUCTION DRAWING DESIGN

（1）保证轻钢龙骨吊顶承重体系的整体刚度。

（2）吊杆距主龙骨端部距离不得大于300mm，当大于300mm时，应增加吊杆。当吊杆长度大于1.5m时，应设置反支撑。吊杆间距与主龙骨间距不应大于1000mm，遇到大设备或风管时，应附加角钢扁担，在角钢扁担上设置吊杆。

（3）使用专用接缝用嵌缝膏和盖缝带，确保石膏板接缝质量。

（4）吊顶面积大于100㎡时，应设置温度变形缝，留缝宽度约8～10mm，用颜色相近的弹性腻子嵌缝，或留明缝。也可利用吊顶造型，巧妙地利用吊顶板块、窗帘盒等的边沿作为自由端解决吊顶的温度变形问题。

（5）上人吊顶的承重龙骨优先采用60系列，并不得小于50系列。

（6）楼上楼下的房间的楼板隔撞击声要求较高时可采取弹性吊杆的办法，以改善楼板的撞击隔声性能。

（7）吊顶材料的防火要求：

顶棚材料应妥善处理装饰效果和防火安全的要求，应根据不同要求采用非燃烧体材料或难燃烧体材料。严禁采用在燃烧时产生大量浓烟或有毒气体的材料。做到安全适用、经济合理。

（8）按《建筑内部装修设计防火规范》（GB 50222-95）的规定应使用燃烧性能为A级的吊顶，尽量少用木夹板作为吊顶材料。吊顶为弧形造型时可采用硅酸镁板等A级燃烧性能的板材制作。

（三）地面工程设计

1. 在地面块材铺砌工程中通常用1：3干硬性水泥砂浆做粘结材料，由于技术进步，市面的粘结材料种类也增多，也可将地面块材铺砌工程的粘结材料改为高分子益胶泥或其他聚合物水泥砂浆，材料的选定取决于设计要求和施工要求，本项目设计中采用了常见的做法：1：3干硬性水泥砂浆做粘结材料。

2. 地面石材铺砌工程应在墙柱饰面、吊顶（顶棚）施工完毕、门框、各种管线、埋件安装完毕，并经检验合格后进行。

3. 楼地面构造交接处和地坪高度变化处，图中均须注明。室内与廊道地坪不同材料交接线与高度有变化的位置，应位于门扇内皮或室内墙皮位置处。

4. 厕所、浴室、厨房等多水房间、理化实验室等房间的地面应做防水层，图中未注明整个房间做坡度者，均在地漏周围300mm范围内做1%～2%坡度坡向地漏。

5. 有水房间的楼地面应低于相邻房间20mm，或做挡水门槛，有大量排水的应设排水沟和集水坑；南方多雨潮湿地区无地下室的底层地面应做防潮处理。

6. 阳台地面比室内地面应不低于0.02m；有困难时，可在阳台门下加设门槛。阳台地面应有排水坡度和防水措施，排水坡向水落管下水口。

（四）消防相关要求

1. 所有木料基层达到防火标准，刷三遍防火涂料，达到防火要求。

2. 软装面料做防火处理并经消防相关部门检测达到相关要求。

3. 消防通道达到相关规定规范，照明线路以专业设计为准，本设计仅为装饰设计。

4. 本设计不含所有消防相关项目，若与消防设施相抵触以消防设计规范为准。

5. 本设计中所有装饰材料必须达到消防相关规定规范要求。

6. 根据建设部颁发的《建筑设计防火规范》要求，在本装饰工程设计中主要采用阻燃性材料和难燃性材料。

7. 为保证消防设计和疏散指示标志的使用功能，原建筑设计中消防栓门全部采用醒目易于识别的标志。疏散指示标志设于易于辨认位置。

（五）防潮防水

1. 为防止潮气侵入引起木结构变形、腐蚀，所有隐蔽木结构部分表面（包括木龙骨，基层板双面）涂刷防腐漆一遍。

2. 为防止卫生间浸水，地面墙面须做防水处理。

3. 防水材料为："911"聚合物水泥防水涂料。

（六）防腐防锈

1. 所有与墙体连接的隐蔽木结构部分表面（包括木龙骨，基层板双面）必须涂刷防腐油一遍。

2. 为防止钢构件腐蚀，所有钢结构表面涂刷红丹防锈漆二遍；所有预埋铁件表面必须做热镀锌防腐处理。

3. 所有钢结构连接的螺栓、螺母、垫圈等采用不锈钢件。

4. 所有装饰部分必须由专业虫害防治公司做防虫、防鼠、防白蚁处理。

（七）施工做法及选材要求

1. 石材地面

（1）产品满足国家标准BC/T 4100.1-1999要求。

（2）石材铺砌时，首先采用C20细石混泥土找平30～50mm厚（根据现场砼楼层水平厚度）。再用1：1.5水泥砂浆铺贴石材；石材紧密铺贴，缝隙宽度为1mm，铺贴后在24小时内进行擦缝、勾缝、压缝工作，勾缝的深度为砖厚的1/3，勾缝的水泥采用同颜色，随做随清理表面水泥，并用石膏板做好表面养护和保护。

（3）放射性为A级。

（4）板材品种、质量符合设计要求。

（5）石材完成表面洁净、纹路清晰、色泽一致，接缝平整，深浅一致，周边顺直，板块无掉角、缺棱等缺陷，石材与水泥砂浆粘贴无空鼓。

（6）地面石材须做防渗透处理。

2. 石材墙面

（1）墙、柱面石材钢质基层结构预埋件的固定及位置、数量以及预埋的拉拔力符合设计和施工规范要求。

（2）墙、柱面石材钢质基层的焊接固定，5#热镀锌角钢与8#热镀锌槽钢焊接框架，整体符合规格板材施工尺寸；钢质基层焊接点做防锈漆二遍处理。

（3）墙、柱面石材镜面光泽度达到90光泽单位，能清晰反映出景物；板材规格尺寸偏差、平面度极限公差、角度允许极限公差、外观质量的技术指标均达到JC205-92的优等品标准。

（4）板材无明显外观缺陷，表面无坑窝、缺棱、缺角、裂缝、色斑，无明显色差，无明显痕痕。

（5）石材板材厚度均为20mm、25mm、30mm厚，所有墙面、柱面、梁面阴阳角均为45度磨边对接，板材厚度、尺寸均达到设计要求。

（6）放射性为A级。

（7）墙石材做五面（除表面）防渗透处理（二遍），墙面石材表面打水蜡（三遍）处理。

说明：

工程名称：
新中式样板房

图名：
施工图设计总说明（二）

项目组长：
设计总监：
设　计：
制　图：
校　核：
日　期：
图　幅： A3
比　例： 1:1
图　号： 图纸-03

施工图设计总说明（三）
CONSTRUCTION DRAWING DESIGN

(8) 石材表面施工接缝横平竖直，宽窄均匀；阴阳角方正，板边合缝顺直，边缘水磨整洁、光滑，符合设计和施工规范要求。

3. 地砖、墙砖
(1) 工艺流程：清理基层→弹线→刷水泥素浆→水泥砂浆找平层→水泥浆结合层→铺贴瓷砖→勾缝、擦缝→养护。
(2) 清理基层、弹线：将基层表面的浮土或砂浆铲掉，清扫干净，有油污时，应用10%火碱水刷净，并用清水冲洗干净；根据排砖图及缝宽在地面上弹线、横控制线。注意该十字线与墙面抹灰时控制房间是否对应平行，同时注意开间方向的控制线是否与走廊的给向控制线平行，不平行时应调整至平行，以避免在门口位置的分色砖出现大小头。
(3) 刷水泥素浆：找平层上洒水湿润，均匀涂刷素水泥浆（水灰比为0.4～0.5），涂刷面积不要过大，铺多少刷多少。
(4) 水泥砂浆找平层：干硬性砂浆，配合比为1：3（体积比），应随拌随用，初凝前用完，防止影响粘结质量。干硬性程度以手捏成团，落地即散为宜。
(5) 水泥砂浆结合层：在砂浆找平层上，浇水湿润后，抹一道2～2.5mm厚的水泥浆结合层（宜掺水泥重量20%的107胶）摊在面砖的背面，然后将面砖与地面铺贴，并用橡皮锤锤击面砖使其与地面压实，并且高度与地面标高线吻合，应随抹随贴，面积不要过大，整间宜一次镶铺连续操作。
(6) 铺贴瓷砖：铺完二至三行，应随时拉线检查缝格的平直度，如超出规定，应立即修整，将缝拨直，并用橡皮锤拍实。此项工作应在结合层凝结之前完成。
(7) 勾缝：用1：1水泥细砂浆勾缝，缝内深度宜为砖厚的1/3，要求缝内砂浆密实、平整。
(8) 擦缝：如设计要求缝隙很小时，则要求接缝平直，在铺实修好的面层上用浆壶往缝内浇水泥浆，然后用干水泥或专用填缝剂撒在缝上，再用棉纱团擦揉，将缝隙擦满。最后将面层上的多余填缝剂擦干净。
(9) 养护：铺完后24h后，洒水养护，时间不应小于7天。

4. 顶棚天花
(1) 天花龙骨基层采用不上人50#型轻钢龙骨，承载龙骨间距900mm；覆面龙骨间距400×600mm；板材采用纸面石膏板，规格为9.5mm×1200×3000mm。吊筋使用8mm镀锌螺杆吊装在砼楼板顶，吊点间距900～1000mm均匀布置固定；龙骨之间用螺钉或用特制的夹具固定，接头平整。龙骨方格间距符合天花板材尺寸及施工规范要求，龙骨基层吊装完毕后，坚固、稳定、平整，龙骨架起拱跨度1/200。
(2) 石膏板安装时，螺钉与板边距离不小于15mm，螺钉作防锈处理；钉头嵌入石膏板深度0.5～1mm，石膏板纵横缝错开。
(3) 洞口处理，检修孔、设备口、分格对称布局，口边缘整齐、不留槎，做到协调美观。
(4) 局部特殊造型采用木结构，（木结构须按防火规范要求进行防火处理）基底龙骨使用30mm×40mm木龙骨。

5. 墙面木饰面
(1) 木饰面基层规格、施工方法和防腐处理符合设计和施工规范要求；木龙骨、细木工板、饰面板符合设计要求及强制性规范要求。墙面所采用的木龙骨及木工板、胶合板等基层木质均为阻燃材料。
(2) 木饰面板品种、规格、颜色和性能符合设计要求；饰面板完工后达到表面平整垂直，线条、纹路通顺清晰，色泽一致，必须符合设计和施工规范要求。

6. 墙纸饰面
(1) 基层处理时，必须清理干净、平整、光滑，防潮涂料应涂刷均匀，不宜太厚。
(2) 为防止墙纸、墙布受潮脱落，可涂刷一层防潮涂料。
(3) 弹垂直线和水平线，以保证墙纸、墙布横平竖直、图案正确。
(4) 墙面平整度达到用2m靠尺检查，高低差不超过2mm。
(5) 拼缝时先对图案、后拼缝，使上下图案吻合。
(6) 禁止在阳角处拼缝，墙纸要裹过阳角20mm以上。
(7) 粘贴后，赶压墙纸胶黏剂，不能留有气泡，挤出的胶要及时清理干净。

7. 隔墙工程
(1) 新建隔墙为100%轻钢龙骨石膏板隔墙（内填防火吸音棉），所有隔墙均隔到原建筑梁板底，轻钢龙骨隔墙板材使用纸面石膏板，规格为12mm×1200mm×2400mm。
(2) 加气混凝土砌块高度大于3m须加圈梁，转角处必须加构造柱，柱间距不大于3m。
(3) 轻钢龙骨石膏板隔墙考虑防潮因素，立地150mm用硅钙板封墙。
(4) 轻钢龙骨石膏板隔墙阳角处装镀锌护角再进行批荡。
(5) 成品隔断详见其厂家要求。

8. 木地板
(1) 复合木地板面层所选用的条材和块材，其技术等级和质量标准要求应符合设计要求。含水率不应大于12%。必须做防腐、防蛀及防火处理。
(2) 胶黏剂：应采用具有耐老化、防水、防菌、无毒等性能的材料，胶黏剂应符合现行国家标准《民用建筑工程室内环境污染控制规范》（GB 50325—2001）的规定。
(3) 基层清理：已做好的地板砼基层要求干燥、平整，将基层面清扫干净。
(4) 铺塑料衬垫：将塑料衬垫平铺在基层上。
(5) 铺装复合木地板：地板从墙的一侧开始铺贴，地板按照设计要求方向铺设，设计没有要求的按顺光的方向铺贴。靠墙的一块应离开墙面10mm左右，再逐块紧排。实木复合木地板的接头，应按设计要求留置。铺实木复合木地板时，应从房间的内侧推着向外铺。

9. 乳胶漆工程
一遍底漆，三遍面漆，表面做到无刷痕、无起泡、无透底，色泽均匀一致，光洁平整，无挡手感，无流挂现象。

10. 油漆工程
所有木饰底层油防火漆，面饰油漆为半亚光水性清漆，磨退七次以上。漆后光泽均匀一致，无刷痕、裹棱、流坠、皱皮。

11. 电气、暖通、给排水、消防、多媒体、弱电、智能门禁见各专业设计施工说明。

说明：

工程名称：
新中式样板房

图名：
施工图设计总说明（三）

项目组长：
设计总监：
设　计：
制　图：
校　核：
日　期：
图　幅：A3
比　例：1:1

图　号：
图纸-04

装饰材料终饰范例表
TYPES OF FINISH LEGEND

序号 NO.	材料编号 NO.	材料名称 DESCRIPTION	位置 POSITION	材料规格 Material specification	备注 REMARK
01	PT-01	白色乳胶漆	吊顶、墙面		
02	PT-02	米黄色乳胶漆	墙面		
03	WD-01	胡桃木饰面（木器漆）	客厅、餐厅墙面、柜子类		
04	CT-01	仿大理石灰色抛光砖	客厅、餐厅、过道、厨房地面	800mm×800mm	
05	CT-02	土黄色仿古地砖	阳台	500mm×500mm	
06	CT-03	米黄色仿古地砖	卫生间地面	300mm×300mm	
07	CT-04	米黄色抛光砖	卫生间、厨房墙面	800mm×800mm	加工好,1开2(800mm×400mm)倒斜边
08	ST-01	爵士白天然大理石	电视背景墙、窗台石	15mm厚	
09	ST-02	中国红天然大理石（门槛石）	门槛石	20mm厚	
10	WP-01	浅灰色艺术墙纸	主卧、次卧、书房		
11	WP-02	卡其色艺术墙纸	主卧		
12	WP-03	定制山水画艺术墙纸	客厅		
13	WF-01	复合实木地板	主卧、次卧、书房	150mm×900mm	
14	MT-01	黑色镜面不锈钢	客厅、餐厅、主卧、书房(墙面、顶面)	304/1.2mm厚	
15	MT-02	黑色拉丝不锈钢	客厅、餐厅、主卧、书房(踢脚线)	304/1.2mm厚	
16	CL-01	白色铝扣板	厨房、卫生间(吊顶)	300mm×450mm	

说明：

工程名称：
新中式样板房

图名：
装饰材料终饰范例表

项目组长：
设计总监：
设　　计：
制　　图：
校　　核：
日　　期：
图　幅：A3
比　例：1:1

图　号：
MT-1

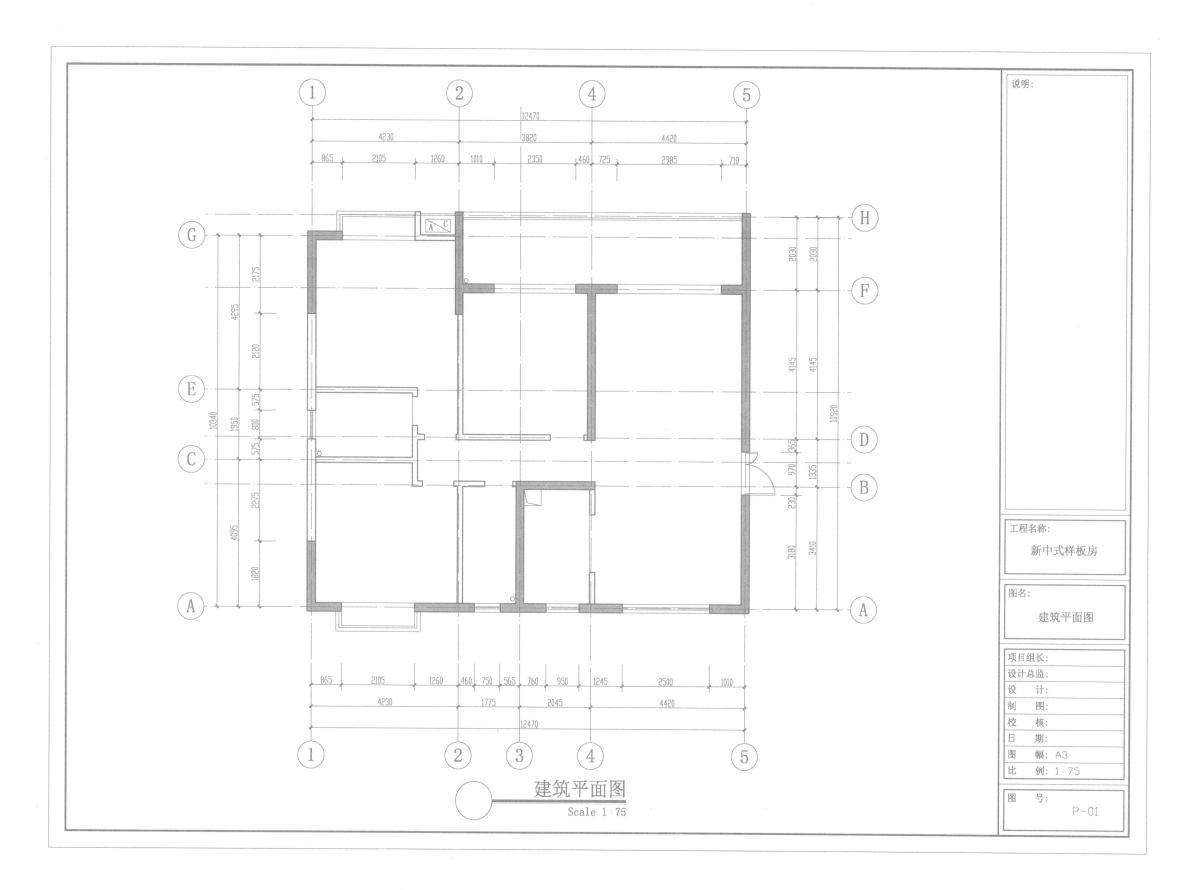

建筑平面图
Scale 1:75

说明:

工程名称:
新中式样板房

图名:
建筑平面图

项目组长:
设计总监:
设　计:
制　图:
校　核:
日　期:
图　幅: A3
比　例: 1:75

图　号:
P-01

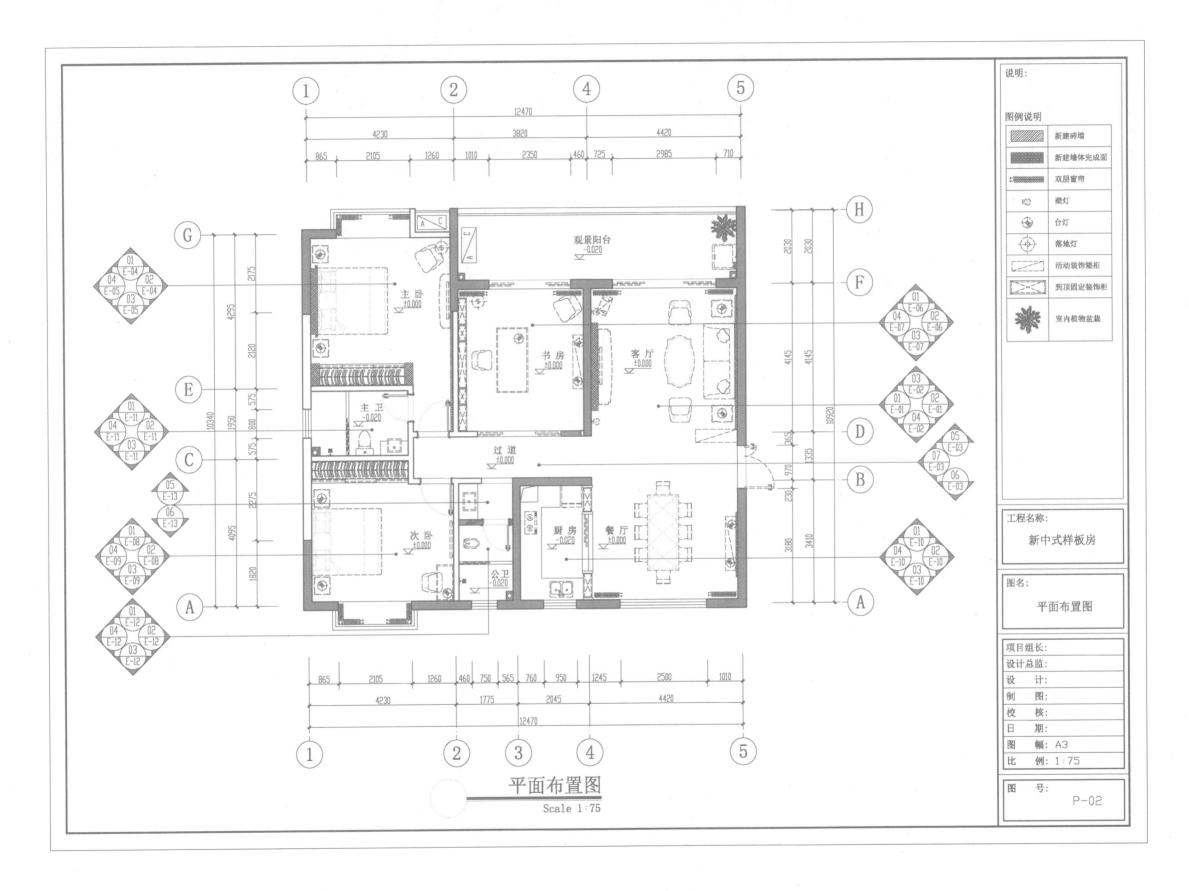

平面布置图
Scale 1:75

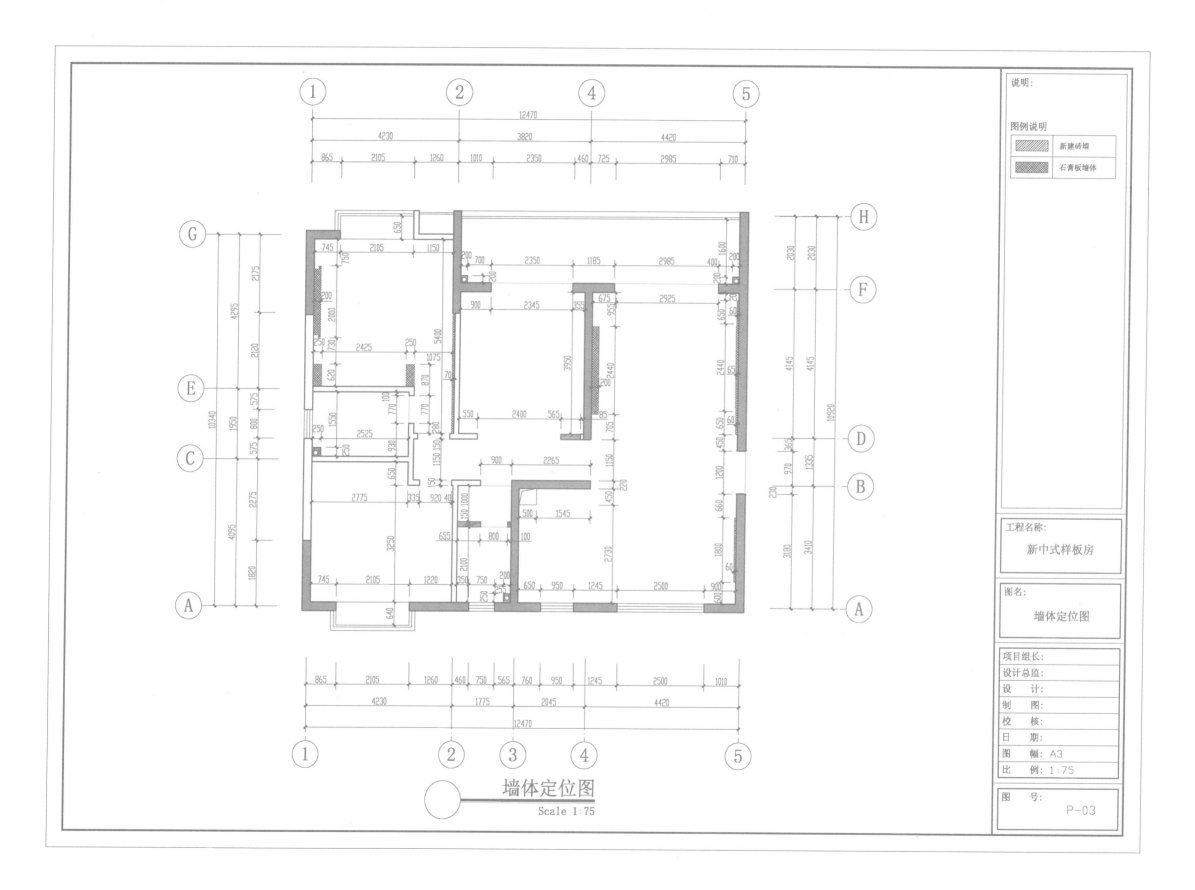

墙体定位图
Scale 1:75

说明：

图例说明
新建砖墙
石膏板墙体

工程名称：
新中式样板房

图名：
墙体定位图

项目组长：
设计总监：
设 计：
制 图：
校 核：
日 期：
图 幅：A3
比 例：1:75

图 号：
P-03

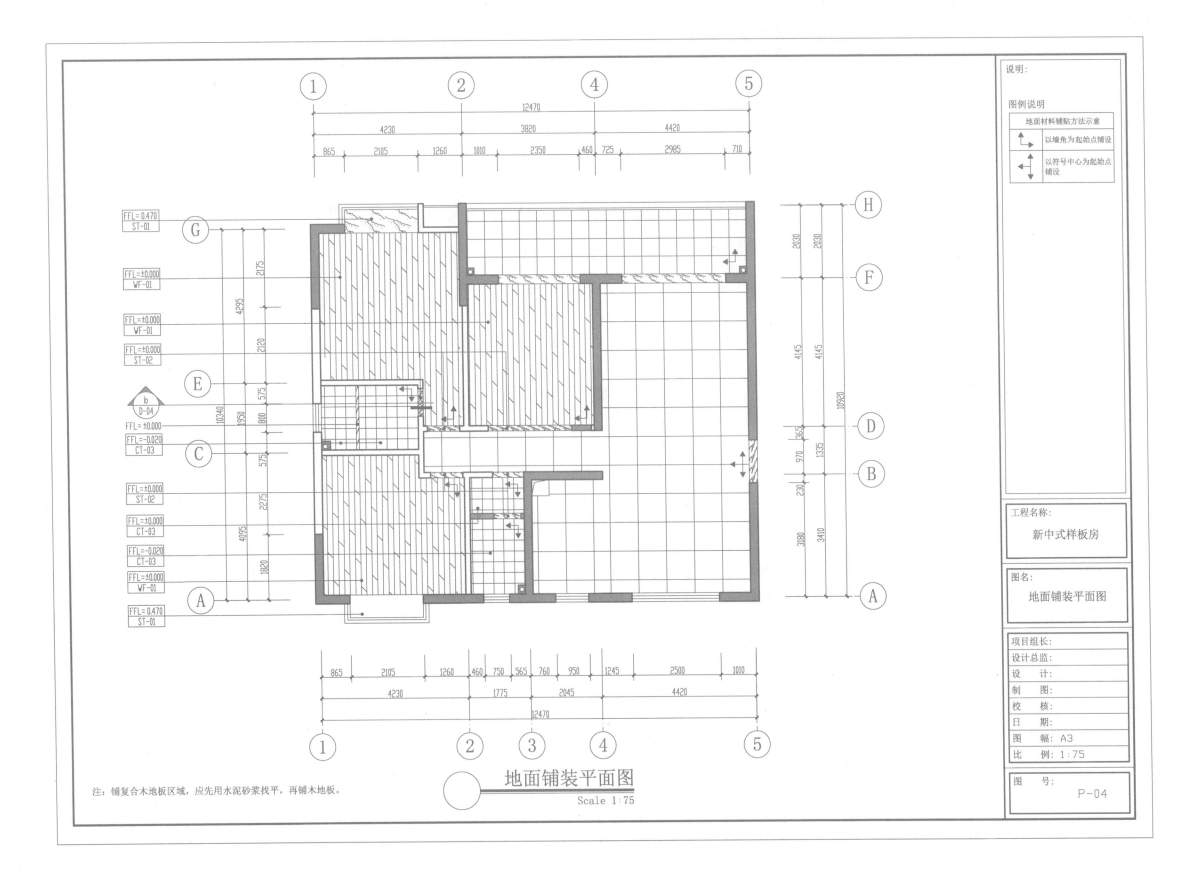

FFL= 0.470
ST-01

FFL=±0.000
WF-01

FFL=±0.000
WF-01

FFL=±0.000
ST-02

b
D-04

FFL=±0.000

FFL=-0.020
CT-03

FFL=±0.000
ST-02

FFL=±0.000
CT-03

FFL=-0.020
CT-03

FFL=±0.000
WF-01

FFL= 0.470
ST-01

注：铺复合木地板区域，应先用水泥砂浆找平，再铺木地板。

地面铺装平面图
Scale 1:75

工程名称：
新中式样板房

图名：
地面铺装平面图

项目组长：
设计总监：
设　计：
制　图：
校　核：
日　期：
图　幅：A3
比　例：1:75

图　号：
P-04

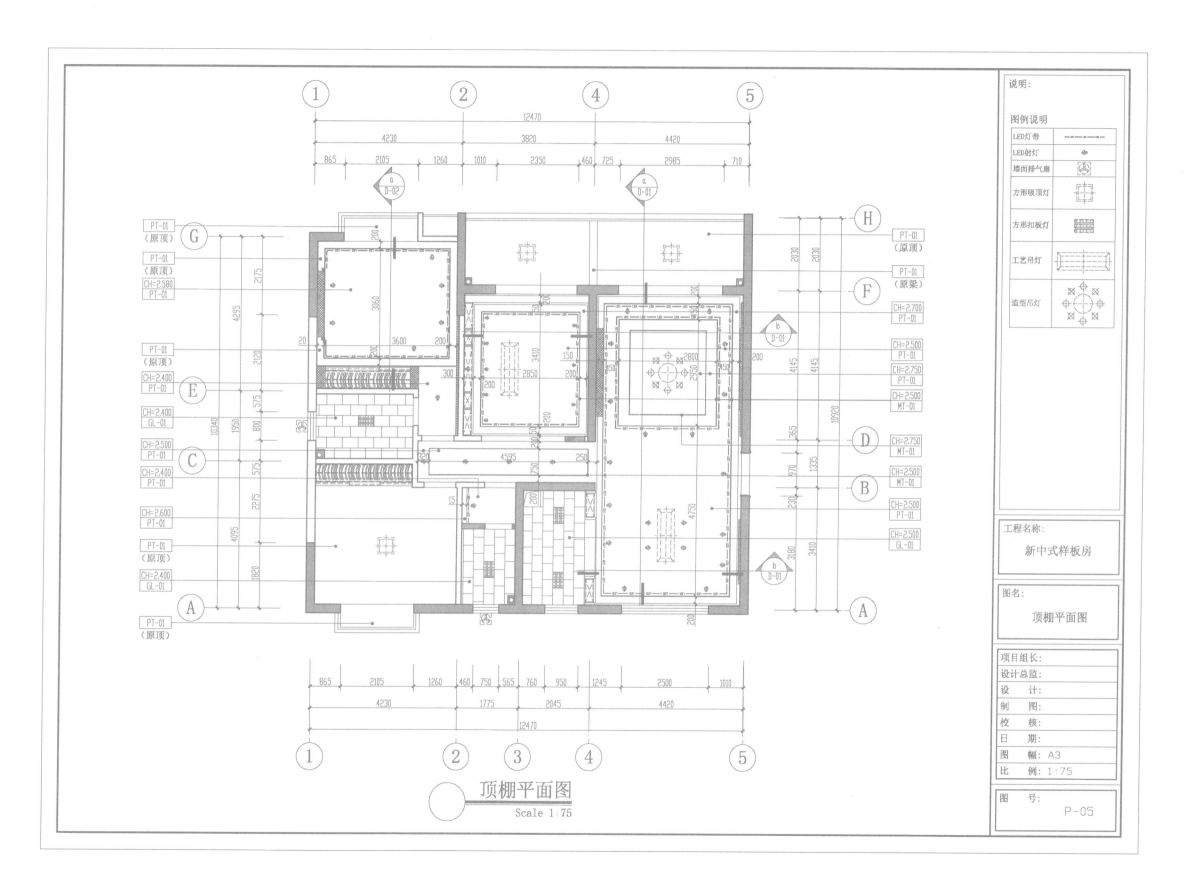

顶棚平面图
Scale 1:75

说明:

图例说明

LED灯带	
LED射灯	
墙面排气扇	
方形吸顶灯	
方形扣板灯	
工艺吊灯	
造型吊灯	

工程名称:
新中式样板房

图名:
顶棚平面图

项目组长:
设计总监:
设　计:
制　图:
校　核:
日　期:
图　幅: A3
比　例: 1:75

图　号:
P-05

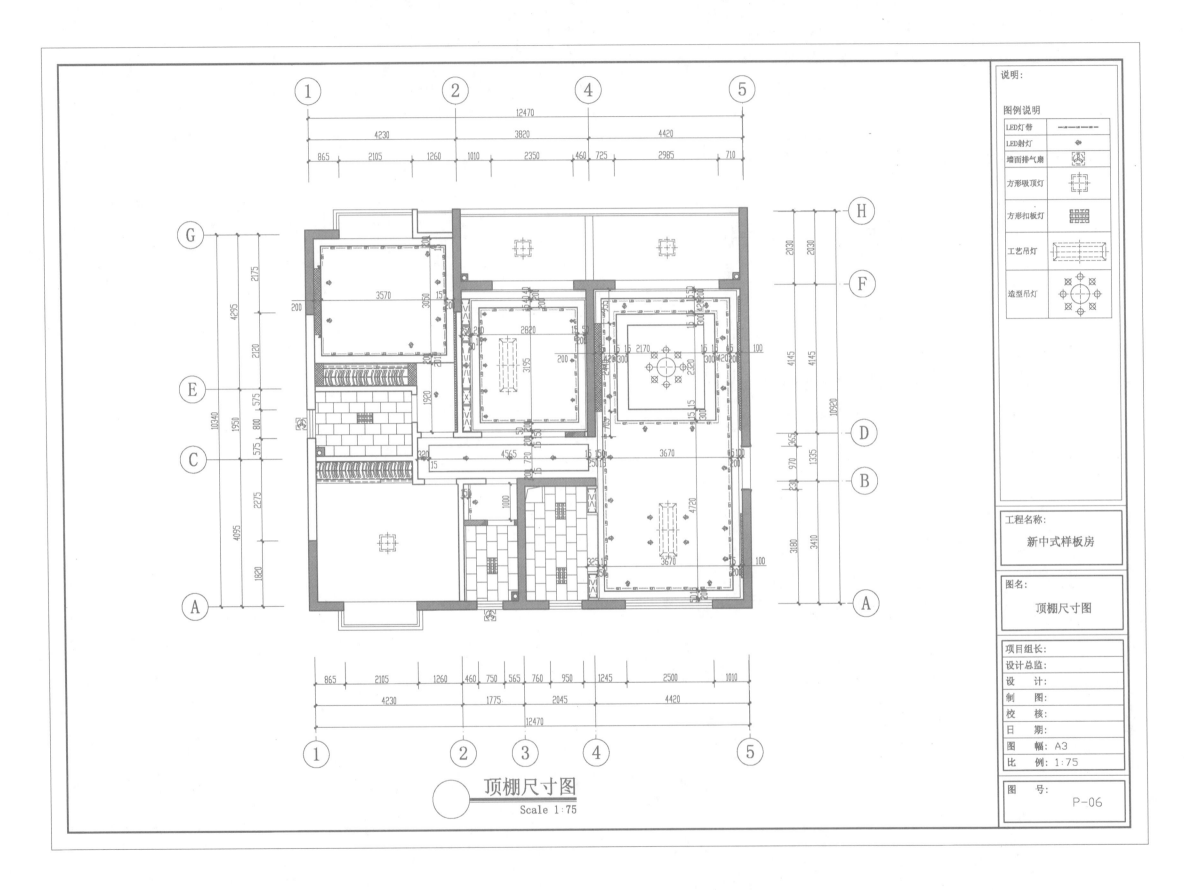

顶棚尺寸图
Scale 1:75

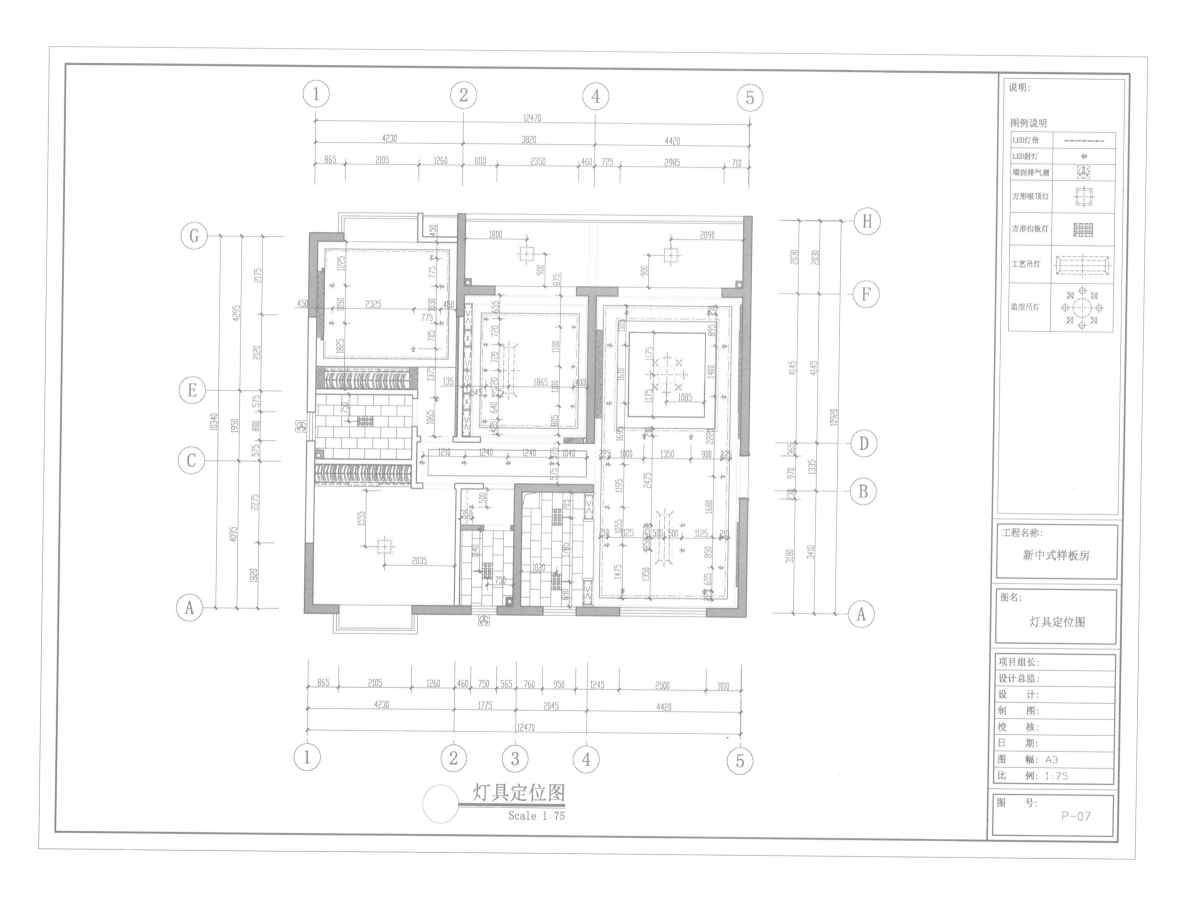

图例说明

LED灯带	mini LED mmmm LED mmmm LED mm
LED射灯	
墙面排气扇	
方形吸顶灯	
方形扣板灯	
工艺吊灯	
造型吊灯	

说明:

工程名称:

新中式样板房

图名:

灯具定位图

项目组长:	
设计总监:	
设　　计:	
制　　图:	
校　　核:	
日　　期:	
图　　幅:	A3
比　　例:	1:75
图　　号:	P-07

灯具定位图

Scale 1:75

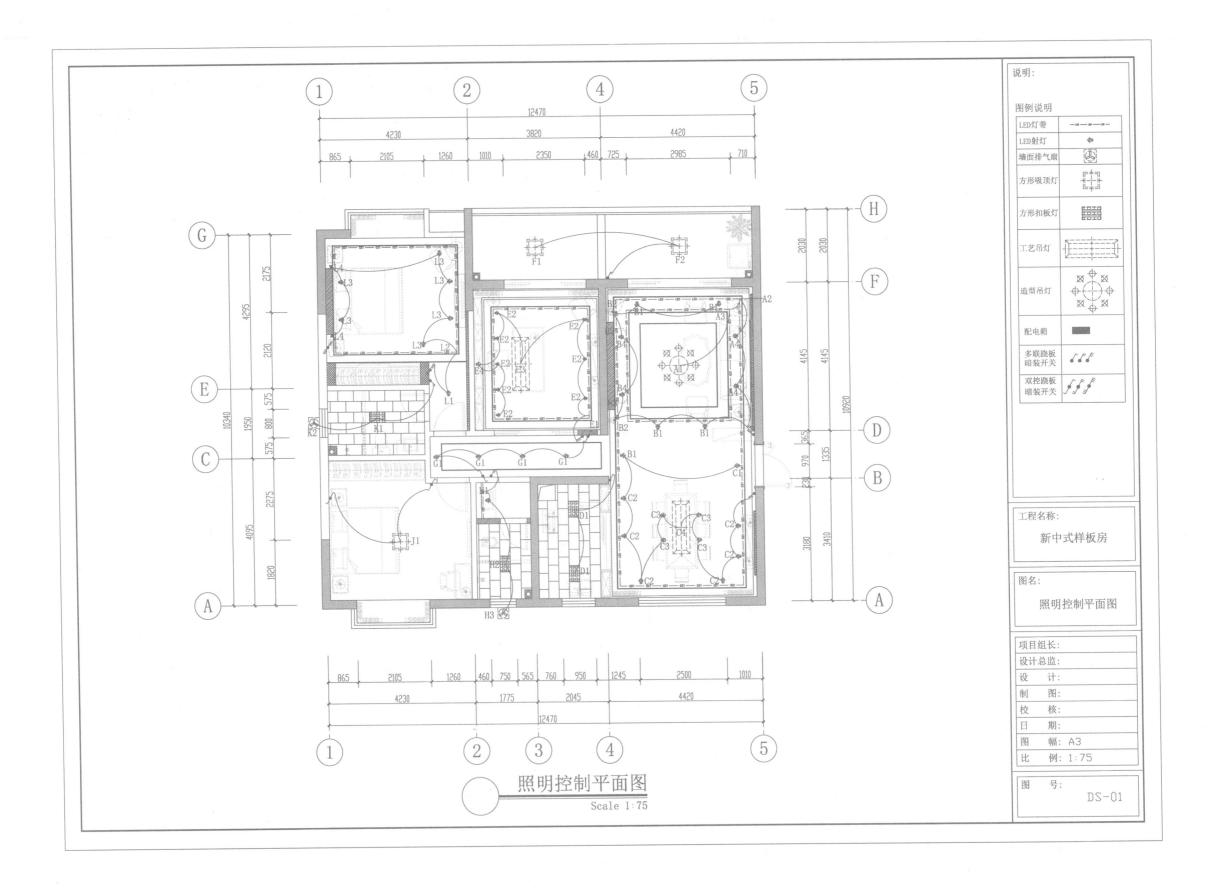

照明控制平面图

照明控制平面图
Scale 1:75

说明：

图例说明

LED灯带	—LED—LED—
LED射灯	◈
墙面排气扇	
方形吸顶灯	
方形扣板灯	
工艺吊灯	
造型吊灯	
配电箱	▬
多联跷板暗装开关	
双控跷板暗装开关	

工程名称：

新中式样板房

图名：

照明控制平面图

项目组长：
设计总监：
设　计：
制　图：
校　核：
日　期：
图　幅：A3
比　例：1:75

图　号：

DS-01

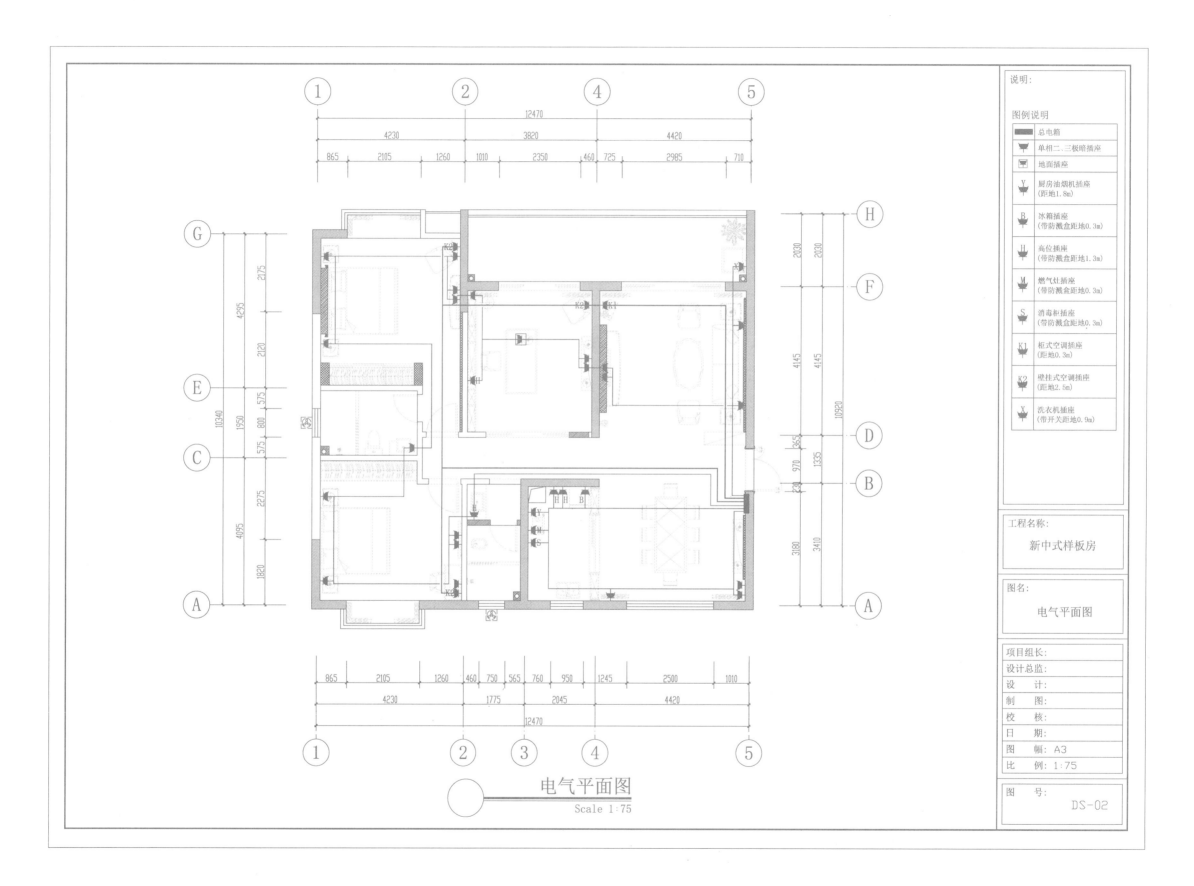

电气平面图
Scale 1:75

说明：

图例说明
■ 总电箱
⊽ 单相二、三极暗插座
⊽ 地面插座
Y 厨房油烟机插座
（距地1.8m）
B 冰箱插座
（带防溅盒距地0.3m）
H 高位插座
（带防溅盒距地1.3m）
M 燃气灶插座
（带防溅盒距地0.3m）
S 消毒柜插座
（带防溅盒距地0.3m）
K1 柜式空调插座
（距地0.3m）
K2 壁挂式空调插座
（距地2.5m）
X 洗衣机插座
（带开关距地0.9m）

工程名称：
新中式样板房

图名：
电气平面图

项目组长：
设计总监：
设　计：
制　图：
校　核：
日　期：
图　幅：A3
比　例：1:75

图　号：
DS-02

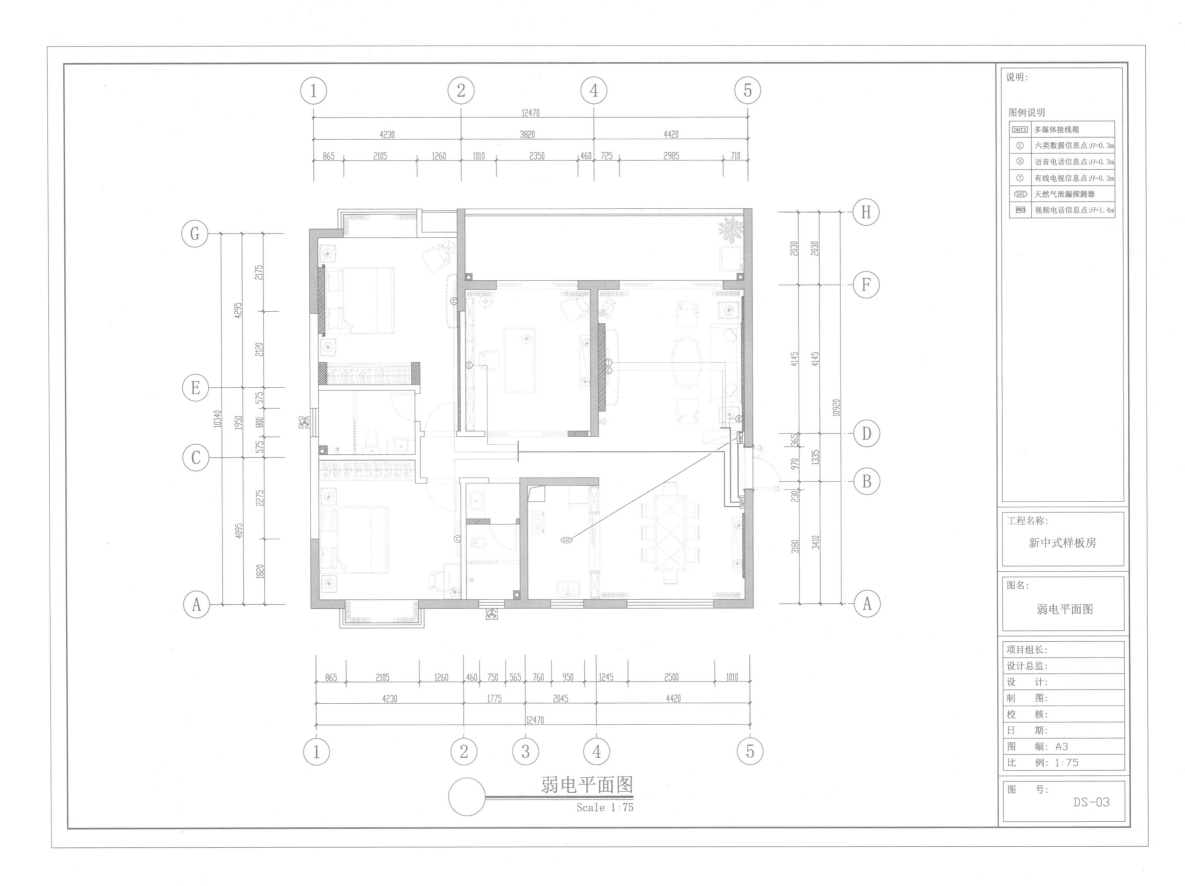

弱电平面图
Scale 1:75

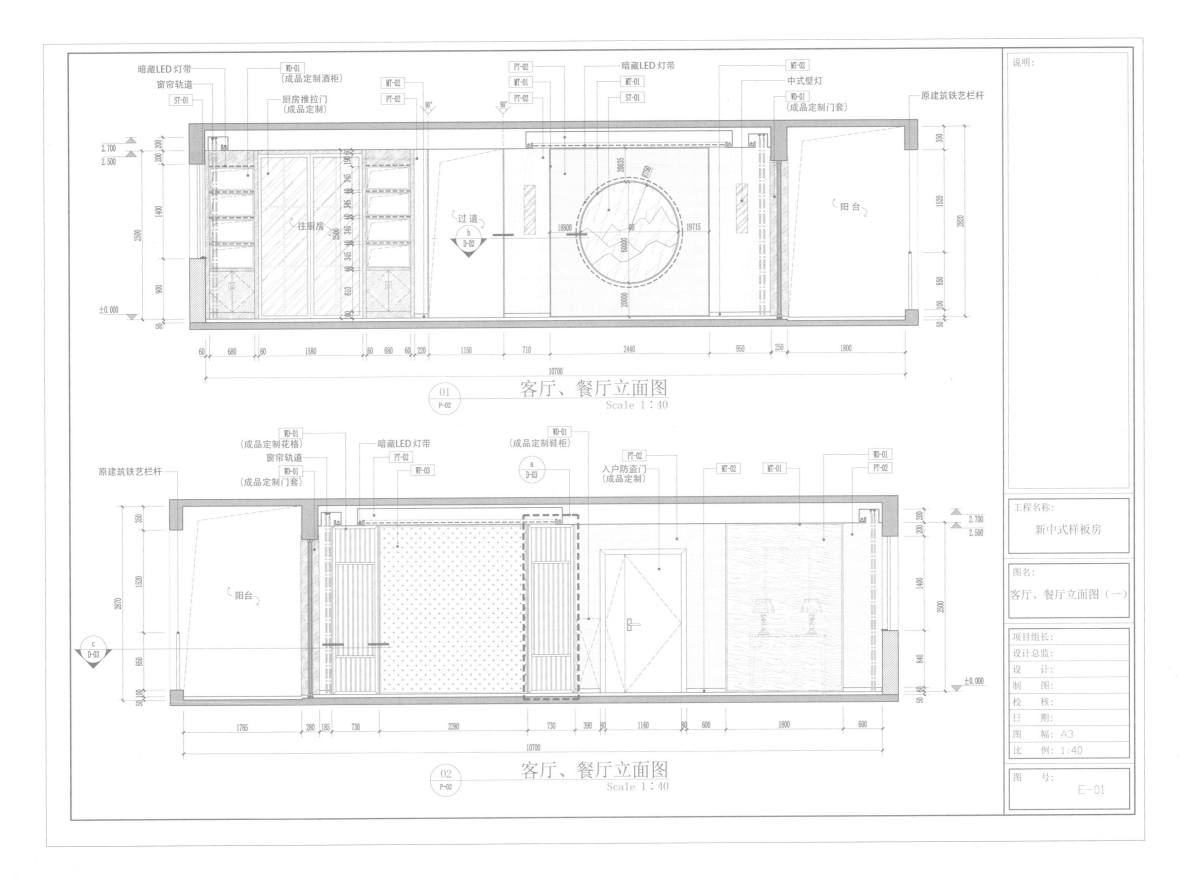

客厅、餐厅立面图
Scale 1：40

客厅、餐厅立面图
Scale 1：40

说明：

工程名称：
新中式样板房

图名：
客厅、餐厅立面图（一）

项目组长：
设计总监：
设　计：
制　图：
校　核：
日　期：
图　幅：A3
比　例：1：40

图　号：
E-01

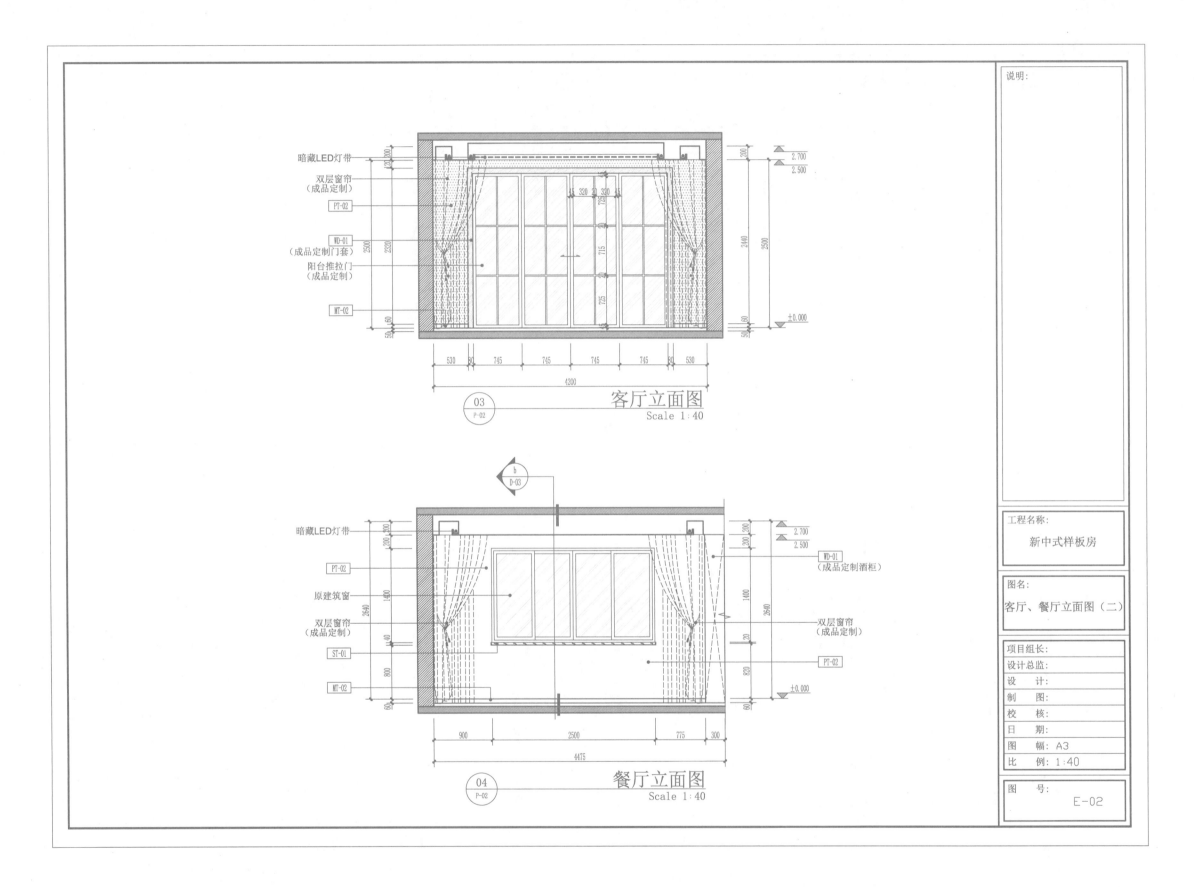

暗藏LED灯带

双层窗帘
（成品定制）

PT-02

WD-01
（成品定制门套）

阳台推拉门
（成品定制）

MT-02

2.700
2.500

±0.000

530　80　745　　745　　745　　745　80　530

4200

③
P-02

客厅立面图
Scale 1:40

b
D-03

暗藏LED灯带

PT-02

原建筑窗

双层窗帘
（成品定制）

ST-01

MT-02

WD-01
（成品定制酒柜）

双层窗帘
（成品定制）

PT-02

2.700
2.500

±0.000

900　　　2500　　　775　300

4475

④
P-02

餐厅立面图
Scale 1:40

说明:

工程名称:
新中式样板房

图名:
客厅、餐厅立面图（二）

项目组长:
设计总监:
设　计:
制　图:
校　核:
日　期:
图　幅: A3
比　例: 1:40

图　号:
E-02

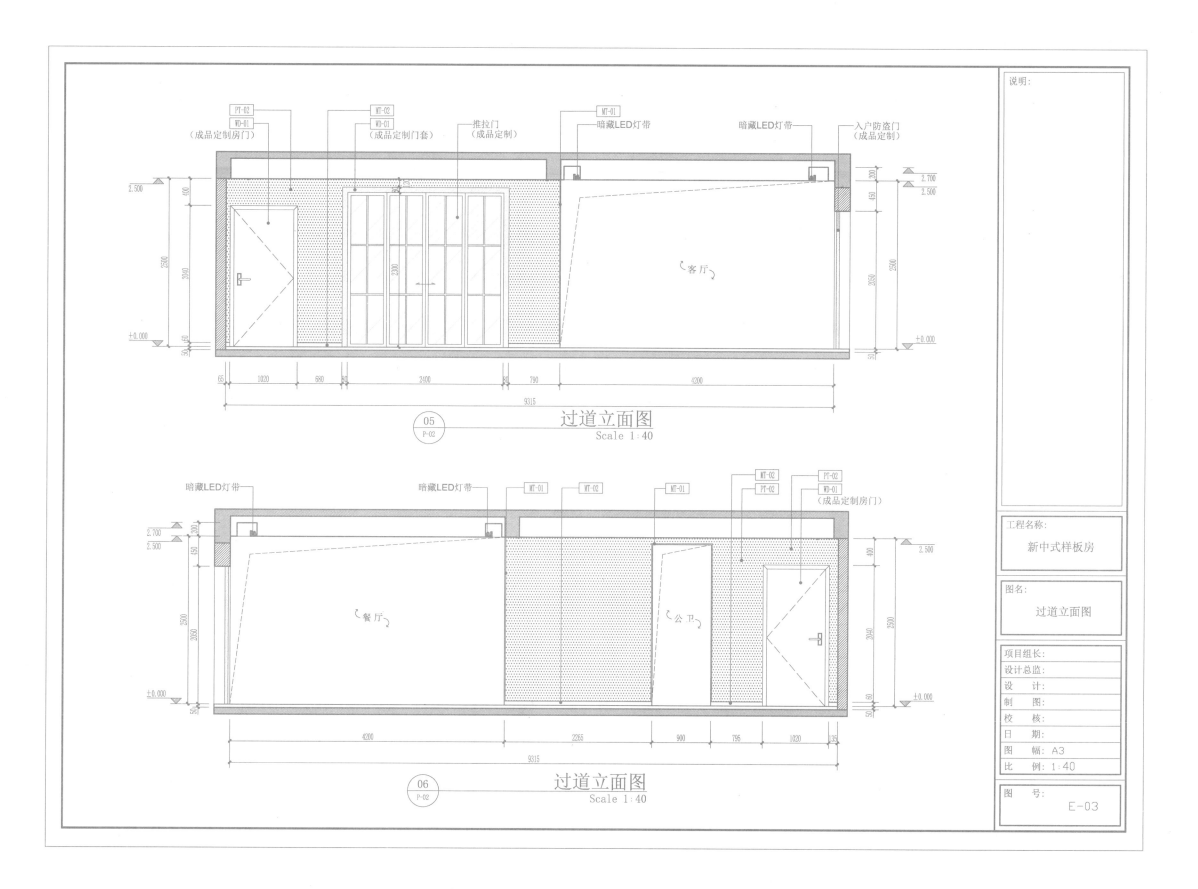

PT-02
WD-01
（成品定制房门）
MT-02
WD-01
（成品定制门套）
推拉门
（成品定制）
MT-01
暗藏LED灯带
暗藏LED灯带
入户防盗门
（成品定制）

客厅

2.500
2.700
2.500
2.700
2.500

400
2500
3040
50 60
+0.000
2300
450
2500
2050
50
+0.000

65 1020 680 80 2400 80 790 4200
9315

⊙ 05
P-02
过道立面图
Scale 1:40

暗藏LED灯带
暗藏LED灯带
MT-01
MT-02
MT-01
MT-02
PT-02
PT-02
WD-01
（成品定制房门）

2.700
2.500
2.700
2.500

200
450
2500
2050
50
±0.000

餐厅

公卫

400
2040
2500
50 60
±0.000
2.500

4200 2265 900 795 1020 135
9315

⊙ 06
P-02
过道立面图
Scale 1:40

说明：

工程名称：
新中式样板房

图名：
过道立面图

项目组长：
设计总监：
设　计：
制　图：
校　核：
日　期：
图　幅：A3
比　例：1:40

图　号：
E-03

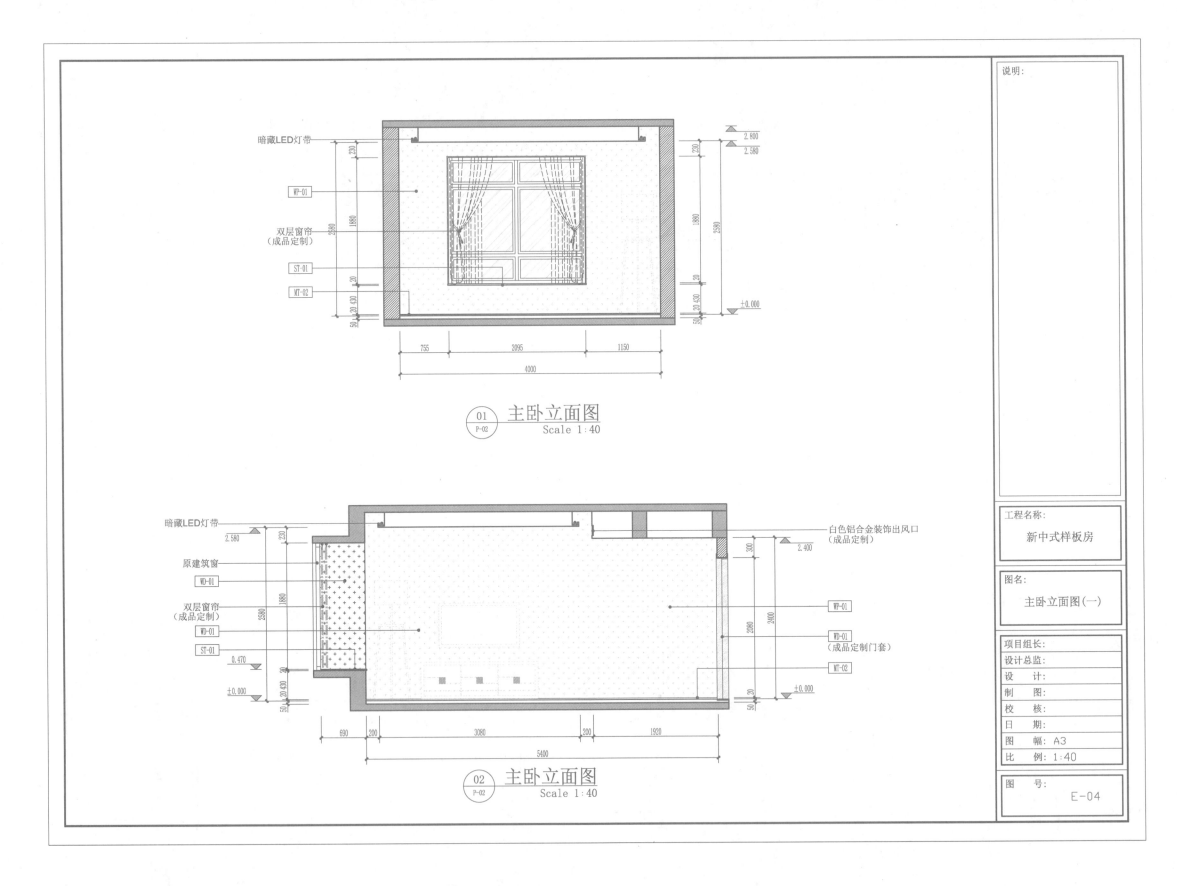

暗藏LED灯带

WP-01

双层窗帘
（成品定制）

ST-01

MT-02

230
1880
2580
20
430
50
20

2.800
2.580

±0.000

755　　2095　　1150
4000

01
P-02
主卧立面图
Scale 1:40

暗藏LED灯带
2.580

原建筑窗
WD-01

双层窗帘
（成品定制）
WD-01

ST-01
0.470

±0.000

230
1880
2580

20
430
50
20

白色铝合金装饰出风口
（成品定制）

300
2.400

WP-01

2080
2400

WD-01
（成品定制门套）

MT-02

±0.000
20
50

690　200　　3080　　200　　1920
5400

02
P-02
主卧立面图
Scale 1:40

说明：

工程名称：
新中式样板房

图名：
主卧立面图（一）

项目组长：
设计总监：
设　计：
制　图：
校　核：
日　期：
图　幅：A3
比　例：1:40

图　号：
E-04

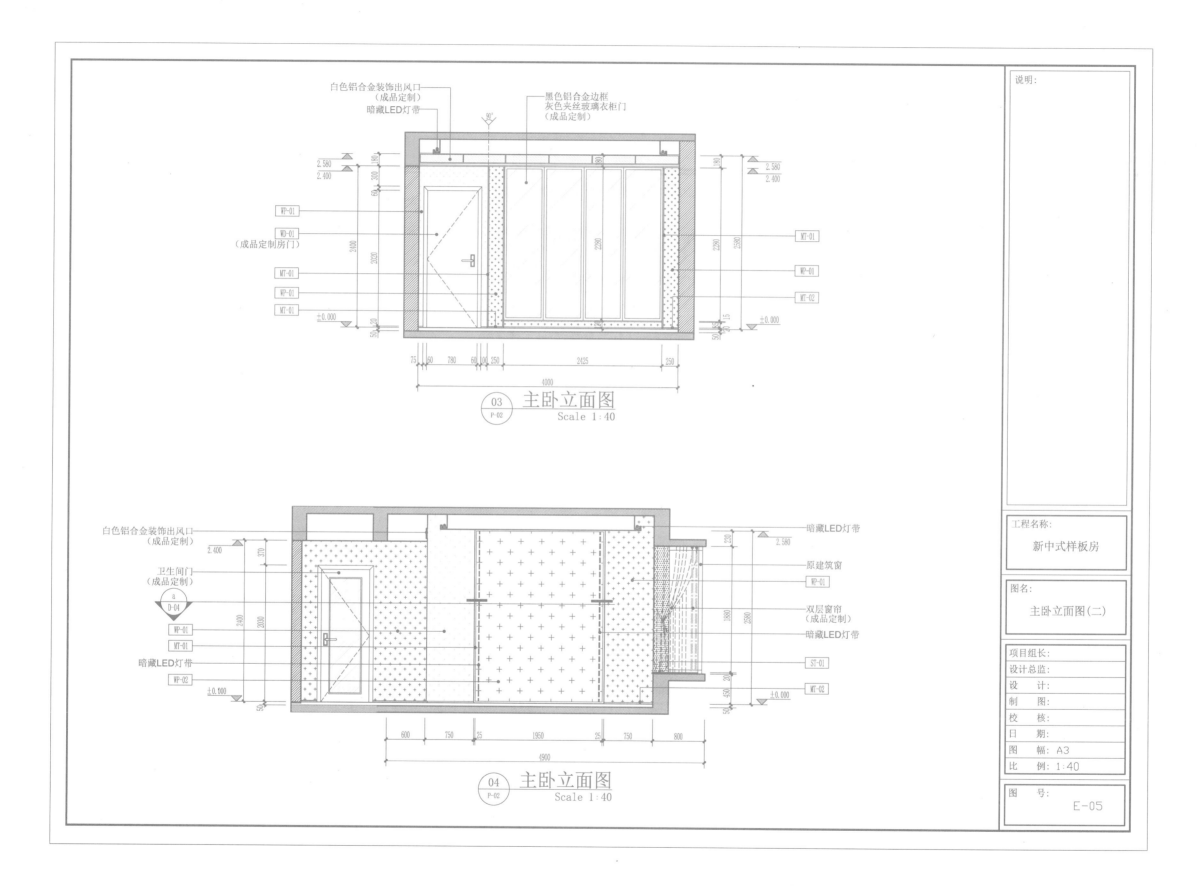

白色铝合金装饰出风口
（成品定制）
暗藏LED灯带

黑色铝合金边框
灰色夹丝玻璃衣柜门
（成品定制）

WP-01
WD-01
（成品定制房门）

MT-01
WP-01
MT-01

MT-01
WP-01
MT-02

2.580
2.400

2.580
2.400

±0.000

±0.000

③
P-02
主卧立面图
Scale 1:40

白色铝合金装饰出风口
（成品定制）

卫生间门
（成品定制）

WP-01
MT-01

暗藏LED灯带
WP-02

±0.000

暗藏LED灯带
原建筑窗
WP-01

双层窗帘
（成品定制）
暗藏LED灯带

ST-01

MT-02

2.580

④
P-02
主卧立面图
Scale 1:40

说明：

工程名称：
新中式样板房

图名：
主卧立面图(二)

项目组长：
设计总监：
设　计：
制　图：
校　核：
日　期：
图　幅：A3
比　例：1:40

图　号：
E-05

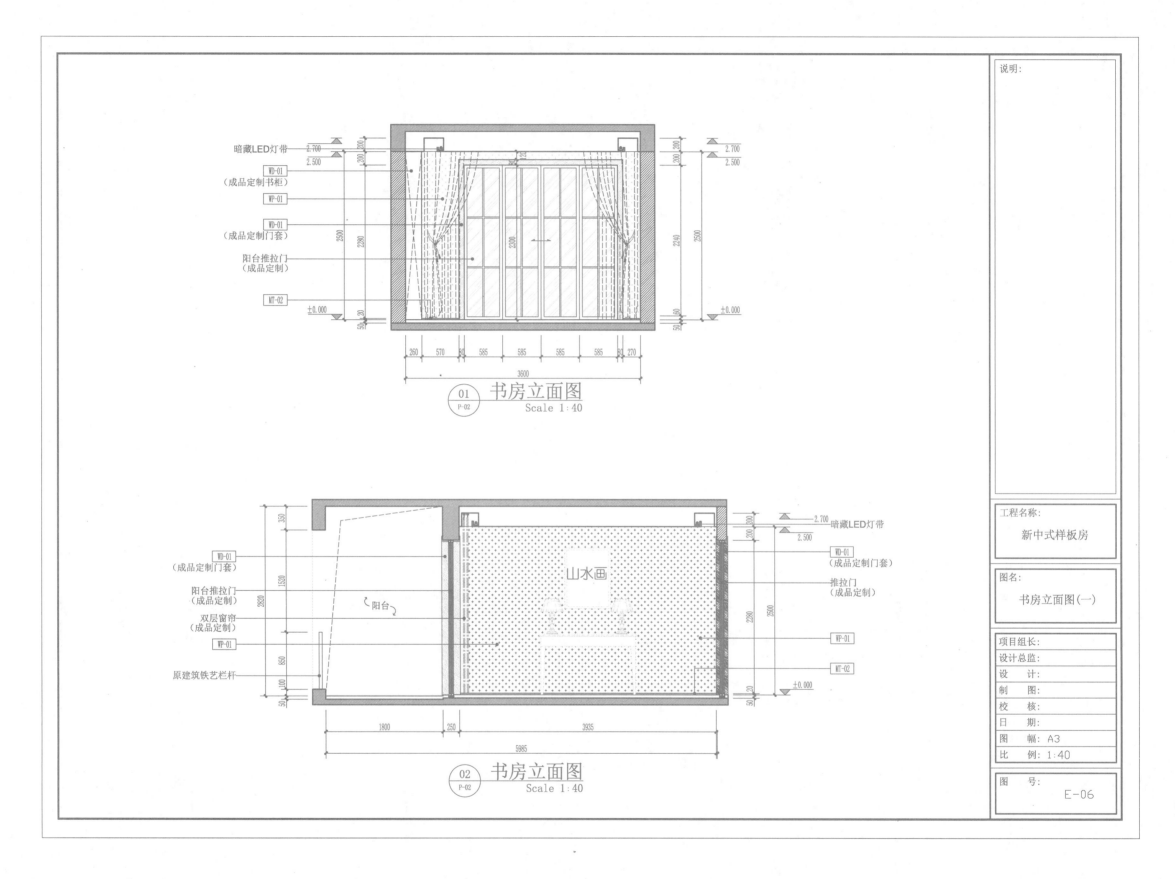

暗藏LED灯带　2.700　200
2.500

WD-01
（成品定制书柜）

WP-01

WD-01
（成品定制门套）

阳台推拉门
（成品定制）

MT-02　±0.000

260 570 80 585 585 585 585 80 270
3600

01 **书房立面图**
P-02
Scale 1:40

工程名称：
新中式样板房

WD-01
（成品定制门套）

阳台推拉门
（成品定制）

双层窗帘
（成品定制）

WP-01

原建筑铁艺栏杆

阳台

山水画

2.700　200
2.500　暗藏LED灯带

WD-01
（成品定制门套）

推拉门
（成品定制）

WP-01

MT-02　±0.000

1800　250　3935
5985

02 **书房立面图**
P-02
Scale 1:40

说明：

图名：
书房立面图(一)

项目组长：
设计总监：
设　计：
制　图：
校　核：
日　期：
图　幅： A3
比　例： 1:40

图　号：
E-06

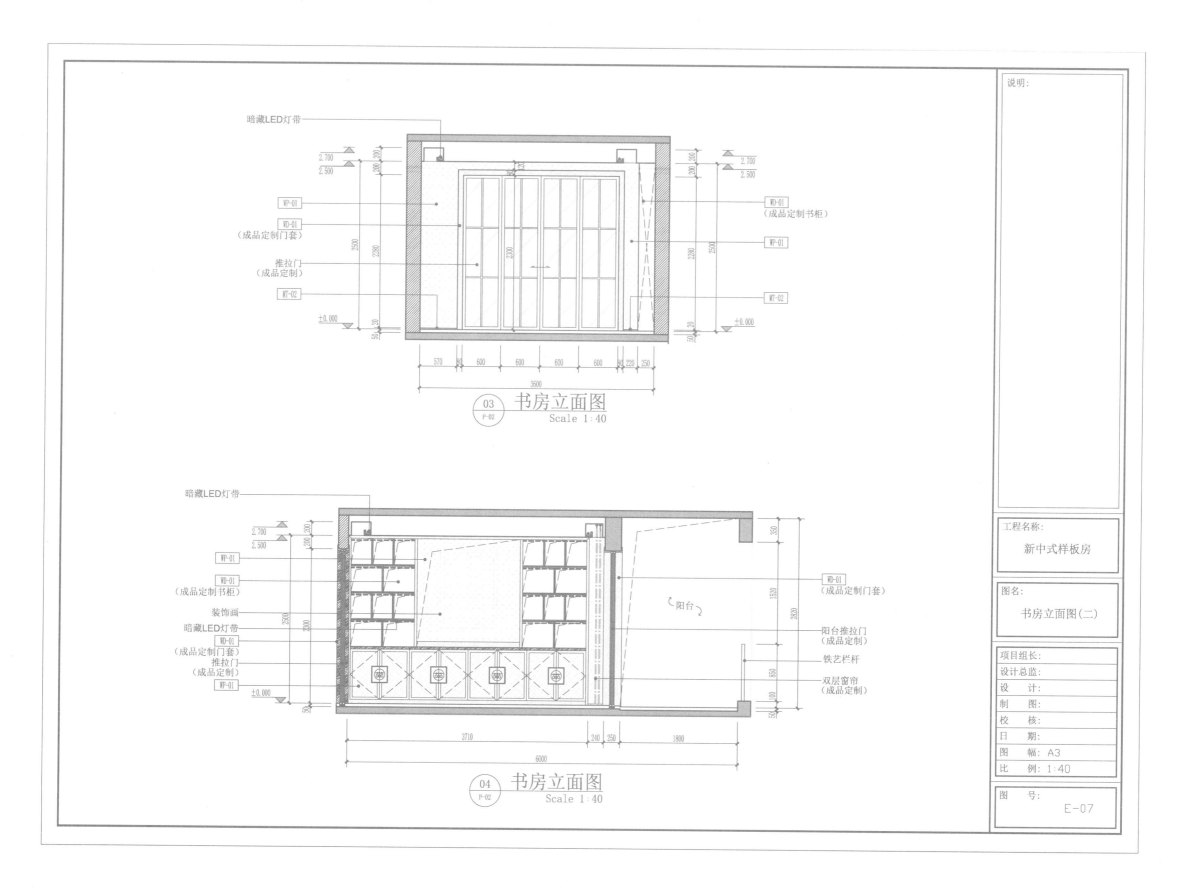

暗藏LED灯带

2.700
2.500

WP-01

WD-01
(成品定制门套)

推拉门
(成品定制)

MT-02

±0.000

2.700
2.500

WD-01
(成品定制书柜)

WP-01

MT-02

±0.000

570　80　600　600　600　600　80 220 250

3600

⑩ 书房立面图
P-02　Scale 1:40

暗藏LED灯带

2.700
2.500

WP-01

WD-01
(成品定制书柜)

装饰画

暗藏LED灯带

WD-01
(成品定制门套)

推拉门
(成品定制)

WP-01

±0.000

阳台

WD-01
(成品定制门套)

阳台推拉门
(成品定制)

铁艺栏杆

双层窗帘
(成品定制)

3710　240 250　1800

6000

⑩ 书房立面图
P-02　Scale 1:40

说明:

工程名称:
新中式样板房

图名:
书房立面图(二)

项目组长:
设计总监:
设　计:
制　图:
校　核:
日　期:
图　幅: A3
比　例: 1:40

图　号:
E-07

· 23 ·

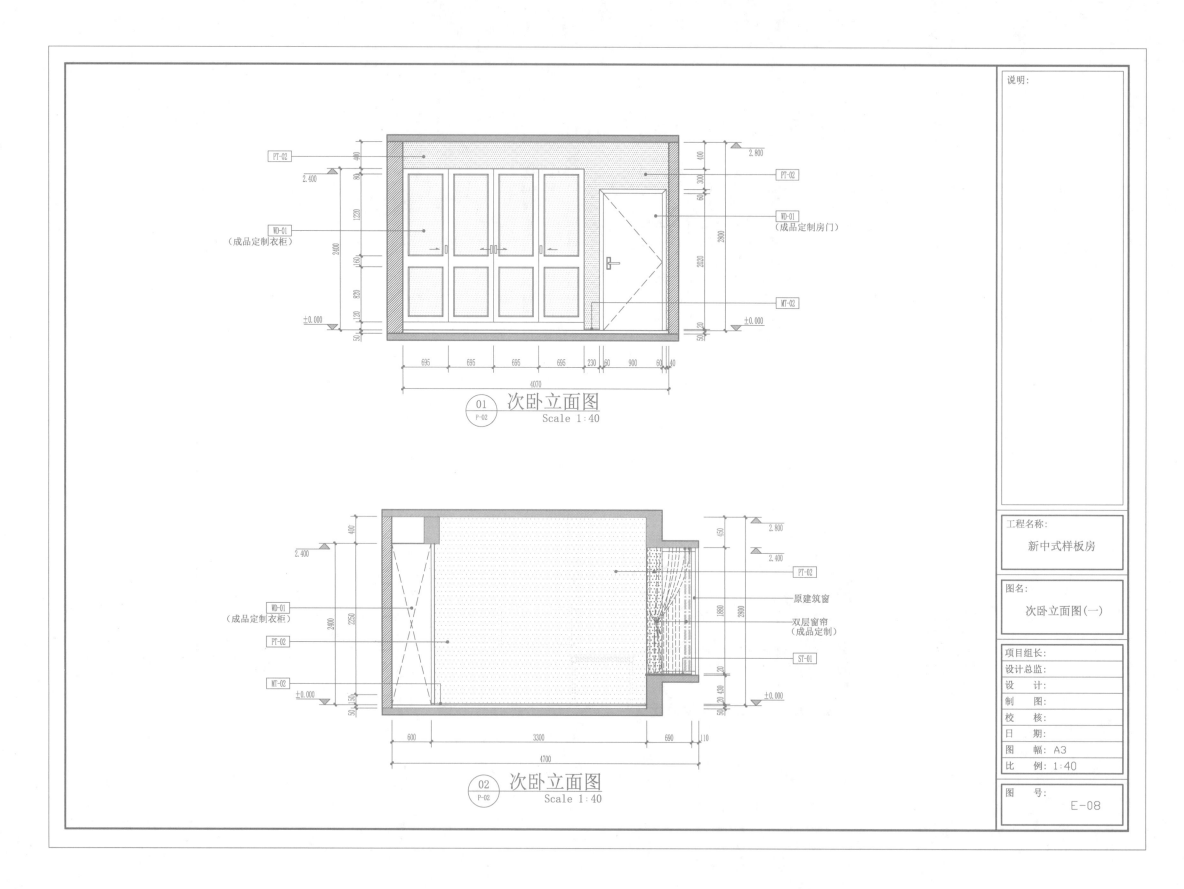

PT-02

2.400

WD-01
（成品定制衣柜）

440

80

1220

2400

160

820

120

±0.000

50

695 695 695 695 230 60 900 60 40

4070

400

300

60 60

2020

2800

50 20

2.800

PT-02

WD-01
（成品定制房门）

MT-02

±0.000

$\underset{P-02}{01}$ 次卧立面图
Scale 1:40

2.400

WD-01
（成品定制衣柜）

PT-02

MT-02

±0.000

400

2250

2400

50 150

600 3300 690 110

4700

450

1880

2800

50 20 430

2.800

2.400

PT-02

原建筑窗

双层窗帘
（成品定制）

ST-01

±0.000

$\underset{P-02}{02}$ 次卧立面图
Scale 1:40

说明：

工程名称：

新中式样板房

图名：

次卧立面图（一）

项目组长：

设计总监：

设　计：

制　图：

校　核：

日　期：

图　幅： A3

比　例： 1:40

图　号：

E-08

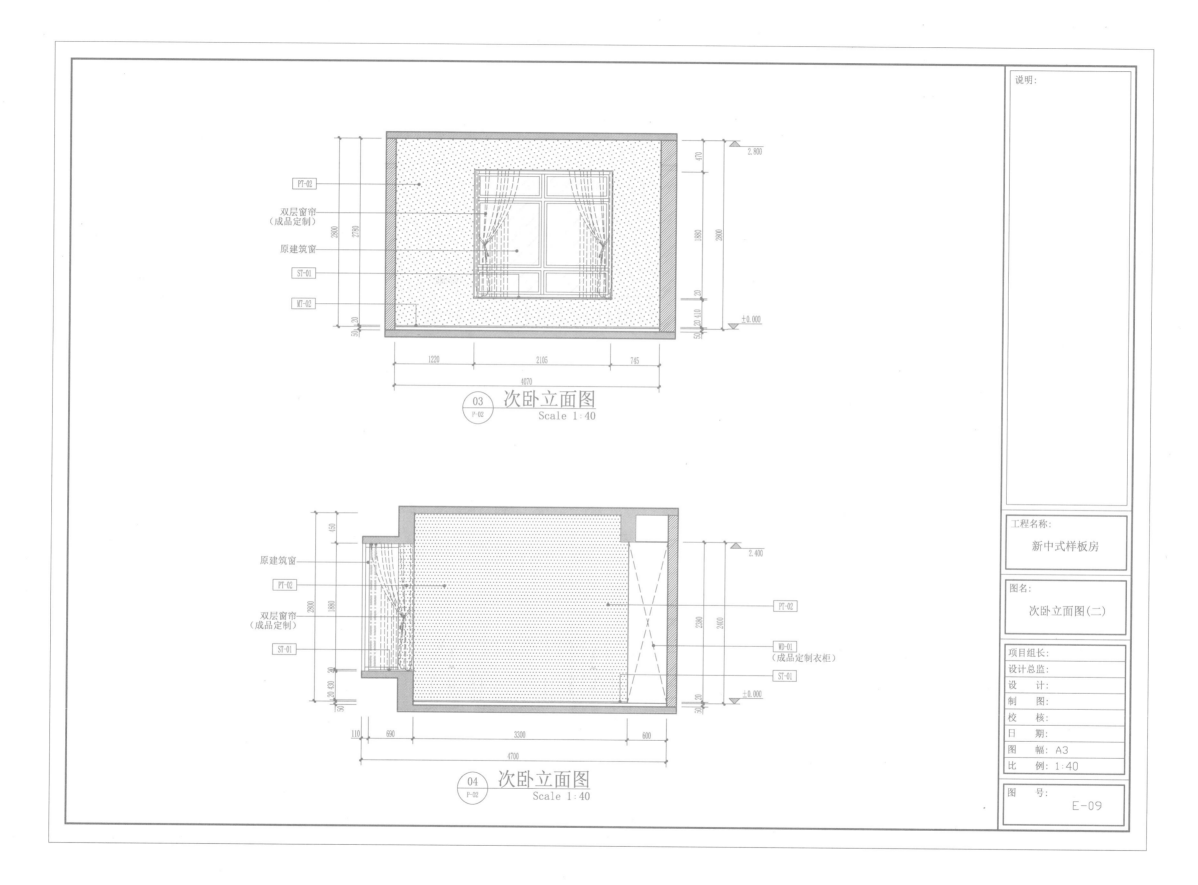

PT-02

双层窗帘
（成品定制）

原建筑窗

ST-01

MT-02

2.800

470

1880 2800

20
410
50 20

±0.000

1220   2105   745

4070

③ 次卧立面图
P-02 Scale 1:40

450

原建筑窗

PT-02

双层窗帘
（成品定制）

ST-01

2.400

PT-02

2280 2400

WD-01
（成品定制衣柜）

ST-01

±0.000

20
430
50

30 20

110 690   3300   600

4700

④ 次卧立面图
P-02 Scale 1:40

说明：

工程名称：
新中式样板房

图名：
次卧立面图（二）

项目组长：
设计总监：
设　计：
制　图：
校　核：
日　期：
图　幅： A3
比　例： 1:40

图　号：
E-09

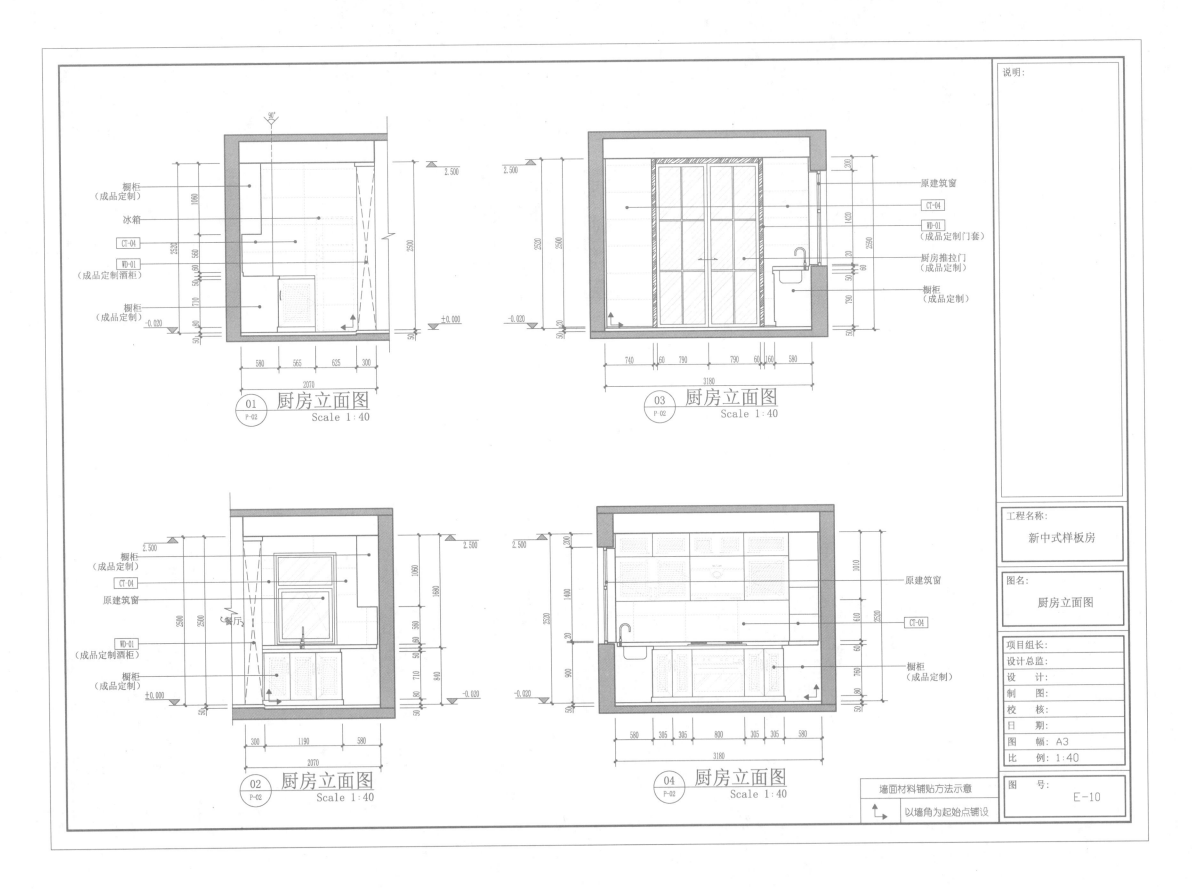

橱柜
（成品定制）

冰箱

CT-04

WD-01
（成品定制酒柜）

橱柜
（成品定制）

2.500

±0.000

580 565 625 300
2070

01 厨房立面图
P-02 Scale 1:40

2.500

原建筑窗

CT-04

WD-01
（成品定制门套）

厨房推拉门
（成品定制）

橱柜
（成品定制）

-0.020

740 60 790 790 60 160 580
3180

03 厨房立面图
P-02 Scale 1:40

橱柜
（成品定制）

CT-04

原建筑窗

WD-01
（成品定制酒柜）

橱柜
（成品定制）

2.500

±0.000

300 1190 580
2070

02 厨房立面图
P-02 Scale 1:40

2.500

原建筑窗

CT-04

橱柜
（成品定制）

-0.020

580 305 305 600 305 305 580
3180

04 厨房立面图
P-02 Scale 1:40

说明：

工程名称：
新中式样板房

图名：
厨房立面图

项目组长：
设计总监：
设　计：
制　图：
校　核：
日　期：
图　幅：A3
比　例：1:40

图　号：
E-10

墙面材料铺贴方法示意

以墙角为起始点铺设

·26·

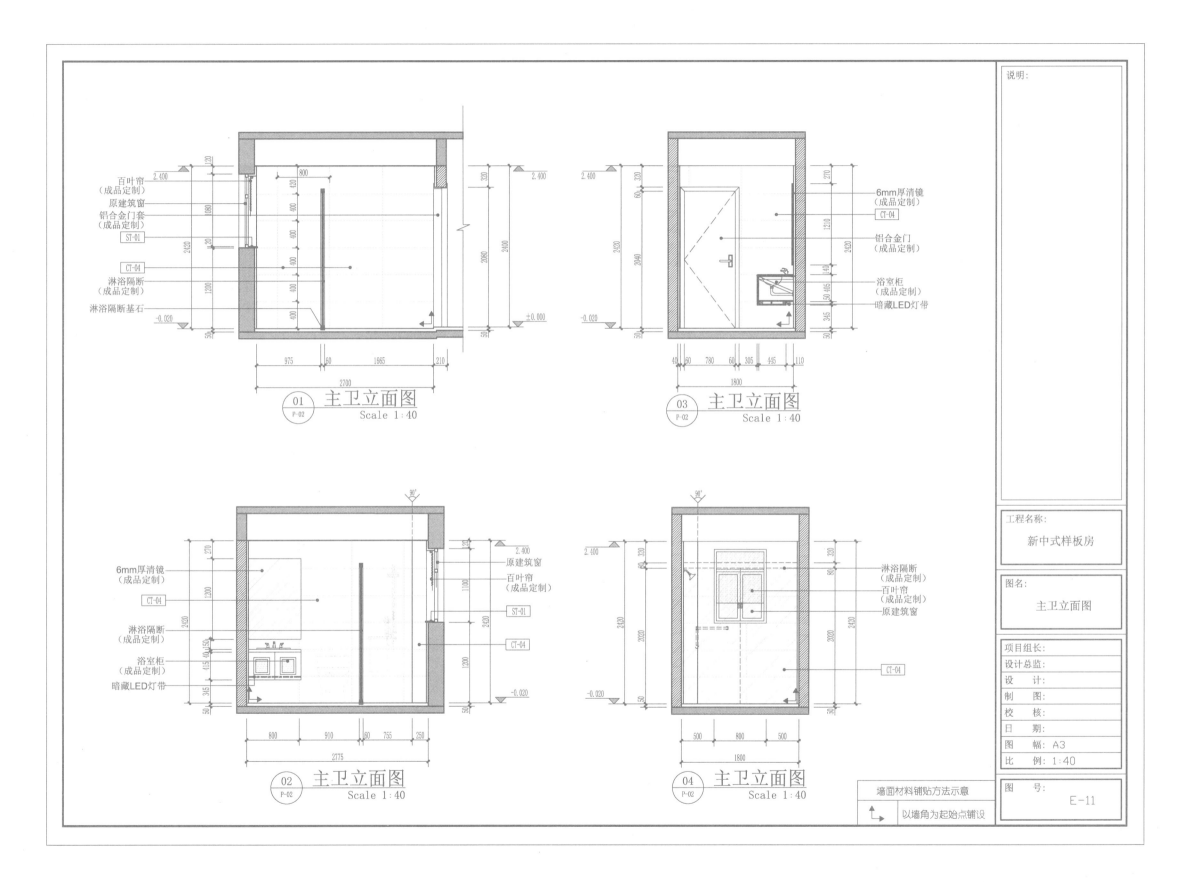

百叶帘
（成品定制）
原建筑窗
铝合金门套
（成品定制）
ST-01
CT-04
淋浴隔断
（成品定制）
淋浴隔断基石

2.400

800

2.400

2400
2080

±0.000

975 60 1665 210
2700

① 主卫立面图
P-02
Scale 1:40

2.400

6mm厚清镜
（成品定制）
CT-04

铝合金门
（成品定制）

浴室柜
（成品定制）
暗藏LED灯带

-0.020

40 60 780 60 305 445 110
1800

③ 主卫立面图
P-02
Scale 1:40

90°

6mm厚清镜
（成品定制）
CT-04

淋浴隔断
（成品定制）

浴室柜
（成品定制）
暗藏LED灯带

2.400

原建筑窗
百叶帘
（成品定制）
ST-01

CT-04

-0.020

800 910 60 755 250
2775

② 主卫立面图
P-02
Scale 1:40

90°

2.400

淋浴隔断
（成品定制）
百叶帘
（成品定制）
原建筑窗

CT-04

-0.020

500 800 500
1800

④ 主卫立面图
P-02
Scale 1:40

说明：

工程名称：
新中式样板房

图名：
主卫立面图

项目组长：
设计总监：
设　　计：
制　　图：
校　　核：
日　　期：
图　幅：A3
比　例：1:40

图　号：
E-11

墙面材料铺贴方法示意

以墙角为起始点铺设

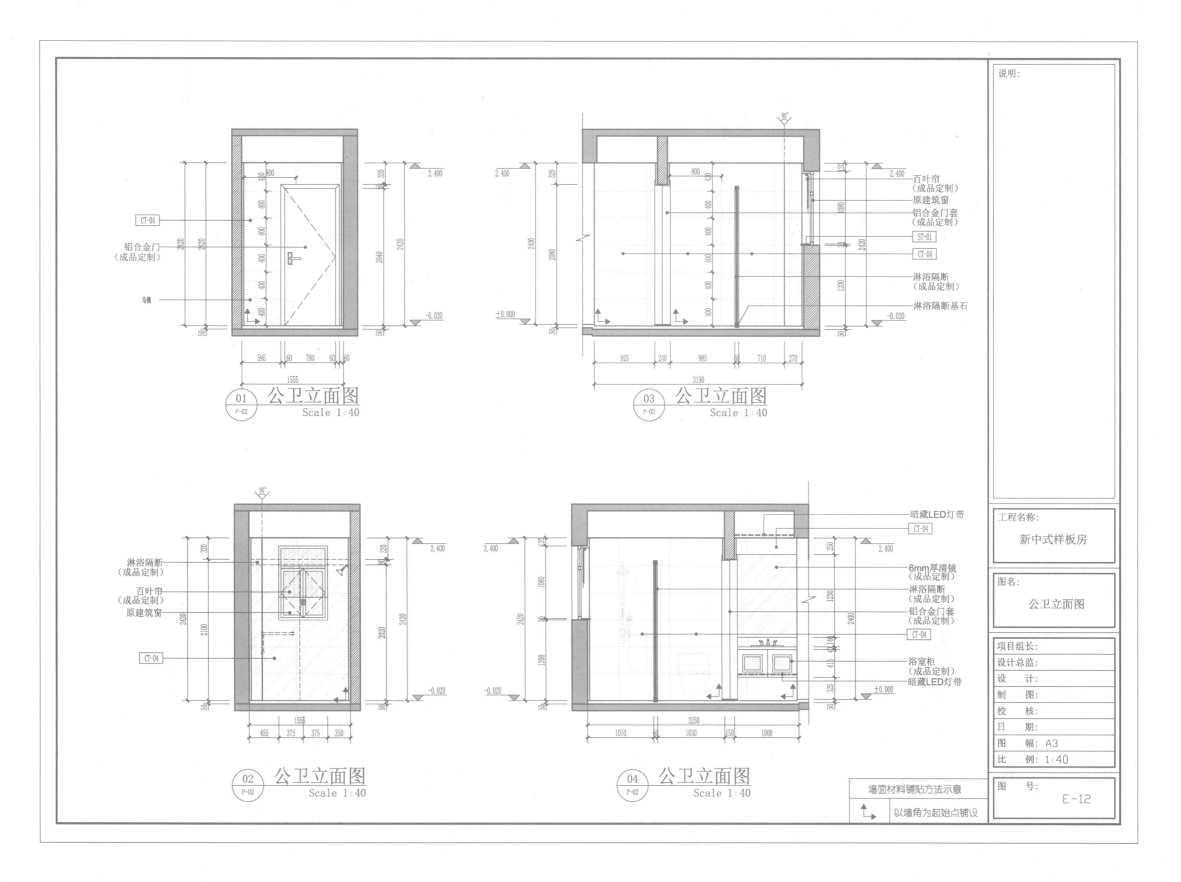

01 公卫立面图
P-02
Scale 1:40

CT-04
铝合金门
（成品定制）
马桶

03 公卫立面图
P-02
Scale 1:40

百叶帘
（成品定制）
原建筑窗
铝合金门套
（成品定制）
ST-01
CT-04
淋浴隔断
（成品定制）
淋浴隔断基石

02 公卫立面图
P-02
Scale 1:40

淋浴隔断
（成品定制）
百叶帘
（成品定制）
原建筑窗
CT-04

04 公卫立面图
P-02
Scale 1:40

暗藏LED灯带
CT-04
6mm厚清镜
（成品定制）
淋浴隔断
（成品定制）
铝合金门套
（成品定制）
CT-04
浴室柜
（成品定制）
暗藏LED灯带

说明：

工程名称：
新中式样板房

图名：
公卫立面图

项目组长：
设计总监：
设　计：
制　图：
校　核：
日　期：
图　幅：A3
比　例：1:40

墙面材料铺贴方法示意
以墙角为起始点铺设

图　号：
E-12

·28·

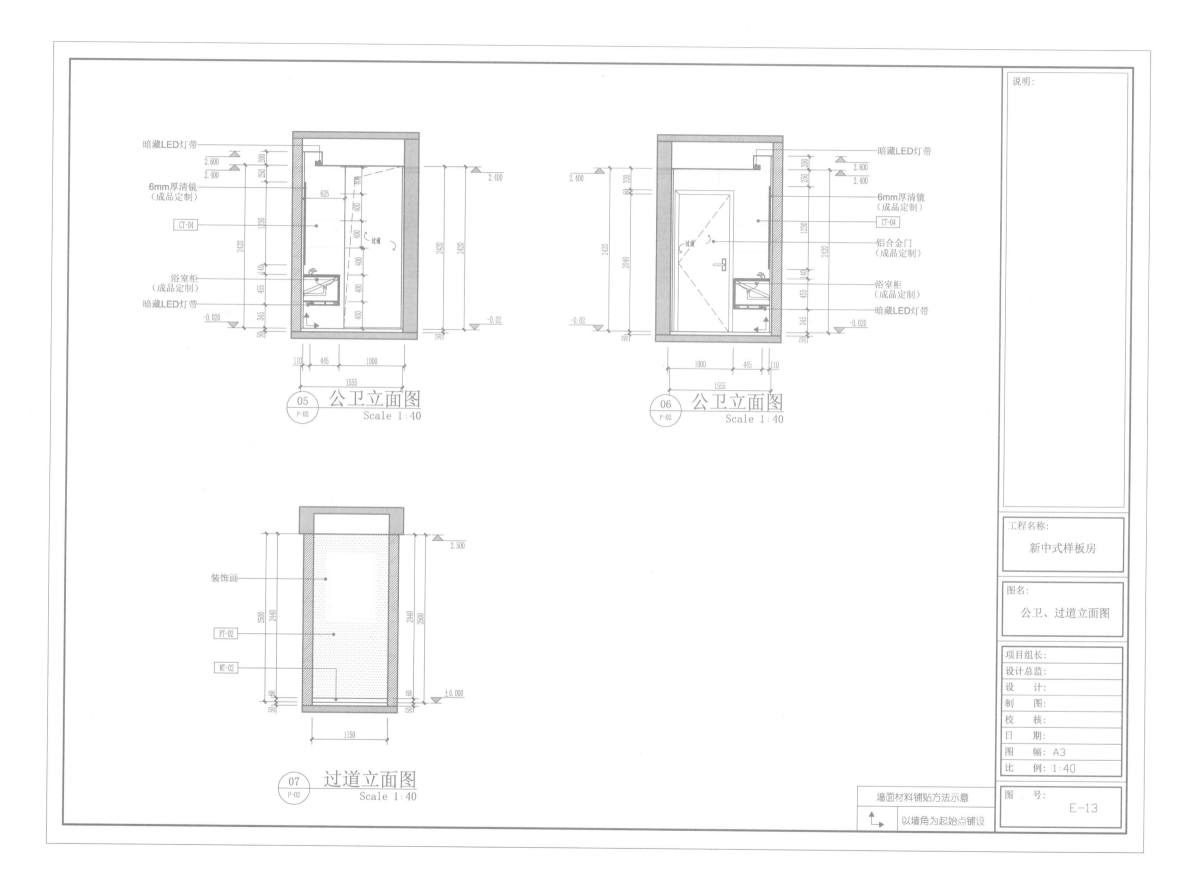

暗藏LED灯带

2.600
2.400

6mm厚清镜
（成品定制）

CT-04

浴室柜
（成品定制）

暗藏LED灯带

-0.020

110 445 1000
1555

625

2.400

-0.02

过道

⑤ 公卫立面图
P-02
Scale 1:40

2.400

暗藏LED灯带

2.600
2.400

6mm厚清镜
（成品定制）

CT-04

铝合金门
（成品定制）

浴室柜
（成品定制）

暗藏LED灯带

-0.02

1000 445 110
1555

-0.020

过道

⑥ 公卫立面图
P-02
Scale 1:40

装饰画

PT-02

MT-02

2.500

±0.000

1150

⑦ 过道立面图
P-02
Scale 1:40

说明：

工程名称：
新中式样板房

图名：
公卫、过道立面图

项目组长：
设计总监：
设　计：
制　图：
校　核：
日　期：
图　幅：A3
比　例：1:40

墙面材料铺贴方法示意

以墙角为起始点铺设

图　号：
E-13

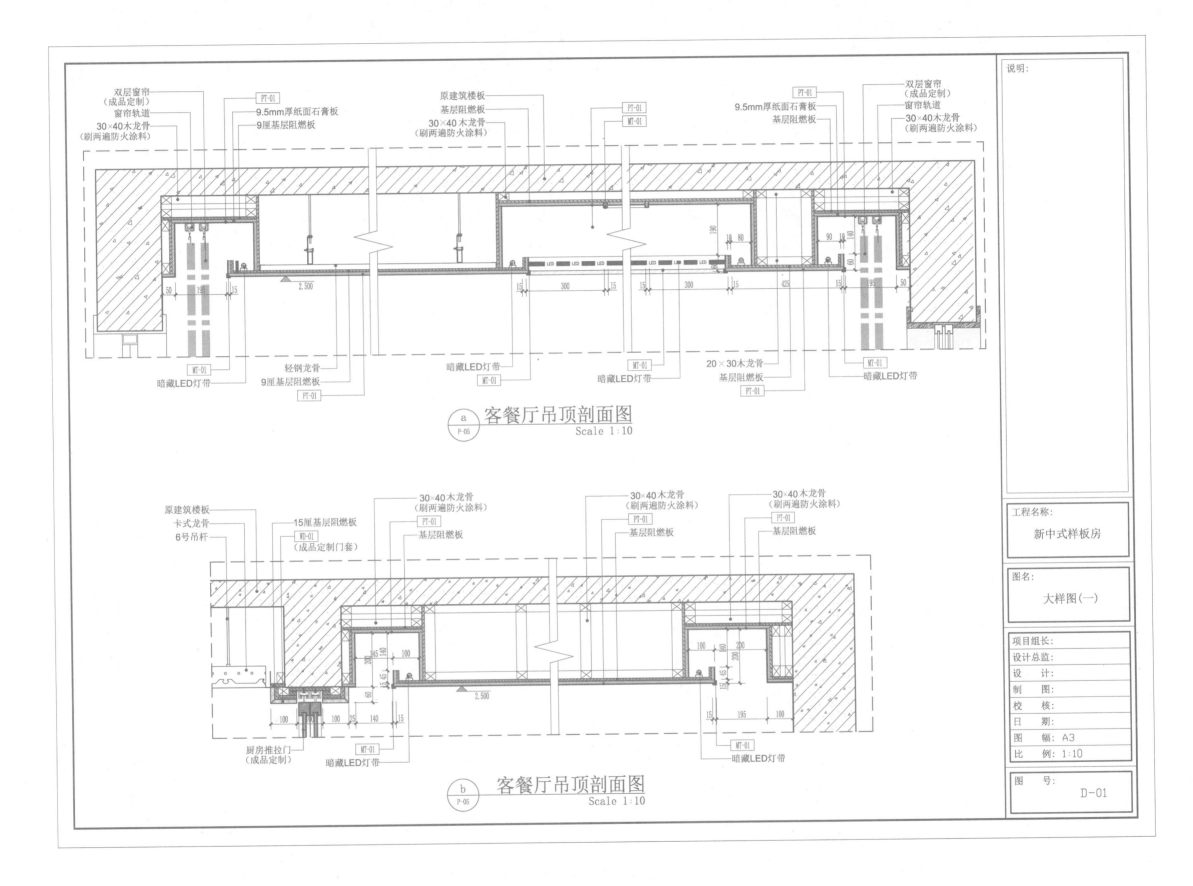

双层窗帘
（成品定制）
窗帘轨道
30×40木龙骨
（刷两遍防火涂料）

PT-01
9.5mm厚纸面石膏板
9厘基层阻燃板

原建筑楼板
基层阻燃板
30×40木龙骨
（刷两遍防火涂料）

PT-01
MT-01

PT-01
9.5mm厚纸面石膏板
基层阻燃板

双层窗帘
（成品定制）
窗帘轨道
30×40木龙骨
（刷两遍防火涂料）

190

10 80

90 10 140
60

50 198 15

2.500

15 300 15 15 300 15 425 15 195 50

LED LED LED LED LED LED

MT-01
暗藏LED灯带

轻钢龙骨
9厘基层阻燃板

PT-01

暗藏LED灯带
MT-01

暗藏LED灯带

MT-01

20×30木龙骨
基层阻燃板

PT-01

MT-01
暗藏LED灯带

ⓐ **客餐厅吊顶剖面图**
P-05   Scale 1:10

30×40木龙骨
（刷两遍防火涂料）
PT-01
基层阻燃板

30×40木龙骨
（刷两遍防火涂料）
PT-01
基层阻燃板

30×40木龙骨
（刷两遍防火涂料）
PT-01
基层阻燃板

原建筑楼板
卡式龙骨
6号吊杆

15厘基层阻燃板
WD-01
（成品定制门套）

200 45 140 100

100 60

15 45 60

100 200

15 45

2.500

100 100 25 140 15

15 195 100

厨房推拉门
（成品定制）

MT-01
暗藏LED灯带

MT-01
暗藏LED灯带

ⓑ **客餐厅吊顶剖面图**
P-05   Scale 1:10

说明：

工程名称：
新中式样板房

图名：
大样图（一）

项目组长：
设计总监：
设　计：
制　图：
校　核：
日　期：
图　幅：A3
比　例：1:10

图　号：
D-01

• 30 •

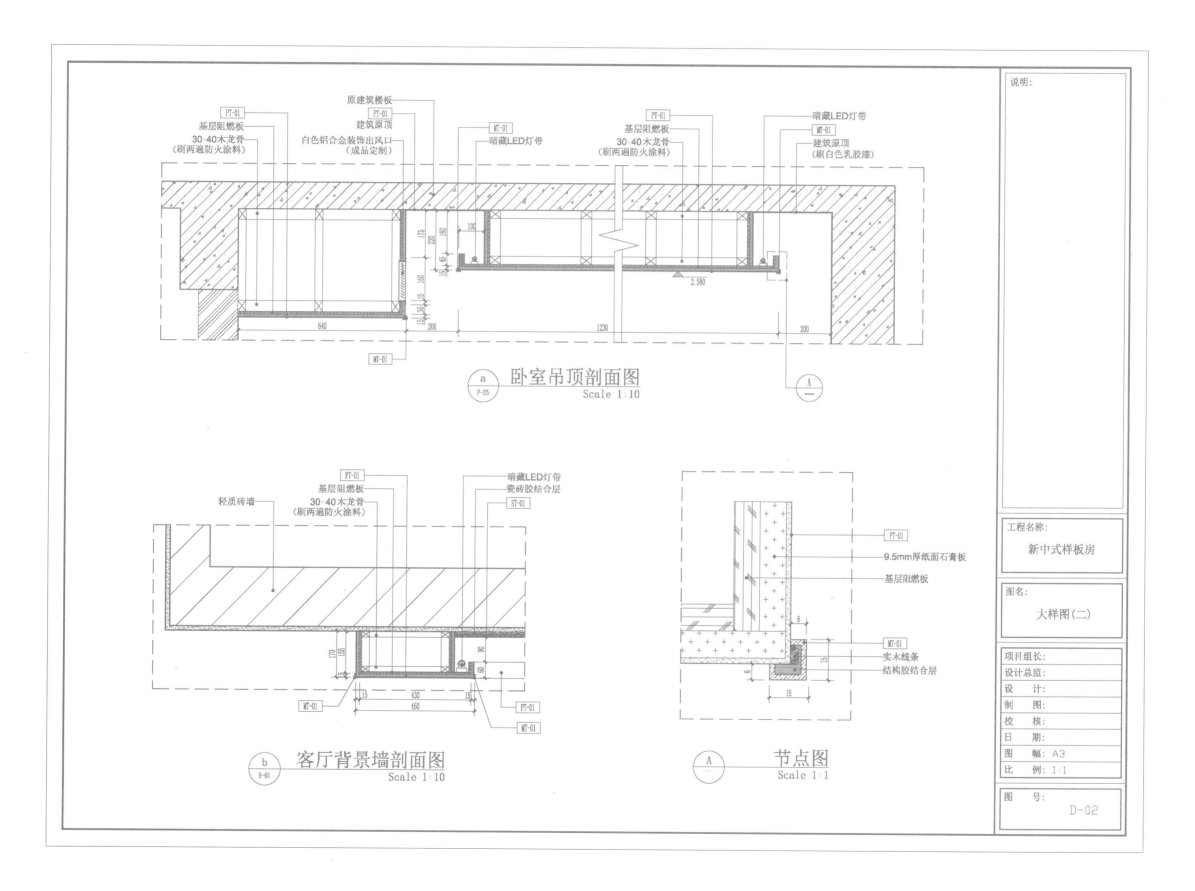

PT-01
基层阻燃板
30·40木龙骨
(刷两遍防火涂料)
原建筑楼板
PT-01
建筑原顶
白色铝合金装饰出风口
(成品定制)
MT-01
暗藏LED灯带
PT-01
基层阻燃板
30·40木龙骨
(刷两遍防火涂料)
MT-01
暗藏LED灯带
建筑原顶
(刷白色乳胶漆)

175
220
160
100
15 45
160
2.580
15 15
640
1230
200
200
15 35
200

MT-01

ⓐ 卧室吊顶剖面图
P-05   Scale 1:10

Ⓐ

轻质砖墙
PT-01
基层阻燃板
30·40木龙骨
(刷两遍防火涂料)
暗藏LED灯带
瓷砖胶结合层
ST-01

170
155
90
15
60
15
430
460
15

MT-01
PT-01
MT-01

ⓑ 客厅背景墙剖面图
E-01   Scale 1:10

Ⓐ 节点图
Scale 1:1

PT-01
9.5mm厚纸面石膏板
基层阻燃板
6
15
6
15
MT-01
实木线条
结构胶结合层

说明:

工程名称:
新中式样板房

图名:
大样图(二)

项目组长:
设计总监:
设   计:
制   图:
校   核:
日   期:
图 幅: A3
比 例: 1:1

图   号:
D-02

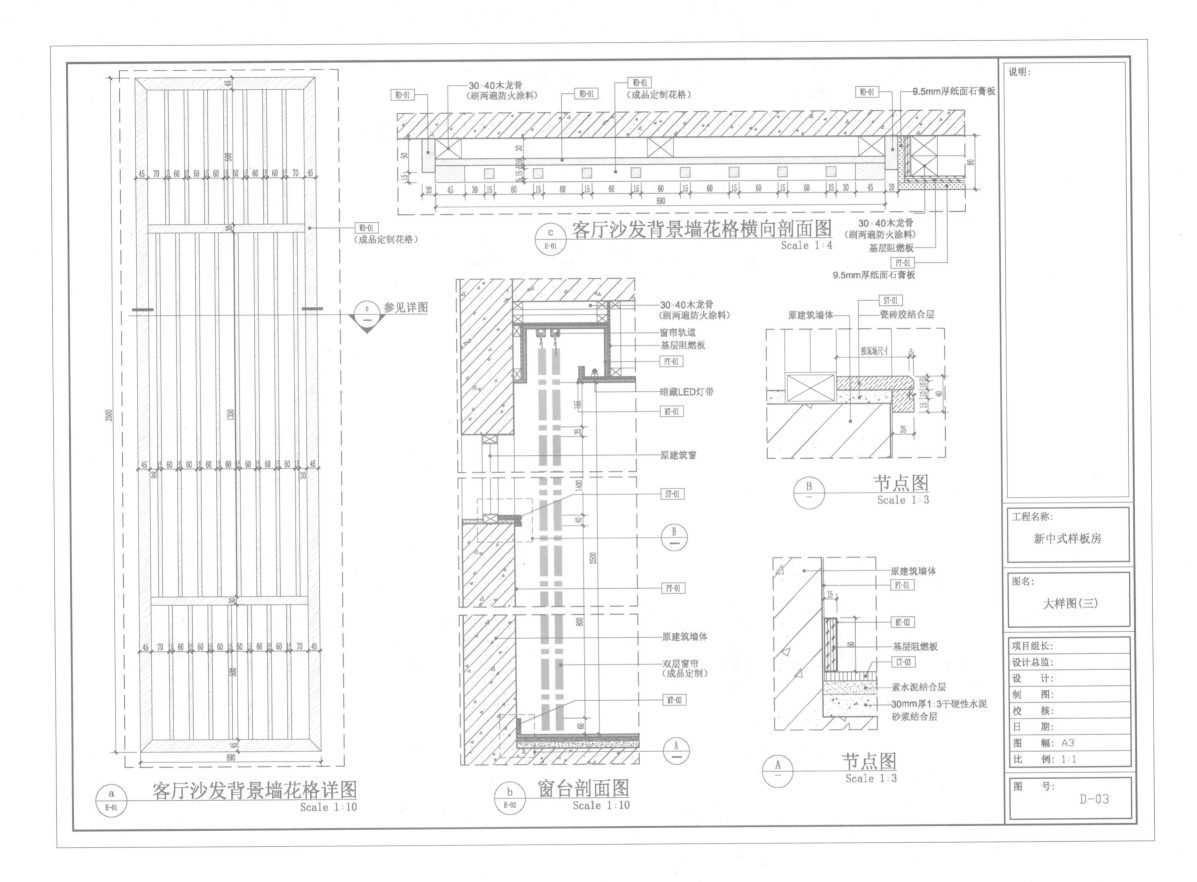

客厅沙发背景墙花格详图
a
E-01
Scale 1:10

WD-01
（成品定制花格）

c
—
参见详图

30×40木龙骨
（刷两遍防火涂料）
WD-01   WD-01   WD-01
（成品定制花格）   9.5mm厚纸面石膏板
WD-01

客厅沙发背景墙花格横向剖面图
c
E-01
Scale 1:4

690

30×40木龙骨
（刷两遍防火涂料）
基层阻燃板
PT-01
9.5mm厚纸面石膏板

30×40木龙骨
（刷两遍防火涂料）
窗帘轨道
基层阻燃板
PT-01
暗藏LED灯带
MT-01
原建筑窗
ST-01
B
—
PT-01
原建筑墙体
双层窗帘
（成品定制）
MT-02

窗台剖面图
b
E-02
Scale 1:10

ST-01
瓷砖胶结合层
原建筑墙体
按现场尺寸

节点图
B
—
Scale 1:3

原建筑墙体
PT-01
MT-02
基层阻燃板
CT-03
素水泥结合层
30mm厚1:3干硬性水泥
砂浆结合层

节点图
A
—
Scale 1:3

说明：

工程名称：
新中式样板房

图名：
大样图（三）

项目组长：
设计总监：
设   计：
制   图：
校   核：
日   期：
图   幅： A3
比   例： 1:1

图   号：
D-03

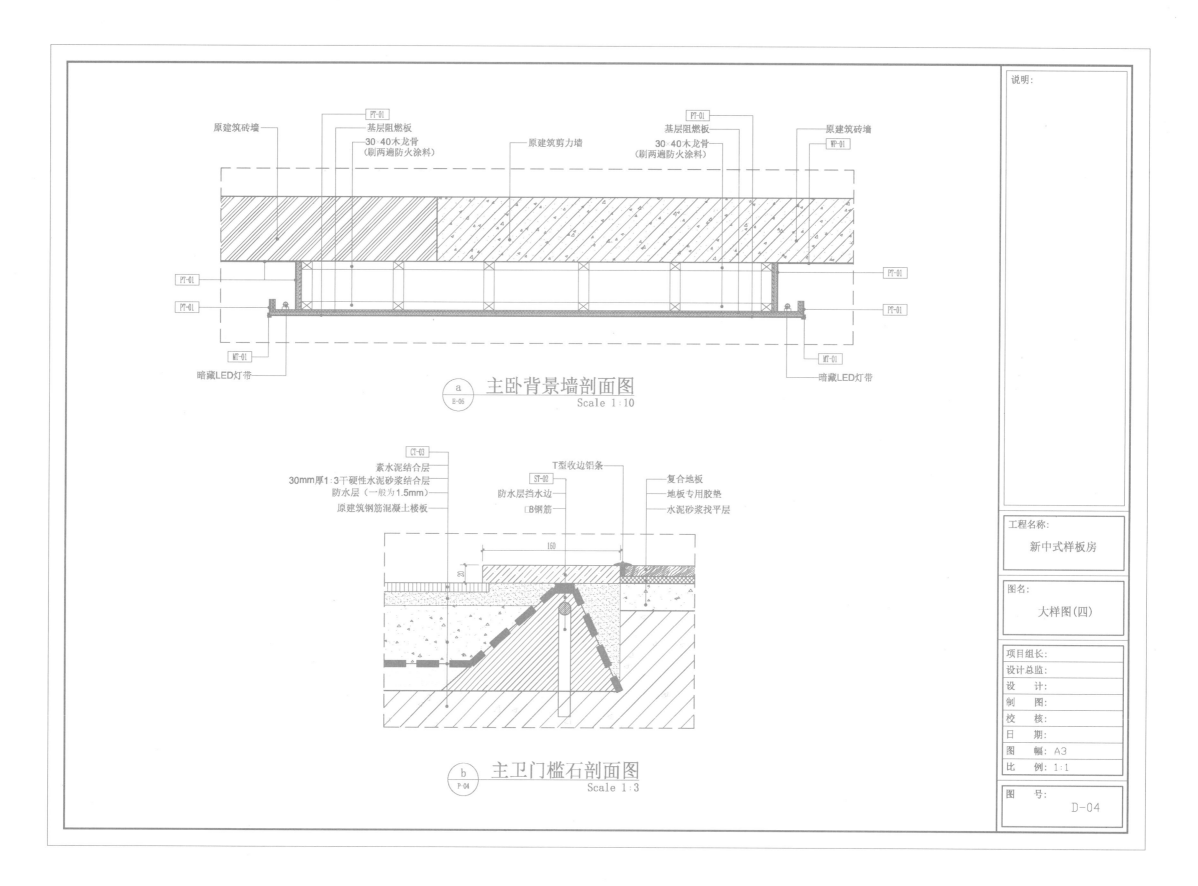

原建筑砖墙
PT-01
基层阻燃板
30×40木龙骨
(刷两遍防火涂料)
原建筑剪力墙
PT-01
基层阻燃板
30×40木龙骨
(刷两遍防火涂料)
原建筑砖墙
WP-01

PT-01
PT-01
PT-01
PT-01

MT-01
暗藏LED灯带
MT-01
暗藏LED灯带

a 主卧背景墙剖面图
E-06
Scale 1:10

CT-03
素水泥结合层
30mm厚1:3干硬性水泥砂浆结合层
防水层(一般为1.5mm)
原建筑钢筋混凝土楼板

T型收边铝条
ST-02
防水层挡水边
□B钢筋

复合地板
地板专用胶垫
水泥砂浆找平层

160
20

b 主卫门槛石剖面图
P-04
Scale 1:3

说明:

工程名称:
新中式样板房

图名:
大样图(四)

项目组长:
设计总监:
设　计:
制　图:
校　核:
日　期:
图　幅: A3
比　例: 1:1

图　号:
D-04